KB001243

다문화 시대의 **식생활문화 이해**

김종욱 · 최은희 · 김문정 공저

Understanding of
Food Culture

 (주)백산출판사

인간에게 음식이란 단순히 배를 채우는 생리적 욕구를 넘어 타인과의 교류를 위한 첫 단계로서 사회 · 심리적인 욕구의 매개체가 된다. 낯선 이방인의 배고픔을 걱정하면서 이들을 위한 그들만의 고유한 음식을 내놓고, 이방인이 이를 먹을 것인가 혹은 맛있게 먹을 것인가 하여 먹고 난 후의 표정까지 살피는 것은 먹는다는 것이 단순한 이야기가 아니라는 것이다. 이제는 국제화와 세계화라는 단어가 친숙하고, 내 방 작은 책상 위에서 클릭 한 번으로 세계 곳곳의 소식을 접할 수 있는 오늘날, 본인이 속한 문화만을 고집하며 살아가는 게 어려운 일이 되고 있다. 우리나라도 언제부터인가 단일민족이란 말은 슬그머니 들어가고, 국제결혼이 증가됨에 따라 다문화 가정이라는 말이 친숙해지기 시작했다. 사회의 근간이 되는 가정이 다문화되어 가는 지금, 사회 역시 점점 다양한 문화가 혼재됨은 당연한 이야기가 될 것이다. 세계 각국의 문화 중에서 가장 접근하기 쉬울 뿐만 아니라 누구나 관심을 갖고 있고 쉽게 접할 수 있는 것은 음식문화일 것이다.

오늘날 각 민족과 지역에 형성되어 있는 고유한 음식문화는 자연적 조건과 사회문화적 조건, 정치경제적 조건, 기술의 발달, 가치관의 변화 등에 따라 끊임없이 발전하고 적응하면서 조상 대대로 물려 내려오는 전통문화의 대표적인 사물이다. 이에 따라 음식전통은 먹는 음식의 종류, 음식을 먹는 순서, 음식의 가짓수, 만드는 모양, 식사 예절 등에 이르기까지 그 특징이 다르다. 이렇게 서로 다른 음식문화를 이해한다는 것은 다른 민족을 이해할 수 있는 근간이 되는 것으로, 외국에서 생활하거나 국내에서 외국인을 접하는 경우 매우 도움이 될 거라 생각한다.

이 책은 제1부 문화와 식생활, 제2부 한국의 식생활문화 이해, 제3부 동양의 식생활문화, 제4부 서양의 식생활문화로 나누어 한국을 포함한 총 15개국의 음식문화를 소개하고 있다. 물론 지구상에 존재하는 나라는 이와는 비교할 수 없을 정도로 많고, 소개한 국가의 음식문화 역시 충분한 내용을 다루었다고 하기에 부족한 부분이 많다. 또한 음식문화를 공부하고 강의할수록 그 내용이 방대하며, 상당히 다양하고 많은 분야의 영향을 받아 형성되었고, 변화되고, 다시 재형성됨을 깨닫고 있다. 따라서 음식문화 연구를 위한 더 많은 시간과 노력이 필요함을 알지만 대학에서 강의하는 데 조금이나마 도움이 되고자 그동안 강의하면서 수집하고 보존해 온 국내외 서적과 외국여행에서 모은 음식문화 자료를 참고하여 분야별로 교수들이 뜻을 모으고, 부족한 원고를 모아 책으로 엮게 되었다.

이 교재를 통해 저자들이 바라는 바는 많은 문화 중에서도 음식문화를, 많은 나라 중에서도 특히 더 독특한 음식문화를 갖고 있는 나라들을 소개함으로써, 이러한 부분에 대한 기초 지식을 쌓아 다문화 시대에 다른 문화를 이해하는 데 도움이 되고, 이를 기반으로 우리 전통음식의 이점을 발굴하여 이를 더욱 발전시켜 세계화에 기여하였으면 하는 것이다.

끝으로 이 책이 나오기까지 도움을 주신 백산출판사 진욱상 사장님 이하 직원 여러분께 감사의 인사를 전한다.

2019년 8월
저자 일동

차 례

Part 3

동양의 식생활문화

제1장 중국의 식문화

제2장 일본의 식문화

제3장 인도의 식문화

제4장 터키의 식문화

Part 4

서양의 식생활문화

문화와 식생활

제 **1** 장

식생활문화의 이해

1. 식생활문화

인간은 음식을 먹지 않으면 살아갈 수 없다. 이는 심리학자 매슬로가 말하는 인간의 욕구단계설에서도 가장 기본이 되는 생리적 욕구로서 음식, 물, 공기, 수면에 대한 욕구의 충족은 생존에 필수불가결하다. 춥고 배고픈 문제가 해결되지 않는 한 다른 욕구는 나타나지 않는다. 인간에게 있어 음식은 동물과 같은 생명유지를 위한 것 이외에 심리적 충족감을 갖게 하고 사회적으로 인간관계를 유지하기 위한 매개체의 역할을 하기 때문에 인류는 그들의 생활 안에서 맛좋고, 영양 좋은 양질의 음식을 만들고, 즐기는 데 있어 온갖 지혜와 노력을 기울여 왔다.

문화란 '지식, 신앙, 예술, 법률, 풍습 등 인간에 의해 학습되고 획득된 모든 능력과 습관을 포함한 복합체의 전체이며, 역사적으로 형성된 외면적이고 내면적인 생활양식의 체계'인데, 한 집단 또는 특정한 일부 사람들은 그 문화를 공유하게 된다. 문화인류학 시각에서 문화의 총체적 의미는 '인간 고유의 총체적인 생활양식'이라 할 수 있다. 이와 같은 문화는 인간 삶 전반에 거쳐 형성되며, 전승하고 나누는 것으로, 식생활에서도 예외가 아니다. 세계 곳곳에서 살고 있는 여러 민족은 풍토조건에 맞게 식량을 생산하고, 음식을 만들어 나누어 먹음으로써 생명과 건강을 지켜 왔다. 이러한 과정 속에서 식량 생산과 조리가공의 기술은 대를 이어 수정과 보완을 거쳐 때로는 외부에서 새로운 것을 받아들였고, 불합리한 것은 고쳐가면서 지금의 식생활을 형성했다고 볼 수 있다. 따라서 세계의 각 민족들은 제각기 자신들이 처해 있는 자연환경과 그들을 둘러싼 사회 관습에 따라 먹는 음식과 그에 따른 문화가 다를 수밖에 없다. 결론적으로 인간은 문화를 가짐으로써 비로소 인간다움을 구분 짓게 되고, 다른 문화를 체험하고 이해함으로써 계속 발전해 나갈 것이다.

2. 식생활문화권의 분류

식생활문화권의 분류는 크게 고대문명의 발상지에 따른 분류, 주식에 따른 분류, 먹는 방법에 따른 분류로 나누어볼 수 있다. 먼저 고대 문명발상지를 중심으로 중국 · 인도 · 유럽 · 아랍의 문화권으로 나누어 설명하겠다.

1) 고대문명 발상지에 따른 분류

중국문화권은 돼지고기와 소고기를 식용으로 사용하며, 가축의 젖을 이용한 유제품의 발달은 크게 이루어지지 않은 문화권이다. 장(醬)과 유지의 사용이 많고, 젓가락과 주발을 많이 사용하고, 약식동원의 개념을 식품에 적용한다는 것이 특징이라 하겠다.

인도문화권은 힌두교와 불교가 혼합된 문화로 토질이 비옥하고 강우량이 많아 농사가 적합한 지역이다. 인도, 파키스탄, 스리랑카, 방글라데시 등이 포함된다. 마살라 문화라고 불릴 만큼 향신료를 많이 쓰며, 동물의 젖을 이용한다. 종교상의 이유로 소나 돼지는 일반적으로 먹지 않고, 닭과 양을 선호한다. 지역에 따라 쌀과 밀을 주식으로 한다.

유럽문화권은 온대와 한대까지 넓게 분포하는 문화권으로 육류와 유제품을 이용한 요리가 많고, 이들을 이용한 저장식품도 발달하였다. 주식은 빵이며, 포크와 나이프를 사용한다.

아랍문화권은 고대 페르시아인 이란을 중심으로 아랍음식과 터키 음식이 주를 이루며, 양고기를 많이 사용한다. 고추와 정향과 같은 강렬한 향신료를 많이 쓰고, 이슬람 지역이므로 돼지고기를 먹지 않는다. 페르시아식 요리법은 동양으로부터 건너온 양념을 많이 사용하고, 요리법이 복잡하고, 준비시간이 오래 걸리는 것이 특징이다.

아프리카문화권은 고대문명의 발상지이며 지중해와 접해 있어 식품의 생산이 비교적 풍부하고 음식문화는 아랍이나 유럽과 비슷한 점을 보이고 있다. 유럽, 이란과 인접한 터키를 포함한 이란, 이스라엘, 이라크, 레바논, 시리아, 요르단 등 중동지역으로 여러 종교를 가지고 있다.

2) 주식에 따른 분류

(1) 밀을 주식으로 하는 문화권

밀은 BC 1만~1만 5000년경 중동과 카스피해 연안에서 재배를 시작한 지구상에 가장 오래된 작물 중 하나이다. 고대문명의 형성지인 티그리스, 유프라테스, 나일강, 인도북부, 중동, 유럽, 북아메리카 등지에서 밀을 주식으로 하였다. 밀은 소맥이라고도 하며, 쉽게 부서져 빵이나 국수를 만들어 먹었고, 빵을 만들 수 있는 귀한 곡물이었다. 밀을 재배하는 지역은 건조한 지역으로 밀의 수확량이 적으며, 동물성 식품의 섭취가 많았다.

(2) 쌀을 주식으로 하는 문화권

페르낭 브란델(Fernand Brandel)은 쌀과 밀, 콩에 기초를 둔 식생활문화의 특징을 분석하였는데, 그에 의하면 쌀을 재배하는 땅에서는 동물의 사육이 크게 번성하지 못한다고 한다. 쌀의 경작은 집중적인 재배방식이 필요하므로 목초지를 위한 충분한 땅을 남겨둘 수 없기 때문이다. 피에르 구루도 동남아시아 문화에 있어 벼 경작의 중요성을 강조했는데, 그는 이러한 지역의 식사는 육식이 아닌 채식 위주이기 때문에 농업은 집중적인 노동력과 고도의 기술을 요구할 뿐만 아니라 의복이나 주택의 재료도 모두 목초에서 구하게 된다고 한다. 인도, 동남아시아, 동북아시아에서 많이 생산되며, 빵에 비해 조리법이 간단하고 맛이 좋으며, 저장성이 좋아 전 세계적으로 쌀의 이용이 증가하는 추세이다. 쌀은 멥쌀과 찹쌀로 분류한다.

(3) 옥수수를 주식으로 하는 문화권

옥수수의 원산지는 미대륙과 멕시코이며, 옥수수를 주식으로 하는 나라는 페루, 칠레, 멕시코, 아프리카 등이다. 페루나 칠레에서는 낱알 그대로 혹은 거칠게 갈아서 죽을 쑤어 먹고, 멕시코에서는 옥수수가루를 반죽하여 둥글고 얇게 펴서 구워 먹는다. 아프리카에서는 옥수수가루로 수프 또는 죽을 만들어 먹기도 하며, 이들은 육류는 거의 먹지 않으며, 완숙된 옥수수나 강낭콩을 함께 먹어 영양을 보충한다.

(4) 서류를 주식으로 하는 문화권

감자와 고구마, 토란, 마 등을 서류라고 하며, 특히 마, 토란, 고구마 등은 특별한 재배기술이 없어도 다량 재배할 수 있기 때문에 이를 주식으로 하는 지역은 동남아시아와 태평양 남부이다. 감자의 원산지는 안데스산맥이지만, 1550년경 유럽에 전래되어 현재 유럽의 여러 국가에서 밀과 함께 주식으로 먹고 있다. 서류의 경우 수분이 많고 보존이 어려워 부의 축적에는 어려움이 있다.

(5) 육류를 주식으로 하는 문화권

건조하고 추운 지역을 중심으로 가축을 무리로 방목 관리하여 가축의 젖, 고기, 피를 이용하는 것으로 유목민의 식문화라고 할 수 있다.

3) 먹는 방법에 따른 분류

(1) 수식(手食)문화권

역사 이전 시대에는 음식을 먹을 때 도구 없이 손으로 먹는 것이 일반적이었다. 지역적으로 보면 아프리카대륙 · 동남아시아 · 오세아니아 및 중 · 남미의 원주민들이 손을 이용해서 음식물을 섭취하는 문화권에 속한다. 위생상의 문제가 제기될 수 있으나 식전과 식후에 손을 씻는 습관이 있으므로 불결하다고 생각하면 안 된다. 손을 통해서 음식의 온도와 느껴지는 촉감으로 음식을 즐긴다고 한다. 오늘날 수식문화권의 대표적인 문화가 이슬람문화와 힌두문화이다. 이슬람문화와 힌두문화는 오른손을 사용해서 음식을 먹는 공통점을 갖고 있다. 또한 태국, 서남아시아, 중동의 전 지역 사람들이 과거처럼 손으로 먹는 습관을 가졌는데, 이러한 습관의 가장 큰 이유는 기후 때문이다. 즉, 사람들은 열대기후에서 살기 때문에 모든 음식을 뜨거운 상태에서 먹지 않고 식혀서 먹어야만 했고, 뜨거운 음식을 즐겨 먹는 추운 지방처럼 숟가락의 사용이 불필요했다.

(2) 수저(숟가락과 젓가락)문화권

음식을 먹을 때 손을 사용하는 대신 숟가락과 젓가락을 사용하는 문화권으로 수식과 달리 젓가락을 사용하는 문화권은 한국 · 중국 · 일본 · 베트남 등이 유교문화권에 속하는 나라들이다. 대개 개인용 식기인 밥그릇과 국그릇을 사용한다. 한국은 숟가락을 젓가락과 함께 사용하는 것이 다른 유교문화권 국가와 다른 점이라고 할 수 있다. 숟가락을 이용해 뜨거운 음식과 쉽게 부서지는 음식도 먹을 수 있어, 다양한 식재료의 이용이 용이하다. 원래 중국과 일본도 수저문화권이었으나 숟가락이 도중에 탈락하고 젓가락문화권을 형성하였다.

(3) 나이프와 포크문화권

서양문화권의 대표적 식사도구인 나이프와 포크문화권은 수식문화권과 수저문화권에 비해 역사가 오래되지 않았다. 16세기부터 이탈리아와 스페인에서 포크가 일상적으로 사용되었고, 독일·프랑스·영국·스칸디나비아 등지에서 일반화된 것은 17세기 이후의 일이다. 포크의 사용은 상류사회로부터 시작되었고, 서민에게 전파된 시기는 나라마다 각기 다르다. 유럽 국가들의 활발한 해외 진출로 슬라브 민족국가와 오세아니아 및 남북아메리카로 적극 확산되었다.

제 **2** 장

식생활문화의 형성요인

1. 식생활과 자연적 요인

음식문화 형성의 요인은 자연조건, 사회적 조건, 경제적 조건, 기술적 조건, 사회계층적 조건, 심리적 조건 외에 외부와의 교류에 따라서도 영향을 받는다. 먼저 자연조건에 따라 분류해 보면 인간이 살아가는 지형으로는 초원·산지·강·습지·바다·사막 등으로 다양하며, 기후도 열대·온대·한대 등과 같이 다르다. 문명이 발달하지 않았던 시대에는 자연조건이 생활에 직접적인 영향을 주었고, 현재도 기후·수질·토질·지형 등의 자연조건에 따라 먹거리로 쓸 수 있는 산물이 다르므로 식생활에 차이가 난다. 열대지방의 경우 기온이 높아 음식이 부패하기 쉬우므로 튀긴 음식이나 향신료를 많이 사용하고 온대지방의 경우 작물의 생산이 풍부하여 음식의 종류가 다양하다.

1) 기후와 식생활

기후와 음식과의 관계를 살펴보면 기온이 낮은 한대기후는 음식이 담백하고 싱겁고, 종류가 매우 적으며, 생선과 유제품을 많이 사용한다. 사계절이 있는 온대기후는 음식의 종류와 조리법이 다양하고, 가공식품이 발달했으며, 곡류와 채소를 이용한 음식이 많고, 향신료는 적당히 사용한다. 높은 기온의 열대기후는 기름을 이용한 조리법이 발달하였으며, 과일을 이용한 음식이 많고, 향신료를 많이 사용하는 특성이 있다.

표 1 기후에 따른 지역음식의 일반적인 특성

구분	지역음식의 일반적인 특성
열대지방	• 구근류(고구마, 카사바, 얌) • 쌀(지역에 따라) · 옥수수 • 고도(高度)의 향신료(후추, 고추<칠리>, 정향) • 다량의 기름 • 해조 · 생육 · 생어 • 비교적 채소를 적게 쓰는 대신 바나나, 망고, 파인애플 등의 과일을 많이 이용 • 돼지고기와 닭고기를 좋아하지만 돼지고기를 먹지 않는 곳이 많다. 음식에 향신료를 많이 쓰고(맵고 짜다), 음식의 종류가 비교적 적으며, 기름을 많이 쓰고, 찰기가 적은 쌀을 좋아한다.
온대지방	• 쌀 · 소맥 · 옥수수 · 보리 • 우유 · 요구르트 · 채소 • 콩 · 수수 · 조 · 완두 · 감자 · 고구마 • 지역에 따라 많은 잡곡 • 고기 · 생선 · 패류 • 사과 · 배 · 포도 · 복숭아 · 호두 · 잣 등의 과일과 견과류 음식의 종류가 많고, 조림 등 가공품이 발달하였으며, 향료를 쓰긴 하나 많이 쓰지 않고, 비교적 찰기가 있는 쌀을 좋아한다.
한대지방	• 잡곡 · 생식 · 순록 · 생선 • 소금에 절인 생선이나 생선의 알 • 요구르트 · 치즈 · 당근 · 감자 · 양배추 • 일부 지역에서의 해조류 음식의 종류가 적고, 맛은 담백하며 가공을 별로 하지 않으며 술이 독하다.

2. 식생활과 경제 및 기술적 요인

인류는 이 세상에 모습을 드러낸 350만 년 이래로 꽤 오랫동안 아주 서서히 변화 발전해 오다가 7000~9000년 전 농경이 시작되면서, 그 속도가 점차 빨라지기 시작하였다. 이후 18세기 후반 유럽을 중심으로 일어난 산업혁명의 결과 문명의 발전속도가 가속화되기 시작하였고, 20세기 들어와서는 지구상의 여러 나라들이 급속도로 세계화되어 가고 있다. 의식주의 모든 부분에서 기술발전이 이루어졌으며, 외국과의 접촉도 다양한 정보매체를 통하여 쉽게 이루어지고 있다. 또한 식생활과 관련된 기술의 발달은 새로운 패턴의 식생활 형성에 혁신적인 영향을 미치고 있으며, 특히 식품 저장과 가공에 관련된 기술의 발달은 인스턴트식품이나 완전조리 식품 외에 식자재의 유통이 전 세계적으로 이루어져 음식소비형태도 다양화되고 복잡해지고 있다. 따라서 경제성장에 따른 음식소비형태의 변화를 초점으로 인류의 발생에서 현재까지의 특성을 구분하여 각 단계의 내용과 그 단계에서 나타나는 사회적 특징들을 살펴보겠다.

1) 원시적 단계(제1단계)

이 시대의 사회는 모계사회인 곳이 많았고, 씨족적 유대가 강하였다. 식생활에서 식량조달은 수렵과 채집이 주를 이루었고, 육식이 우세했던 시대로 구성원의 거의 전부가 식량의 수집에 종사하며 주로 육식 위주의 식생활을 하였다. 음식은 기후의 영향을 크게 받아 식생활로 인한 신체의 지역 간 차이도 매우 컸다.

2) 굶주림의 단계(제2단계)

제2단계는 농경의 시작과 더불어 계급의 분화와 강력한 정치지배집단이 생겨나고, 종교집단 역시 대규모화되면서 지배력 또한 증대하기 시작했다. 사회적으로는 부계사회가 지배적으로 되면서 배우자의 선택에 있어서 생산성과 직위가 매우 중요한 선택의 요소가 되었다. 이 단계는 농경 초기에는 잠시 식량문제의 고통에서 벗어날 수 있었으나, 점자 인구가 증가하면서 전 인구의 반수 이상이 농업에 종사하면서도 식량부족으로 어려움을 겪고, 생존을 위해 열악한 음식을 소비하던 기아의 단계이다. 식량은 농경과 유목, 축산을 통해 조달되었으며, 식생활의 지역 및 계급 간의 차이가 커 특히 피지배계층의 경우 지속적인 식량부족에서 벗어나기 힘든 시기였다.

3) 안정의 단계(제3단계)

안정의 단계는 굶주림에서 어느 정도 해방되는 시기로 사회적으로는 지배·피지배계급 사이에 중간계층이 생겨나고 경제 및 예체능계의 중요성이 점진적으로 증대된다. 이 단계에서 농경과 축산의 경우 상업영농이 시작되었으며, 동물성 식품의 점진적 증대가 이루어졌다. 또한 이 시기에 열악하다고 생각했던 음식인 도토리, 보리, 잡곡, 고구마 등의 구황작물들에서 벗어나 하나, 둘 정상적인 음식으로 바뀌어 구황작물의 소비는 점차 줄어드는 반면, 쌀 소비는 상대적으로 증가하였다.

4) 식생활을 즐기는 단계(제4단계)

이 시기에 접어들면서 중간계층이 사회중심계층으로 자리를 잡고, 사회 내에서 여성의 위치가 증대된다. 고기·생선·과일 등의 소비량이 늘고, 가공식품과 인스턴트식품의 소비가 늘기 시작한다. 사람들은 먹거리에서 즐거움을 찾기 시작하고, 가족과 함께 외식을 즐기게 된다. 위생을 중시하며, 음식의 양보다는 질을, 값보다는 기호를 중시한다. 따라서 이 시기가 되면 주식인 쌀의 1인당 소비량은 줄어들게 되며, 외국의 유명체인 음식점의 국내 진출이 활발해지고, 국내의 음식체인 역시 호경기를 맞게 된다.

5) 건강지향의 단계(제5단계)

건강지향의 단계가 되면 사람들은 생활에 여유가 생기고, 자가용차를 갖는 것이 일반화된다. 남녀노소를 불문하고, 다이어트와 스포츠가 일상화되며, 보건위생에 대한 일반인의 의식이 높아지게 된다. 또한 충분한 영양과 의료기술의 발달로 노인의 비율이 증대되어 노인문제가 사회문제로 됨과 동시에 노인과 관련한 음식이나 시설 등 노인 관련한 산업, 즉 실버산업이 점차 번성하게 된다. 이 단계는 건강식품, 기능성 식품으로 이루어진 음식의 질을 중시하며, 이러한 식품 자체 외에 음식의 모양, 테이블의 모양, 실내 분위기 등을 말하는 푸드스타일, 테이블스타일 등이 새롭게 중요한 가치로 떠오르게 된다. 다른 한편으로는 자연식으로의 회귀현상으로 유기농 식품과 슬로 푸드에 대한 관심이 높아지게 된다.

3. 식생활과 정치 및 사회적 요인

식생활문화는 경제와 더불어 정치 및 사회적 요인에 의해서도 크게 영향을 받는다. 정치적 요인의 실례로 몽골이 유럽으로 진격한 후 몽골의 식습관을 유럽에까지 미치게 한 동시에 동·서양의 무역을 활성화시켰으며, 서유럽 사람들의 아프리카 지배는 아프리카에 전혀 생소한 유럽의 식생활문화를 도입하게 하는 계기가 되었다. 한편 유럽 사람들의 미대륙 지배는 아메리카대륙의 식생활문화에 막대한 영향을 끼쳤으며, 동시에 아메리카대륙의 식생활문화가 진 세계에 퍼지는 세기가 되었다. 반면 한 고장의 식생활문화의 변화는 정치적 변혁이나 변화를 일으키는 요인으로 작용하기도 한다. 예를 들어 유럽으로의 후추의 도입 및 그 가격의 오름은 백년전쟁의 중요한 원인이 되었고, 또한 콜럼버스의 미대륙 발견이라는 결과를 가져오기도 했다.

또한 사회적 요인으로는 한 고장의 전통·풍습·종교와 그 지역민의 교육수준 등으로 그 고장의 식생활문화에 큰 영향을 끼치게 된다. 따라서 어떤 고장이나 나라의 식생활문화를 이해하려면 그 지역의 사회적 조건과 식문화 간의 상호영향관계를 자세히 알아보아야 한다.

4. 식생활과 사상 및 종교적 요인

역사가 문자로 기록되기 이전부터 현대에 이르기까지 상당히 오랜 기간 동안 많은 종교와 사상은 사람들로 하여금 먹어야 하는 음식과 먹지 말아야 하는 음식에 대해 말하고 있으며, 음식 섭취의 특정시기 혹은 조리과정에서의 규율과 먹는 격식, 음식의 조화 등 많은 식습관에 깊이 관여하여 식생활문화에 많은 영향을 미쳤으며, 지금도 미치고 있다.

1) 식생활과 사상

사람들은 어려서부터 성인이 될 때까지 자신들의 여러 문화의 가치에 대한 우수성을 교육받고 이에 대한 믿음을 형성하게 된다. 이러한 믿음은 자신의 행동양식이 다른 문화의 어느 것보다 우세하다고 믿게 하며, 다른 문화를 편견 없이 대하기보다 이를 비교하고 비판하게 되는 자민족 중심주의적 사고를 갖게 된다. 문화를 중심으로 형성된 자민족 중심주의는 음식에도 적용되어, 식습관은 문화적 행동의 중심적 부분이라 할 수 있다. 이와는 다르게 다른 식생활문화가 어느 나라에 유입되었을 때 배척하는 것이 아니라 기존의 나라와 민족의 음식문화 특색에 가미되어 새로운 문화로 발전되는 경우도 있는데 이를 식생활문화의 상대성이라고 할 수 있다. 어느 나라든지 유입된 외래음식은 그 나라 국민의 맛에 맞게 변형되어 민족음식의 독특한 일부분으로 형성되어 그 나름대로의 가치를 가지는 것이다.

2) 식생활과 종교

세계에는 어떤 종교들이 있으며, 이들 종교에서 금기식품은 무엇인지, 금기식품이 있다면 그 이유는 무엇인지, 이들 종교가 요구하는 구체적인 식사규범은 무엇인지에 대해 다음 표[2]에 개략적으로 정리하였다.

종교에 따라 식문화권을 나눠볼 수 있는데 힌두음식문화권, 불교음식문화권, 이슬람문화권, 그리스도교 음식문화권이 있다. 각 종교의 음식에 대한 규정은 종교 발생 당시의 생활조건을 반영하는 경우가 많다. 대표적인 예로 유대와 이슬람 문화권에서는 돼지고기의 섭취를 금하는데, 그 이유는 중동지역의 환경조건이 돼지고기의 식용에 적절치 못했기 때문이다. 이는 코란과 구약성서의 음식규정을 만들어 오늘날까지도 유대인과 이슬람인은 이를 지키고 있다. 반면 힌두교에서 암소가 신의 동반자로서 생존과 풍요의 상징이자 인도의 지리와 풍토에서 농경생활을 하는 데 있어 소는 가장 적합한 동물이었기에 먹는 것이 금지되었다. 기독교에서는 말고기의 섭취를 금기하였는데, 소의 경우 앞에서 언급하였듯이 농경에 필수적인 반면 빨리 달리고 학습능력이 뛰어난 말은 전쟁에 사용되었기 때문이다.

(1) 그리스도교

그리스도교는 로마가톨릭교회와 동방정교회 및 프로테스탄트교회로 나뉘어 있으며, 신자의 57%가 로마가톨릭, 34%가 프로테스탄트, 그리스정교가 7%를 차지하고 있다. 로마가톨릭교회에서는 최근까지 특정의 단식일과 그리스도의 희생적인 죽음을 기리기 위해 금요일에는 고기 먹는 것을 삼갈 것을 요구했다. 그러나 1966년 이 교회법은 폐기되고 지금은 사순절 기간의 금요일에만 고기 먹

제2장 식생활문화의 형성요인

27

는 것을 삼가고 있다.

(2) 이슬람교

이슬람교도는 전 세계적으로 8억 명 이상의 신자를 가지고 있으며, 생활지침이 정해진 종교이다. 이슬람 계율에서 허용되는 것을 할랄(Halal)이라 하고 금지된 것은 하람(Haram)이라 하여 명확히 구분한다. 할랄식품으로는 채소, 과일, 곡류와 같은 모든 종류의 식물성 음식, 어류, 패류, 해산물 등이며, 육류의 경우 이슬람식으로 알라의 이름으로 도축된 것을 말한다. '자비하'라는 이슬람 도축방식은 동물의 고통을 최소화한 도축법으로 도살된 동물이 천국에 갈 수 있다고 생각한다. 이슬람에서 금지한 하람은 죽은 짐승의 고기, 피, 돼지고기, 알라 이외의 것에 바친 것, 목 졸려 죽은 것, 야수에게 물려 죽은 것, 발톱으로 먹이를 포획하는 새, 가축으로 이용하는 당나귀 등과 알코올성 음료와 취하게 하는 모든 음식과 앞에 언급된 식재료를 사용한 모든 가공식품이다.

(3) 힌두교와 음식

가장 오래된 종교 중 하나로 힌두교는 인도에서 발원했으며, 신자의 대부분이 인도대륙에서 살고 있다. 이는 우주의 정신인 브라만이라는 절대자를 믿는 것으로 브라만이 종교의 기본이 된다. 묵시적으로 힌두식 생활방식과 종교에 내포되어 있는 것은 카스트제도로 이는 출생신분에 따른 사회적 계급으로 사람을 구분한다. 전통 힌두교는 모든 생물은 성스러운 것이며, 비록 아주 작은 생물의 생명이라도 죽이는 것은 브라만에게 해를 입히는 것과 같다고 생각한다. 따라서 육식은 음주와 간음보다 더 죄가 크다고 생각하고 소를 성스러운 동물로 여겨 식육을 금하고 있다. 또한 양파나 마늘과 같은 뿌리식물도 기피한다. 이와 같은 이유로 브라만 카스트에 속하는 아주 경건한 힌두교도는 마누법전을 엄격하게 지키며, 철저한 채식을 한다. 그러나 다른 카스트에 속한 사람들은 소고기를 제외한 다른 고기를 먹기도 한다.

(4) 불교 및 자이나교

불교와 자이나교의 근본원리는 모든 생명의 존엄성에 대한 신앙으로 채식주의를 권하고 있다. 이는 인도의 주요 종교로 채식에 종교적 신성을 부여하고 직간접적으로 모두 소를 신성시하게 되었다. 따라서 인도에 있어서 채식주의는 필수적 문제이고, 때로는 미덕의 표현이기도 하다.

표 2 종교와 식생활

	그리스도교	이슬람교	힌두교	불교 및 자이나교
일반적인 개요	• 기원후, 약 2천년 전 예루살렘에서 발원 • 전 세계로 전파되어 있음 • 예수를 숭배	• 약 800년 전 사우디아라비아에서 발원 • 알라와 무함마드를 숭배	• 약 4천년 전 인도에서 발원 • 카스트제도 • 브라만을 숭배	• 기원전, 1천 년 중엽 인더스강 유역 • 살생을 금지
금기 식품	• 종파에 따라 금식, 금육을 제정함 • 종파에 따라 술을 금지	• 죽은 짐승의 고기 • 돼지고기 • 목 졸려 죽은 고기 • Haram 음식	• 쇠고기 • 가금 · 양파 · 마늘 · 순무 · 버섯 및 소금에 절인 돼지고기	• 불결한(불순한) 음식(예: 칼로 자른 고기 · 개고기 · 인간의 고기 · 육식동물의 고기 · 메뚜기 · 낙타 및 털이 없거나 지나치게 많은 고기) • 쉰밥, 기성음식 • 곤충이나 쥐 · 개 · 고양이 · 인간 등에 의해 더럽혀진 음식
권장 식품		• 금기식품 외에 모든 음식 이용 • Halal 음식	• 밀크나 기(clarified butter) • 코코넛(시바신의 상징)	• 채식

	그리스도교	이슬람교	힌두교	불교 및 자이나교
식생활의 특징	• 종파에 따라 채식주의	• 단식월 행사 시 낮 동안 물, 흡연, 모든 음식 금지	• 카스트의순위가높을수록 철저한 채식주의자 • 브라만은 자신보다 낮은카스트가요리한것은 먹지않음 • 사람의 손이 덜 갈수록 정한 음식	

5. 국제화시대와 미래의 식생활

1) 국제화시대와 식문화

21세기 많은 국가들이 경제, 사회, 문화적 교류를 통해 국제화가 이루어지고 있고 이 과정에서 음식문화는 각국의 이미지를 대표하는 문화상품으로 발전하고 있다. 각국을 대표하는 민족음식은 서로를 이해하는 데 도움을 주기도 하고 다른 문화와 혼용되어 새로운 음식으로 탄생되기도 한다. 국제화로 인해 많은 식품들이 수입되고 더욱 다양한 음식들이 생겨나기도 하지만 가공식품의 발달과 패스트푸드 산업의 발달은 의학적으로 사람에게 질병을 일으키는 원인이 되기도 한다.

2) 건강식품의 발달

음식을 섭취한다는 것은 영양공급을 통해 생명을 연장한다는 단순한 의미를 벗어나 맛과 분위기를 즐기는 문화로 발전하고, 먹을 것이 풍부한 최근에는 건강을 생각하는 건강한 먹을거리에 대해 관심이 높아지고 있다. 이러한 소비자의 요구에 기능성 식품에 대한 연구와 개발이 이루어지고 있다. 예전부터 민간요법으로 이용되던 식품에 대한 연구로 유효성분과 기능성이 확인되면서 식품을 통한 건강유지에 대한 관심이 높아지고 건강한 삶을 유지하기 위해 많은 기능성 식품을 이용한 제품들이 출시되고 있다. 기능성 식품이나 생리활성물질을 이용한 건강식품으로 성인병 예방을 위한 제품이나 다이어트 식품, 영유아용 식품, 젊음을 유지하는 항산화제품 등 다양한 제품들이 생산되고 있다.

3) 유기농과 슬로푸드 운동

먹을거리가 풍부해지면서 좀 더 몸에 좋은 건강한 먹을거리에 대한 관심과 지구 환경오염에 대한 관심이 높아지면서 지속 가능한 친환경 유기농제품에 대한 연구가 진행되고 있다. 문명의 발달과 식품의 대량생산을 위해 많은 환경오염물질을 배출하게 되고 오염된 환경에서는 건강한 식품이 생산될 수 없기에 환경을 오염시키지 않는 생태학적 농업이 미래 산업으로 인식되고 있다. 또한 패스트푸드와 가공식품들이 건강을 해칠 수 있다는 연구들이 발표되면서 건강을 생각하는 슬로푸드 운동이 진행되고 있다. 이탈리아에서 시작된 슬로푸드 운동은 음식을 통해 삶의 질을 개선시키고 환경도 보존하자는 의미로 전통음식이 건강한 음식으로 가치를 높일 수 있다고 보고 각국의 전통음식 발굴과 확대에 힘쓰고 있다.

4) 가정간편식(HMR : Home Meal Replacement)

현대사회에서 1인 가구의 증가와 핵가족화가 진행되고 이러한 가족구성원의 변화는 식생활의 변화를 일으키고 있다. 대표적으로 간단하게 조리하여 먹을 수 있는 가정식 즉석조리제품(HMR)이 대형 식품업체를 중심으로 개발 생산되고 있고 소비량 또한 증가하고 있다. HMR식품은 냉동만두나 냉동피자처럼 간단히 데워 먹는 레토르트제품과 간단한 조리과정을 통해 만들어 먹을 수 있는 반조리제품이 있다. 이러한 제품들은 기술력의 발전으로 맛과 종류가 다양해지고 있으며 온라인을 통한 구매와 유통기한의 연장 등으로 소비자의 만족도를 높이며 시장을 확대시켜 나가고 있다.

5) 유전자변형식품(GMO : Genetically Modified Organism)

유전자변형식품은 식량의 대량생산을 위해 다국적 기업에서 개발한 기술로 서로 다른 생물체 간의 유전자를 끼워넣음으로써 병충해에 강하거나 수확량을 증가시키는 등의 목적에 맞게 개발된 것이다. 예를 들어 무르지 않는 토마토, 병충해에 강한 콩이나 옥수수, 근육량이 높은 돼지 등으로 동식물에 걸쳐 다양하게 연구되고 있다. 대표적 작물로 콩, 옥수수, 면화, 유채 등이 있으며 우리나라에는 콩이나 옥수수 등이 수입되어 식용유나 물엿, 과당, 전분 등으로 가공 유통되고 있다. 유전자변형식품은 미래 인류를 위한 중요 먹을거리라는 주장과 안정성이 확인되지 않았다는 논란이 지속되고 있다.

한국의 식생활문화
이해

제 **1** 장

한국 음식문화의 개요

1. 한국 음식문화의 개요

우리나라는 유라시아대륙의 동북부에 위치한 반도국으로서 북쪽은 육로로 대륙과 연결되고, 동·서·남의 3면은 바다로 둘러싸여 있으며 산지가 전 국토의 70%를 차지하지만 산맥은 그리 높지 않다. 산맥의 흐름을 보면 태백산맥과 함경산맥이 동쪽으로 치우쳐 있고, 개마고원이 함경산맥의 북쪽으로 치우쳐 있어서 동쪽과 북쪽이 높고 남쪽은 낮다. 해안과 해류의 경우에 동해안의 겨울철은 북한한류가 남하하여 흐르고, 여름철에는 동한 한류가 북상하여 청진 부근까지 세력을 미친다. 근해의 수온은 동해안이 20℃ 정도이고 서해안이 23℃인데, 이런 환경에서 한류성 어족과 난류성 어족이 계절에 맞추어 회유하므로 좋은 어장 구실을 한다. 강우량, 온도, 일조율이 다면적 기후구를 이루고 있어 농업의 입지조건이 좋다. 또한 4계절의 변화가 뚜렷하기 때문에 제철식품을 건조법, 염장법 등으로 저장하는 저장법이 발달했으며, 이로 인해 김치, 장류, 젓갈류 등이 발효식품이 발달했다. 기후의 변화에 따라 식품재료가 다양하게 생산되고, 반도국이므로 삼면의 바다에서 여러 종의 어패류가 산출된다. 또한 평야가 발달하여 쌀농사가 주산업이고 주식으로 쌀을 이용하기 때문에 이러한 곡물산업에 따른 부재료의 다양한 발전을 갖게 된 것이 우리의 음식문화이다.

특히 동해안, 서해안, 남해안과 같은 해안지역에서는 다양한 어패류들을 이용한 수산물 음식이 발달하였고 경북, 충청도와 같은 내륙지역에서는 논과 밭에서 나오는 작물을 이용한 음식이 많았다. 강원도와 같은 산간지역에서는 산채류와 감자, 옥수수를 이용한 음식을 많이 만들어 먹었고 서울지역은 전국 각지에서 올라오는 해산물과 농산물을 이용한 다양한 음식을 만들어 먹는 문화가 형성되었다.

2. 한국 음식문화의 형성

신석기시대의 수렵과 농업

한반도에서 농업을 시작한 것은 신석기시대 이후로 추정된다. 그 이전의 시기에는 들짐승이나 산짐승, 조개류 등의 자연물이 식량의 대상이었는데 기후는 덥고, 먹을 것은 한 해 동안 언제라도 열매, 새순, 연한 나뭇잎 등을 얻을 수 있어서 그들 나름대로 본능에 따라 생활을 즐기며 살았다.

우리나라에서 농업이 시작된 것은 신석기 중기이고 처음에 식물생태의 관찰에 의해 열매의 씨를 싹틔우고 파종하여 식생활이 안정되고 정착생활을 하였다. 일반적으로 원시농업이나 목축을 주로 하였으며, 신석기 중기경에 기장, 조, 피, 콩, 팥 등의 잡곡농사로 시작되었다. 우리나라의 농사는 잡곡농사부터 시작된다. 신석기시대라는 개념은 일반적으로 원시농업이나 목축을 실시하여 식량 생산 경제가 이루어졌던 배경에서 전개된 문화기를 가리킨다.

철기시대 농경생활의 정착

기원전 4세기경 철기문화가 전개되면서 농업 도구가 철기로 바뀌었다. 삼한 지역에서 철이 생산되었으므로 철기의 생산기술이 발달하면서 철제 농구가 일찍 보급되어 농업 생산기술이 향상되고 농업이 번성하였다. 우리나라에서 보리 농사가 시작된 삼한 시기는 현재로서는 알 수 없으나 중국으로부터 전래된 것이다. 보리의 원산지는 지중해 연안이며 기원전 10000여 년 전부터 보리와 밀의 야생종을 식용하다가 기원전 7000여 년경부터 맥류를 본격적으로 재배하였다. 이것이 그리스를 거쳐 중앙아시아와 중국으로 전파되었다. 고기요리로는 맥적이 있었고, 시루에 찐 증숙요리에는 찐밥, 떡, 고기와 어패류의 찜요리가 있었다. 또한 찬목법을 이용해서 불을 지폈는데 이는 나무를 마찰시켜 불을 붙이는 발화법이다.

⟋⟋⟋ 한국 식생활구조의 성립기

고구려, 백제, 신라의 삼국을 거쳐 통일신라에 이르는 과정에서 한국의 주요 식량 생산 및 상용음식의 조리가공, 일상식의 기본양식, 주방의 설비와 식기 등 한국 식생활의 구조와 체계가 성립됐다. 삼국은 모두 중앙집권적인 귀족국가로서 왕권을 확립하고 농업을 기본산업으로 하여 국력과 영토를 확장해 나갔다.

고구려는 중국의 동북부에 위치하여 있었으므로 농업의 발달, 벼농사의 도입, 철기문화의 수용 등 대륙의 선진문화를 일찍이 받아들였다. 조와 콩을 많이 재배하였고 일찍부터 구휼제도가 있어서 수해나 한해가 있을 때 나라에서는 관곡(官穀)을 무상 또는 유상으로 방출하였다.

백제는 벼농사의 적지로 있던 마한을 배경으로 성립되어 쌀의 주식화가 이루어졌다고 생각할 수 있다. 신라에서는 보리농사가 일반적이었다. 그러나 6세기에 벼농사 지역인 가야를 점령하고 벼농사의 적지를 점유하여 벼농사 국이 되었다. 미곡이 증산되고 비축되는 사회 환경에서 쌀이 부의 상징이 될 수 있었다.

일상생활의 모습으로 해석되는 고분벽화에 시루가 걸려 있다. 이런 모습은 그 당시에 시루가 주방의 기본 용구였음을 말하며 곡물음식도 찐 음식이 상용되었음을 알 수 있었다. 삼국사기에 의하면 떡과 밥은 제물로 쓰일 만큼 중요한 음식이었다. 발효식품으로 술, 기름, 장, 시(豉), 혜(醯), 포를 상용 식품으로서 비치하는 관습이 정착되었다. 그 밖에 구이, 찜, 나물과 같은 조리법이 이루어졌으며, 다른 것과 마찬가지로 차도 신라 37대 선덕왕 때 중국으로부터 우리나라에 전래되었다.

▧ 한국 식생활구조의 확립기

고려 이전에 형성되었던 일상식의 밥상 차림은 미곡의 증산과 숭불 환경을 배경으로 한 것이다. 채소 재배가 발전함으로써 한국 김치의 전통이 생겼으며, 병과류와 차가 발달하여 다과상 차림의 규범이 성립된다. 또한 증류주법으로 양조법이 확대되었고 공설주점이 시작되었다. 또한 이 시대에는 떡의 조리기술도 발달하여 설기떡과 고려율고, 청애병 등이 발달하였다. 그리고 밀가루로 만든 상화와 국수가 성찬음식으로 쓰였다.

우리나라에서 차 마시는 풍습이 가장 성행하던 시대는 고려시대인데 고려도 신라와 같이 궁중에 직제로서 '다방'을 두고 행사 때마다 '진다례'와 '다과상'에 대한 일을 담당하였다. 또한 차를 마실 수 있는 '다정'이 설치되고 차를 재배하는 '다촌'이 있었으며 중국의 송나라로부터 고급차를 수입하기도 하였다.

▧ 한국 식생활문화의 정비기, 개화기의 서양음식

조선시대는 한국 식생활문화의 전통 정비기라고 할 수 있다.

임진왜란을 전후한 시기에 도입된 고추, 호박과 같은 남방식품을 수용하여 재배에 성공함으로써 우리 음식문화 발전에 큰 동기를 이루게 한다. 한편 주거에 온돌이 보급되면서 조선 초기까지는 식사의 양식이 입식과 좌식으로 이원적이었던 것이 일원화되었다. 조선 중기에는 모내기, 향토음식의 다양화를 가져왔다. 농서도 간행되었는데 농사직설, 금양잡록, 농가집성 등이 전해진다. 식생활

양식의 합리화가 이루어졌는데 대표적인 반상차림으로 3첩반상, 5첩반상, 7첩반상이 있다.

개화기에 들어서면서 서양음식의 도입이 늘어났는데 이는 여러 나라와 수호조약을 맺으면서 이루어졌다. 조선왕조가 한·미 수호조약을 체결하면서 여러 가지 문물이 서울로 들어왔다. 고종이 독일계 여인인 손탁 여사를 위하여 손탁호텔을 열도록 한 것이 서양요리가 본격적으로 도입되는 계기가 되었다. 그리하여 1890년에 최초로 궁중에 커피와 홍차가 소개되었다.

왕조 몰락 이후 궁내부 주임관으로 있으면서 궁중요리를 하던 안순환이 1909년 종로구 세종로에 명월관을 개점하였고, 그 이후 종로구 인사동에 태화관, 남대문로에 식도원을 다시 내면서 궁중음식의 명맥을 이어 오고 있다.

3. 한국 전통음식

한국 전통음식의 특징은 재료 자체가 가지고 있는 순수한 자연의 맛을 최대한 살려 정성껏 음식을 만드는 데 있다. 수천 년간 면면히 이어온 우리의 전통 떡이 서양의 빵이나 케이크류보다 훌륭하다. 우선 들어가는 재료들은 맛, 영양, 향을 위한 과학적인 배합들임을 알 수 있다. 즉 식물성 식품인 쌀에 두류와 밤, 대추, 잣과 같은 견과류 등의 단백질과 지방식품의 혼합, 마른 과일, 쑥, 승검초, 석이, 복령, 창출, 해송자, 토란 등의 약이성 초본 등을 배합하여 우리 몸에 영양을 주며 약이 되는 성분이 많다. 또 진달래, 국화, 장미, 계피, 송화, 흑임자, 송기, 오미자, 치자, 연지, 갈매, 지추, 심황 등의 천연염료와 천연 향신료의 이용 등도 다양하여 과학적으로 영양소의 상호보완작용을 해주면서 향약성 효과와 함께 시각적인 면과 미각적인 면을 충족시켜 준다. 한편 각 지방마다 특산물을 잘 이용한 향토떡류는 한 차원 높은 식생활방법임을 엿볼 수 있다. 근래 들어 서구문화의 급속한 유입으로 음식도 서구화하려는 경향이 짙으며 떡이나 한과류는 기억에서 사라질 정도가 되고 있다. 또 한국 전통음식인 저장 발효음식, 즉 장류를 비롯한 김치류, 젓갈류, 식초류, 주류, 장아찌류, 부각, 튀각류 등은 우리나라 지형의 특성상, 동서 지역, 산간과 평야, 해안에 따른 풍토상의 특성을 뚜렷하게 나타내는 것으로서 산물의 차이는 물론이고 음식 조리법에 있어서도 차이를 나타내고 있다.

한국요리 자체의 특징과 식생활 제도상의 특징 및 풍속상의 특징을 다음과 같이 나열해 보았다.

1) 한국 음식 자체의 특징

① 주식과 부식이 확연하게 구분되고 부식의 숫자가 많다. 한국 음식은 밥을 중심으로 하여 여기에 따르는 반찬을 먹는 것이 가장 일상적인 형태로 주식과 부식이 여러 종류와 조리법으로 발달하였다.

② 곡물류의 가공조리법이 다양하게 발달되었고 저장식품이 발달하여 김치와 기타 발효음식이 발달하였고, 건조 및 조림음식이 발달하였다.

③ 조반, 석반을 중히 여긴다.

④ 절후에 따라 시식을 즐기고 각 절기마다 절식이 발달하였다.

⑤ 자극적인 음식을 즐기고, 음식의 간을 중요시여긴다. 한국 음식은 이른바 '갖은양념'이라고 하여 음식의 재료가 가지고 있는 맛보다는 여러 가지 양념을 많이 하여 생긴 새로운 맛을 즐긴다.

⑥ 약식동원(藥食同源)이라는 식생활관을 엿볼 수 있다. "좋은 음식은 몸에 약이 된다"는 근본사상이 나타나 있다. 보통 음식에 한약의 재료인 인삼, 생강, 대추, 밤, 오미자, 구기자, 당귀가 흔히 들어간다.

2) 식생활제도상의 특징

① 대가족 중심의 가정에서 어른을 중심으로 모두가 독상이었다. 따라서 그릇과 밥상은 1인용으로 발달해 왔다.

② 음식은 처음부터 상 위에 전부 차려져 나오는 것을 원칙으로 했다. 이는 3첩, 5첩, 7첩, 9첩, 12첩 등 반상차림이라는 독특한 형식을 낳게 했다.

③ 식사의 분량이 그릇 중심이었다. 즉, 상을 받는 사람의 식사량에 기준을 두는 것이 아니라 그릇을 채우는 것이 기준이었으므로 음식을 남기는 경우가 허다하였다.

④ 식후에는 꼭 숭늉을 마셨다.

3) 풍속상의 특징

① 식생활에 풍류가 있으며 그 예로써 절기음식 등에서 공동의식의 풍속과 풍류성이 발달하였다.

② 의례를 중히 여겼다. 조화된 맛을 중요시하였으므로 조미료, 향신료의 사용이 다양하고 조리 시 손이 많이 간다.

4. 한국 음식의 분류

한국 음식을 조리법에 따라 분류해 보면 다음과 같다.

1) 주식류

(1) 밥

밥은 한자어로 반(飯)이라 하고, 일반 어른에게는 진지, 왕이나 왕비는 수라, 제사에는 메 또는 젯메라고 각각 지칭한다. 흰밥, 오곡밥, 잡곡밥, 채소밥, 비빔밥, 팥밥, 콩밥 등 쌀 이외의 재료에 따라 이름 지어진 많은 종류의 밥이 있다.

(2) 죽 · 미음 · 응이

모두 곡물로 만든 유동식 음식이며, 죽은 아픈 사람을 위한 병인식이기보다는 이른 아침에 내는 초조반이나 보양식, 별식으로 많이 쓰인다. 쓰이는 재료에 따라 잣죽, 전복죽, 깨죽, 호두죽, 녹두죽, 호박죽, 장국죽 등 종류가 다양하다.

① 암죽

곡식을 말려 가루로 만든 뒤 물을 넣어 끓인 죽으로 이유식이나 환자식, 노인식으로 많이 쓰인다. 쌀가루를 백설기로 만들어 말렸다가 끓인 것을 떡암죽이라 하고 쌀을 쪄서 말려 가루로 하여 끓인 것을 쌀 암죽이라 한다. 밤을 넣은 밤암죽도 있다.

② 미음

미음은 건더기를 없이 한 것으로 쌀에 물을 많이 붓고 오래 끓여 체에 밭친다. 쌀, 차조, 메조 등이 재료로 쓰인다.

③ 응이

'응의' 또는 '의의'라고도 하는데 녹말을 물에 풀어 끓인 것으로 죽보다 묽은 상태이기 때문에 마실 수 있는 정도이다. 농도는 기호에 따라 조절할 수 있다.

(3) 국수

온면, 냉면, 칼국수, 비빔국수 등이 있다. 대개는 점심에 많이 차려지며 생일,

결혼, 회갑, 장례 등에 손님 접대용으로도 차린다.

• 평양냉면(물냉면)

메밀가루에 녹말을 약간 섞어 국수를 만든 뒤 잘 익은 동치미 국물과 육수를 합한 물에 말아 먹어야 제맛을 음미할 수 있고, 겨울철에 먹어야 완전한 제맛을 느낄 수 있다.

• 함흥냉면(비빔냉면, 회냉면)

함경도 지방에서 생산되는 감자녹말로 국수를 만들어 국수 살이 쇠 힘줄보다 질기고 오들오들 씹히는데 생선회나 고기를 고명으로 얹어 맵게 비벼 먹는다. 냉면의 맛을 좌우하는 육수를 만들어 먹는 법은 사람에 따라 업소에 따라 다르지만 육수의 으뜸은 꿩 삶은 물이다. 그러나 오늘날은 대부분 사골이나 쇠고기로 끓인 육수와 동치미 국물을 합하여 만든다.

(4) 만두와 떡국

만두의 종류로는 모양에 따라 궁중의 병시, 편수, 규아상 등이 있고 밀가루, 메밀가루 등으로 껍질을 반죽한다.

- **규아상** : 병시와 같은 껍질에 소를 넣고 해삼모양으로 빚어 담쟁이 잎을 깔고 찐 것

- **병시** : 밀가루 반죽을 껍질로 하고 돼지 갈비 · 살 · 꿩고기 · 송이버섯 · 표고버섯 · 토란 · 잣으로 소를 넣어 둥글게 빚어 만들되 주름을 잡지 않고 반으로 접어 반달 모양으로 빚고 장국에 넣어 끓인 것

- **어만두** : 생선을 얇게 저며 소를 넣어 만두모양으로 만들어 녹말을 묻혀 찌거나 삶아 건진 것

- **준치만두** : 고기와 준치 살을 섞어 만두 크기로 빚어 녹말가루를 묻혀 담쟁이 잎을 깔고 찐 것

- **편수** : 껍질을 모나게 빚어 소를 넣어 네 귀가 나도록 싸서 찐 여름철 만두

2) 부식(찬품)류

(1) 국(탕)

국은 갱, 학, 탕으로 표기(한자음)되어 1800년대의 『시의전서』에 처음으로 생 치국이라 하여 국이라는 표현이 나온다.

░ 갱(羹) - 채소를 위주로 끓이는 국

- 고기가 있는 국
- 새우젓으로 간을 하여 끓인 국
- 제사에 쓰이는 국(메갱)
- 궁중에서 원반에 놓이는 국

░ 학(鶴) - 고기를 위주로 끓이는 국

- 동물성 식품으로 끓이는 국
- 채소가 없는 국

░ 탕(湯) - 보통의 국

- 제물로 쓰이는 국
- 간장으로 끓이는 국
- 궁중에서 협반에 놓이는 국
- 향기나는 약용식물이나 약이성 재료를 달여서 마시는 음료

『임원십육지』에 탕이란 향기나는 약용식물을 숙수에 달여서 마시는 음료를 말

하고 『동의보감』에서는 약이성 재료를 숙수에 달여서 질병 또는 보강제에 사용하는 것이라 하였다. 이로써 탕은 조리상의 국이 되고 또 음료가 되기도 하고 약이 되기도 하였다.

국의 종류는 맑은국, 토장국, 곰국, 냉국으로 나뉜다.

국의 재료로는 채소류, 수조육류, 어패류, 버섯류, 해조류 등 어느 것이나 사용된다. 맑은장국은 소금이나 청장으로 간을 맞추어 국물을 맑게 끓인 국이고, 토장국은 된장·고추장으로 간을 한 국, 곰국은 재료를 맹물에 푹 고아서 소금, 후춧가루로만 간을 한 곰탕, 설렁탕과 같은 것을 말한다. 냉국은 더운 여름철에 오이·미역·다시마·우무 등을 재료로 하여 약간 신맛을 내면서 차갑게 만들어 먹는 음식으로 산뜻하게 입맛을 돋우는 효과가 있다.

(2) 찌개(조치)·지짐이·감정

찌개는 조미 재료에 따라 된장찌개, 고추장찌개, 맑은 찌개로 나뉘며 국물을 많이 하는 것을 지짐이라고도 한다. 조치라 함은 보통 우리가 찌개라 부르는 것을 궁중에서 불렀던 이름인데 찌개는 국과 거의 비슷한 조리법으로서 국보다는 국물이 적고 짠 것이 특색이다. 오늘날 우리나라 요리에서 조치란 찌개의 궁중용어에 지나지 않는다는 것이 상식이다. 또한, 7첩반상 이상의 상차림에서는 조치를 맑은 조치와 흐린 조치 두 가지를 쌍으로 차리기도 한다. 찌개보다 국물이 많은 것을 지짐이라 했는데, 지짐이를 궁중에서는 '감정'이라 한다. 또한 고추장찌개를 '감정'이라 표현하기도 하는데, 감정은 고추장과 약간의 설탕을 넣어 끓이는 것을 말한다. 찌개류는 다른 말로 '지지미'라고도 한다.

(3) 전골

1700년대의 『경도잡지(京都雜誌)』에는 "냄비 이름에 전립토라는 것이 있다." 벙거지 모양에서 이런 이름이 생긴 것이다. 전골이란 육류와 채소를 밑간을 하고 담백하게 간을 한 맑은 육수를 국물로 하여 전골틀에서 끓여 먹는 음식이다.

육류, 해물 등을 전유어로 하고 여러 채소들을 그대로 색을 맞추어 육류와 가지 런히 담아 끓이기도 한다.

근래에는 전골의 의미가 바뀌어서 여러 가지 재료에 국물을 넉넉히 부어 즉석에서 끓이는 찌개를 전골인 것처럼 혼동하여 쓰이고 있다. 전골은 반상이나 주안상에 차려진다. 전골을 더욱 풍미 있게 한 것으로 신선로(열구자탕)가 있고 교자상, 면상 등에 차려진다.

(4) 찜(선)

주재료에 술, 초, 장 등 갖은양념을 하여 물이 바특하도록 넣고 푹 삶거나 쪄내서 만들며, 재료의 맛과 양념이 고루 함께 어울리도록 조리하는 방법이다. 찜은 여러 가지 재료를 양념하여 국물과 함께 오래 끓여 익히거나 증기로 쪄서 익히는 음식이다. 대체로 육류의 찜은 끓여서 익히고 어패류의 찜은 증기로 쪄서 익힌다. 채소를 주재료로 하여 만든 찜을 선이라 한다. 오이선, 호박선, 가지선, 어선, 두부선 등이 있다. 찜은 그 조리법이 분명하게 구별되지 않아서 달걀찜이나 어선처럼 김을 올려서 수증기로 찌는 것이 있는가 하면, 닭찜이나 갈비찜처럼 국물을 자작하게 부어 뭉근하게 조리는 마치 조림과 비슷한 형태의 찜도 있다. 선(膳)이란 특별한 조리의 의미는 없고 좋은 음식을 나타내는 말이다. 선이 붙은 음식은 대개가 호박, 오이, 가지 등의 식물성 재료에 다진 쇠고기 등의 부재료를 소로 채워서 장국을 부어서 익힌 음식이 많다. 때에 따라 녹말을 묻혀서 찌거나 볶아서 초장을 찍어 먹기도 한다. 맛과 색이 산뜻하여 전채요리로 많이 이용된다.

(5) 전유어 · 지짐적

전은 기름을 두르고 지지는 조리법으로서 전유어 · 전유아 · 저냐 · 전야 등으로 부르기도 한다. 궁중에서는 전유화라 하였고 제사에 쓰이는 전유어를 간남 · 간납 · 갈랍이라고도 한다. 지짐은 빈대떡 · 파전처럼 재료들을 밀가루 푼 것에 섞어서 기름에 지져내는 음식이다. 적은 육류와 채소 · 버섯을 양념하여 꼬치에 꿰어 구운 것을 일컫는데 '산적'은 익히지 않은 재료를 꼬치에 꿰어서 지지거나 구운 것이고 '누름적'은 재료를 양념하여 익힌 다음 꼬치에 꿴 것과 재료를 꿰어 전을 부치듯이 옷을 입혀서 지진 것 두 가지가 있다.

(6) 구이

구이는 특별한 기구 없이 할 수 있는 조리법이며 구이를 할 때 재료를 미리 양념장에 재워 간이 밴 후에 굽는 법과 미리 소금 간을 하였다가 기름장을 바르면서 굽는 방법이 있다.

식품을 직접 불에 굽는 것 또는 열 공기층에서 고온으로 가열하면 내면에 열이 오르는 동시에 표면이 적당히 타서 특유한 향미를 가지게 된다. 구이는 풍미를 즐기는 고온 요리이다. 누린내가 나는 조 · 수 · 어패류에는 풍미를 증가하는 좋은 방법이다. 조리상 중요한 것은 불의 온도와 굽는 정도이다. 식품이 갖고 있는 이상의 풍미를 내기 위한 여러 가지 구이방법이 있다.

(7) 조림 · 초

초는 볶는 조리의 총칭이다. 초는 한자로 볶는다는 뜻이 있으나 우리나라의 조리법에서는 조림처럼 끓이다가 국물이 조금 남았을 때 녹말을 풀어 넣어 국물이 걸쭉하여 전체가 고루 윤이 나게 조리는 조리법이다. 초는 대체로 조림보다 간을 약하고 달게 하며 재료로는 홍합과 전복이 가장 많이 쓰인다. 궁중의 잔치 기록을 보면 화양적 등의 누름적과 함께 한 접시에 어울려서 담는 경우가 많다. 조림은 주로 반상에 오르는 찬품으로 육류, 어패류, 채소류로 만든다. 궁중에서는 조림을 조리게, 조리니라고 하였다. 오래 저장하면서 먹을 것은 간을 약간 세게 한다. 조림요리는 어패류, 우육 등의 간장, 기름 등을 넣어 즙액이 거의 없도록 간간하게 익힌 요리이며, 밥반찬으로 널리 상용되는 것이다.

(8) 생채

생채는 상고시대에 유목민들이 허기진 배를 채우기 위하여 생식을 하던 자연식품이 농경시대에 들어가면서 부식으로서 몫을 하게 되었다. 또한 생으로 먹거나 소금에 찍어 먹던 생채가 시대가 변하면서 다양한 조리법을 이용한 갖은양념을 사용하게 되었다. 생채는 계절마다 새로이 나오는 싱싱한 채소를 익히지 않고 초장·초고추장·겨자장 등으로 무쳐 달고 새콤하고 산뜻한 맛이 나도록 조리한 것이다. 각종 생채 이외에 겨자채, 잣즙냉채, 호두냉채 등이 있다.

(9) 숙채(나물)

우리나라는 역사적으로 볼 때 숭불사상으로 인한 육식의 금기가 상대적으로 나물류의 이용을 크게 증대시켰으며 조선 후기의 잦은 기근이 산과 들에 나는 많은 나물들을 식품으로 이용하는 데 큰 영향을 미쳤다. 조선 후기의 구황식품 415종 중에서 322종이 봄철에 산과 들에 나는 나물류의 어린잎이나 줄기 및 뿌리였으나 오늘날 우리나라가 시기와 절기에 맞추어 적합한 나물요리를 해먹는 대표적인 나라가 되었다. 나물은 생채와 숙채의 총칭이지만 대개 숙채를 말한다. 대부분의 채소를 재료로 쓰며 푸른 잎채소들은 끓는 물에 데쳐서 갖은양념으로 무치고, 고사리·고비·도라지는 삶아서 양념하여 볶는다. 말린 채소류는 불렸다가 삶아 볶는다. 구절판·잡채·탕평채·죽순채 등도 숙채에 속한다.

(10) 회·숙회

신선한 육류·어패류를 날로 먹는 음식을 회라 하며 육회·갑회·생선회 등이 있다. 어패류·채소 등을 익혀서 초간장·초고추장·겨자즙 등에 찍어 먹는 음식을 숙회라 하며 어채·오징어숙회·강회 등이 있다.

(11) 장아찌·장과

장아찌는 채소가 많은 철에 간장·고추장·된장 등에 넣어 저장하여 두었다

가 그 재료가 귀한 철에 먹는 찬품으로 '장과'라고도 한다. 마늘장아찌 · 더덕장
아찌 · 마늘종 · 깻잎장아찌 · 무장아찌 등이 있다. 장과 중에는 갑장과와 숙장과
가 있다. 갑장과는 장류에 담그지 않고 급하게 만든 장아찌라는 의미이며, 숙장
과는 익힌 장아찌라는 의미로 오이숙장과 · 무갑장과 등이 있다. 장아찌를 장에
오래 박아두지 않고 불로 익혀서 빠르게 만드는 것을 갑장과라고 한다. 오이, 무,
배추, 열무 등의 채소를 절여서 볶거나 간장 물에 조려서 만든다.

(12) 편육

편육은 쇠고기나 돼지고기를 덩어리째로 삶아 익혀 베보자기에 싸서 무거운
것으로 눌러 단단하게 한 후 얇게 썰어 양념장이나 새우젓국을 찍어 먹는 음식
이다. 『시의전서』에 편육감으로 적절한 부위에 대해 기록되어 있는데 "양지머리,
사태, 부아, 자라, 쇠머리, 우설, 우랑, 우신, 유통 등"이라고 하였고 또한 "삶은
쇠머리의 뼈는 추려 버리고 고기만 한데 모아 보자기에 싸서 눌렀다가 쓰면 좋
다"라고 조리법이 기록되어 있다.

(13) 족편 · 묵

족편이란 육류의 질긴 부위인 쇠족과 사태 · 힘줄 · 껍질 등을 오래 끓여 젤라
틴 성분이 녹아 죽처럼 된 것을 네모진 그릇에 부어 굳힌 다음 얇게 썬 것을 말한
다. 조선시대의 궁중에서 족편과 비슷한 전약이라 하여 쇠족에 정향, 생강, 후추,
계피 등의 한약재를 한데 넣어 고아서 굳힌 음식으로 보양식을 만들었으나 지금
은 거의 없어진 음식이다. 특히 동짓날에 먹던 시식으로 알려져 있다. 묵은 전분
을 풀처럼 쑤어 응고시킨 것으로 청포묵 · 메밀묵 · 도토리묵 등이 있다. 청포묵
과 여러 가지 채소들을 함께 양념장에 무친 것을 '탕평채'라 한다.

(14) 포

포에는 육포와 어포가 있다. 육포는 주로 쇠고기를 간장으로 조미하여 말리고

어포는 생선을 통째로 말리거나 살을 포로 떠서 소금으로 조미하여 말린다. 쇠고 기로 만든 포에는 육포·편포·대추포·칠보편포 등이 있고 최고급 술안주나 폐 백음식으로 쓰인다. 어포에는 민어·대구·명태·오징어 등이 쓰인다.

(15) 튀각·부각·자반

마른 찬이란 북어나 오징어, 멸치, 김 등의 마른 식품으로 부치거나 볶아서 밑 반찬으로 두고 먹을 수 있는 찬품을 이른다. 수분이 적어서 대개는 오래 두어도 맛이 쉽게 변하지 않으나 바로 만든 것이 맛이 있다. 마른 찬은 밥반찬이나 죽상 에 어울리는 찬품이다. 튀각은 다시마·참죽나무 잎·호두 등을 기름에 바싹 튀 긴 것이고, 부각은 재료를 그대로 말리거나 풀칠을 하여 바싹 말렸다가 필요할 때 튀겨서 먹는 밑반찬이다. 부각의 재료로는 감자·고추·김·깻잎·참죽나무 잎 등을 많이 쓴다. 자반은 고등어자반·준치자반·암치자반처럼 생선을 소금 에 절이거나 채소 또는 해산물을 간장 또는 찹쌀풀을 발라 말려 튀기는 등 짭짤 하게 만든 밑반찬을 이르는 말로 좌반(佐飯)이라고도 쓴다.

표 3

포	육포, 칠보편포, 대추편포, 육포쌈, 옆포, 암치표, 대구포, 전복쌈
부각	깻잎부각, 김부각, 참죽부각, 다시마부각
마른안주	잣솔, 생률, 호두튀김, 은행볶음
자반	고추장볶이, 매듭자반, 북어무침, 참죽자반, 준자자반, 풋고추자반, 감자반, 미역자반
마른 찬	북어보푸라기, 북어포무침, 잔멸치볶음, 마른새우볶음, 오징어채볶음, 암치포무침, 김무침

(16) 김치

채소류를 절여서 발효시킨 저장음식으로 배추·무 이외에도 그 고장에서 제철 에 많이 나는 채소 등으로 만든다. 오늘날 사용되는 김치란 말은 침채 → 딤채,

짐채 → 김채 → 김치와 같이 변화되었고, 김치 담그기를 '염지'라 하여 '지'라고 부르게 되었으며 상고시대에는 김치를 '저'라는 한자어로 표기하였으며,『삼국유사』에서 김치 젓갈무리인 '저해'가 기록되어 있으며 또『고려사』,『고려사절요』에서는 '저'를 찾아볼 수 있다. '저'란 날 채소를 소금에 절여 차가운 데 두고 숙성시킨 김치무리를 말한다.

(17) 젓갈 · 식해

젓갈은 어패류를 소금에 절여서 염장하여 만드는 저장식품이다. 새우젓, 멸치젓 등은 주로 김치의 부재료로 쓰이고 명란젓 · 오징어젓 · 창난젓 · 어리굴젓 · 조개젓 등은 반찬으로 이용된다. 식해(食醢)는 어패류에 엿기름과 익힌 곡물을 섞고 고춧가루 · 파 · 마늘 · 소금 등으로 조미하여 저장해 두고 먹는 음식이다. 가자미식해 · 도루묵식해 · 연안식해 등이 있다.

제 **2** 장

양념과 고명

1. 양념

음식을 맛있게 먹기 위해서는 조미료와 향신료가 필요한데 이것을 양념이라고 한다. 양념(藥念)은 먹어서 몸에 약처럼 이롭도록 여러 가지를 고루 넣는다는 뜻으로 간장·된장·고추장·소금·식초·설탕 등이 쓰였다. 향신료에는 고추·후추·천초·겨자·생강·마늘·파 참기름·들기름 등이 있다. 고추가 유입되기 이전에는 천초(川椒)가 많이 쓰였다. 대부분의 음식들은 파·마늘·생강 다진 것을 가미하여 비린내·누린내·풋내 등을 가시게 하였다.

1) 간장

육류 섭취가 부족했던 우리나라 식생활에서 간장은 단백질 공급원으로 우수한 조미료이다.

간장의 '긴'은 소금의 싼맛을 나타내며 음식 맛을 좌우하는 기본적인 조미료로 주성분은 아미노산·당분·염분으로 숙성과정에서 아미노산과 기타 성분의 조화가 잘 이루어지면 맛 좋은 간장이 된다.

음식에 따라 간장의 종류를 구별해서 써야 한다. 국, 찌개, 나물 등에는 색이 옅은 청장을 쓰고 조림, 포, 초 등의 조리와 육류의 양념에는 진간장을 쓴다. 전 유어, 만두, 편수 등에는 초간장을 곁들여 낸다.

2) 된장

된장의 '된'은 되직한 것을 뜻한다. 재래식으로는 늦가을에 흰콩을 무르게 삶 고 네모지게 메주를 빚어, 따뜻한 곳에 곰팡이를 충분히 띄워서 말려두었다가 음 력 정월 이후 소금물에 넣어 장을 담근다. 장맛이 충분히 우러나면 국물만 모아 간장 물로 쓰고, 건지는 모아 소금으로 간을 하여 따로 항아리에 꼭꼭 눌러서 된 장으로 쓴다. 종래에는 간장을 뺀 나머지로 된장을 만든 것이 있고 메주를 소금 물에 담가 만든 것이 있다. 된장은 짜지 않고 색이 노랗고 부드럽게 잘 삭은 것이 좋다. 주로 토장국, 된장찌개, 쌈장, 장떡의 재료로 쓰인다.

된장은 예부터 '오덕(五德)'이라 하여 "첫째, 단심(丹心) : 다른 맛과 섞어도 제 맛을 낸다. 둘째, 항심(恒心) : 오랫동안 상하지 않는다. 셋째, 불심(佛心) : 비리 고 기름진 냄새를 제거한다. 넷째, 선심(善心) : 매운맛을 부드럽게 한다. 다섯 째, 화심(花心) : 어떤 음식과도 조화를 잘 이룬다"고 하여, 우리나라의 전통식품 으로 구수한 고향의 맛을 상징하게 된 식품이라 할 수 있다.

3) 고추장

찹쌀고추장, 보리고추장, 밀고추장 등이 있으며 볼품이나 감칠맛은 찹쌀고추 장이 좋고, 보리고추장은 구수한 맛이 있다. 토장국이나 고추장찌개의 맛을 내고 생채, 숙채조림, 구이 등의 조미료로 쓰이며 볶아서 찬으로도 하고 그대로 쌈장 에 쓰기도 한다. 고추장은 먹으면 개운하고 독특한 자극을 준다. 그 맛은 한국 음 식만이 가지고 있는 고유한 맛이라고 할 수 있다. 콩으로부터 얻어지는 단백질원과 구수한 맛, 찹쌀·멥쌀·보리쌀 등의 탄수화물식품에서 얻어지는 당질과 단맛, 고춧가루로부터 붉은색과 매운맛, 간을 맞추기 위해 사용된 간장과 소금으로부터는 짠맛이 한데 어울린, 조화미(調和美)가 강조된 영양적으로도 우수한 식품이다. 달고 짜고 매운 세 가지 맛이 적절히 어울려서 맛을 내는 것이다. 고추장은 세계 어느 곳에서도 유사한 것을 찾아볼 수 없는 우리만의 고유한 발효식품이다.

4) 소금

소금은 짠맛을 내는 기본 조미료이며 한문으로는 식염(食鹽)이라고 한다. 소금은 음식 맛을 내는 기본 조미료로서, 소금의 종류는 굵은 호염, 정제염, 식탁염이 있다. 소금의 종류는 제조방법에 따라 호렴, 재염, 재제염, 맛소금 등으로 나눌 수 있다. 호렴은 입자가 굵어 모래알처럼 크고 색이 약간 검다. 대개 장을 담그거나 채소나 생선의 절임용으로 쓰인다. 재염은 호렴에서 불순물을 제거한 것으로 재제염보다는 거칠고 굵으며, 간장이나 채소, 생선의 절임용으로 쓰인다. 재제염은 보통 꽃소금이라 불리는 희고 입자가 굵은 소금으로 가정에서 가장 많이 쓰인다. 맛소금은 소금에 글루탐산나트륨 등 화학조미료 약 1%를 첨가한 것으로 식탁용으로 쓰인다. 소금의 짠맛은 신맛과 함께 있을 때는 신맛을 약하게 느끼고 단맛은 더욱 달게 느끼게 하는 맛의 상승작용이 있다. 좋은 소금은 손바닥에 쥐었을 때 달라붙지 않는다.

5) 식초

생채, 겨자채, 냉국 등에 신맛을 내기 위해 쓰이며 초간장, 초고추장을 만드는 데 쓰인다. 식초는 음식의 풍미를 더하여 식욕을 증진시키고 상쾌함을 주며, 음식 전체의 색을 선명하게 해주고, 생선의 비린내를 없애줄 뿐만 아니라 방부·살균작용을 하기 때문에 신선도를 유지해 주기도 한다. 식초는 술이 산화 발효되어 신맛을 내는 초산을 주체로 한 발효양념으로, 사람이 만들어낸 최초의 조미료라고 할 수 있다. 이것은 자연발생적으로 만들어진 과실주(果實酒)가 발효되어 식초로 변했기 때문이다. 종류에는 양조식초와 합성식초가 있다.

표 4 식초의 종류와 특징

구분	종류	제법	특징
양조 식초	현미식초	현미식초, 막걸리식초, 흑미식초, 쌀식초 등 곡류를 원료로 해서 발효시킨 식초	초산발효에 의해 만들어진다.
	사과식초	사과식초, 감식초, 포도식초 등 과실주로 만들어 다시 초산발효한 식초	
	주정식초	주정을 속성으로 발효한 식초로 시중에 유통되는 많은 요리용 식초	
합성 식초	빙초산	화학적으로 만들어진 초산을 희석하여 만든 식초	화학식초라고 한다.

6) 설탕, 꿀, 조청

설탕은 사탕수수나 사탕무의 즙을 농축시켜 만드는데 우리나라에는 고려시대 때 처음 들어와 귀해서 일반에서는 잘 쓰이지 못하였다. 가공방법에 따라 백설탕, 황설탕, 흑설탕으로 나누어지며 정제도가 높을수록 색이 희고 감미도가 높다. 요리를 할 때 분자량이 작은 설탕을 먼저 넣어 요리하면 재료의 조직이 부드러워진다. 예전에는 꿀과 조청이 감미료로 많이 쓰였다. 옛날부터 꿀이 건강과 미용에 효과가 있다는 것은 비타민군이 특히 많고, 피부의 거칠어짐을 방지하는 효과를 기대할 수 있기 때문이다.

조청은 곡류를 엿기름으로 당화시켜 오래 고아서 걸쭉하게 만든 묽은 엿으로 누런색이 나오고 독특한 엿의 향이 남아 있다. 따라서 한과류와 밑반찬용의 조림에 많이 쓰인다. 한편 엿은 조청을 더 오래 고아 되직한 것을 식히면 딱딱하게 굳는다. 엿은 간식이나 기호품으로 즐기기도 하지만 음식에서는 조미료로써 단맛을 내면서 윤기도 낸다.

7) 기름

참기름, 들기름, 콩기름이 쓰였다. 참기름은 참깨를 볶아서 짠 기름인데 향미가 있어 우리 음식에 잘 어울린다. 찌꺼기는 잘 받쳐 가라앉히고 볕이 쬐지 않는 곳에 밀봉, 보관하여 사용해야 맛이 변하지 않는다. 참깨를 볶을 때 지나치게 볶으면 색깔이 검어 음식을 만들 때 불편한 경우가 있으므로 알맞게 볶아 짜도록 한다.

참기름은 불포화지방산이 많고 발연점이 낮아 튀김기름으로 쓰이지 않으며, 나물은 물론 고기 양념 등 향을 내기 위해 거의 모든 음식에 쓰인다. 참기름은 무침 같은 나물요리에는 필수로 넣으며 가열요리에는 마지막에 넣어야 향을 살릴 수 있다. 고기나 생선으로 포를 떠서 말릴 때 양념으로 참기름을 넣으면 건조과정에서 유지가 산패되어 좋지 않은 냄새가 난다. 따라서 이럴 때에는 먹기 직전에 기름을 발라 구워 먹는다.

들기름은 들깨를 볶아서 짠 것으로 우리나라, 중국, 일본, 이집트 등지에서 재배되어 왔으며, 그 특유한 향기와 맛이 있어 볶음요리, 전 부칠 때, 김에 발라 굽거나 나물에 넣어 먹는다. 면실유, 콩기름은 튀김요리와 볶는 요리에는 좋으나 무침(나물 등)요리에는 참기름과 비교할 수 없다.

8) 깨소금

잘 익은 깨로 만들어야 좋은 깨소금이 된다. 깨끗하게 씻어서 일어 건지고, 물기를 뺀 다음 번철이나 냄비에 볶는다. 이때 고르게 볶으려면 한꺼번에 많은 양을 볶지 말고, 밑에 깔릴 정도로 놓고 볶아야 한다. 깨알이 팽창되고 손끝으로 부숴보아 잘 부서지게 볶아졌으면 뜨거울 때 소금을 조금 섞어서 적당하게 빻는다.

너무 곱게 빻으면 음식의 볼품이 좋지 않다. 준비된 깨소금은 밀봉되는 양념 그릇에 넣어 향기가 가시지 않도록 한다.

9) 고추

고추는 색이 곱고 껍질이 두터우며 윤기가 나는 것으로 고른다. 경북 영양(英陽)에서 재배되는 영양초가 가장 좋고, 호고추는 색도 짙고 두터우나 자극성이 적고 음식에 넣었을 때 영양초에 비하여 색이 선명하지 못하므로 음식 종류에 따라 적당한 것을 고른다.

고추의 빨간 빛깔은 캡산틴(capsanthin)이라는 성분이고 매운맛은 캡사이신이라는 성분 때문인데 0.2~0.4%밖에 안 되는데도 매운맛을 강하게 낸다. 고추의 매운맛은 입안의 혀를 자극하는 특징이 있다. 김치를 담그는 데 한국 고추가 좋다고 하는 것은, 단맛과 매운맛의 조화가 잘 이루어졌기 때문이다.

   (1) 고춧가루 : 씨를 빼고 행주로 깨끗하게 닦아 말린 다음 빻는다.
     ① 고운 가루…고추장, 조미료용
     ② 중간 가루…김치, 깍두기용
     ③ 굵은 가루…여름 풋김치용
   (2) 실고추 : 마른 고추의 씨를 빼고 행주로 깨끗이 닦아서 가늘게 채썬 것인데 기계로 썰어 놓은 것을 쓰는 편이 간편하다. 실고추는 나박김치, 양념, 웃고명 등으로 쓰인다.

10) 후춧가루

후추의 원산지는 인도이고, 수입품이기 때문에 값비싼 향신료였다. 우리나라에서는 1700년 초엽까지도 옛 문헌에는 김치를 담그는 데 후추, 산초, 겨자, 마늘 등을 사용하였다. 후추는 맵고 향기로운 특이한 풍미가 있어서 조미료나 향신료, 구풍제, 건위제 등에 널리 사용되고 있다. 후추는 빻아서 병에 넣어 봉해 두고 사용한다. 향기와 자극성이 강해 누린내나 비린내를 제거해 주고 그 특유의 자극성으로 식욕을 돋우어준다. 종류에 따라 검은 후춧가루, 흰 후춧가루, 통후추 등으로 구별하며 검은 후추는 육류와 색이 진한 음식의 조미에, 흰 후추는 흰살 생선이나 채소류, 색이 연한 음식의 조미에 적당하다.

11) 겨자

겨자는 몹시 작아서 작은 것을 비유할 때 자주 인용되는데, 황갈색의 맵고 향기로운 맛이 있어 양념과 약재로 쓰이고 있다. 겨자의 매운 성분 중 가장 중요한 것은 알킬이소시아네이트(alkylisocyanate)라는 물질이다. 이 성분은 겨자씨 안에 들어 있는 시니그린 성분과 시날빈과 같은 유황 배당체에 미로시나아제(myrosinase)라는 효소가 작용해서 만들어지는 것이다. 겨자는 갓 씨앗을 갈아 가루로 만든 것을 사용하는데 많이 개어야 매운 성분이 우러나게 되고 또 따뜻하게 해야 매운 성분의 분해가 빨리 된다.

○ **겨자 개는 법**

겨자가루 1 : 따뜻한 물 2를 넣고 오랫동안 잘 갠다. 이때 뽀얗게 되면 뚜껑을 닫고 따뜻한 곳(40℃ 정도)에 20~30분간 놓아두면 매운 자극성이 잘 풍기게 된다.(자극성분의 발산을 방지하기 위하여 따뜻한 곳에 엎어두기도 함) 사용할 때도 여기에 식초, 설탕과 필요에 따라서는 닭국물, 잣즙과 같은 맛있는 국물을 섞어서 쓰고 고운 즙으로 써야 할 경우에는 보에 밭치면 된다.

12) 계핏가루

계수나무의 껍질을 말린 것으로 두껍고 큰 것은 육계라 하며, 작은 나뭇가지를 계지라 한다. 주성분은 알데히드(aldehyde)에 속하는데, 육계는 계핏가루로 만들어서 떡류나 한과류, 숙실과 등에 많이 쓰인다. 통계피와 계지는 물을 붓고 달여서 수정과의 국물이나 계피차로 쓴다. 육계(肉桂)를 빻아서 가루로 한 것으로 일반적인 요리에는 많이 사용되지 않으나 편류, 유과류, 전과류, 강정류에 많이 쓰인다. 잘 봉해 놓고 습기 없는 곳에 보관한다.

13) 파, 마늘, 생강

파, 마늘을 양념으로 사용할 때에는 채로 썰거나 다져서 쓴다. 파, 마늘의 자극성분이 고기류, 생선요리의 누린내, 비린내, 채소류의 풋냄새를 가시게 하므로 우리나라 요리에는 거의 빠지지 않고 쓰인다.

굵은 파의 푸른 부분은 자극이 강하고 쓴맛이 많으므로 다져 쓰기에는 적당하지 않다.

마늘은 나물, 김치, 양념장 등에 곱게 다져서 쓰고, 동치미, 나박김치에는 채썰거나 납작하게 썰어 넣는다. 고명으로 쓸 때에는 채썰어 사용한다.

생강은 쓴맛과 매운맛을 내며 강한 향을 가지고 있어, 어패류나 육류의 비린내를 없애준다. 또한 생강은 식욕을 증진시키고 몸을 따뜻하게 하는 작용이 있어, 한약 재료로도 많이 쓰인다.

2. 고명

고명에 사용되는 재료로 청색은 미나리 · 실파 · 쑥갓 · 오이, 적색은 실고추 · 홍고추 · 당근, 황색은 달걀노른자, 흰색은 달걀흰자, 흑색은 소고기 · 목이버섯 · 표고버섯 등이 사용되고 있다. 고명은 맛보다는 장식이 주목적이며 음식 위에 뿌리거나 얹는 것이다. '웃기' 또는 '꾸미'라고도 하고 음식을 아름답게 꾸며 돋보이게 하고 식욕을 촉진시켜 주며, 음식을 품위 있게 해준다.

고명과 양념의 다른 점은 양념은 맛을 내지만 고명은 맛과는 아무 상관이 없다는 것이다. 한국 음식은 겉치레보다는 맛에 중점을 두고 있기는 하나, 맛을 좌우하는 양념과 눈을 즐겁게 하는 고명은 음식에 있어 중요한 역할을 하고 있다.

고명의 다섯 가지 색채는 우주공간을 상징할 때 사용하는 5방색인 동(청색 : 간장), 서(흰색 : 폐), 남(홍색 : 심장), 북(흑색 : 신장), 중앙(황색 : 위)과 일치하며 시간을 상징하는 봄, 여름, 가을, 겨울과 변화를 일으키는 중심도 다섯 가지 색으로 나타내므로 음양오행의 전통문화를 공유한 한국 음식의 독창적인 형태라고 할 수 있다.

1) 달걀지단

달걀은 흰자와 노른자로 나누어 각각 소금을 넣고 풀어서 사용한다. 거품은 걷어주고 체 또는 면포에 내려 사용해야 빛깔 고운 지단을 만들 수 있다. 식용유를 두르고 불을 약하게 한 후 풀어놓은 달걀을 부어서 얇게 펴 양면을 지져 용도에 맞는 모양으로 썬다.

지단은 흰색과 노란색을 가진 자연식품 중 가장 널리 쓰인다. 채썬 지단은 국수나 잡채 고명에, 골패형인 직사각형은 겨자채, 신선로 등에 쓰이며 완자형인 마름모꼴은 국이나 찜, 전골의 고명에 쓰인다.

술알이란 뜨거운 장국이 끓을 때 푼 달걀을 줄을 긋듯이 줄줄이 넣어 부드럽게 엉기게 하는 것을 말하는데 국수, 만둣국, 떡국 등에 쓰인다.

2) 미나리 초대

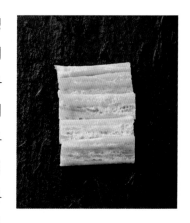

미나리를 깨끗이 씻어 줄기만을 약 3~4cm 정도의 길이로 잘라 굵은 쪽과 가는 쪽을 번갈아 대꼬치에 빈틈없이 꿰어서 칼등으로 자근자근 두들겨서 네모지게 한 장으로 하여 밀가루를 얇게 묻힌 후 계란물에 담갔다가 번철에 식용유를 두르고 계란 지단 부치듯이 양면을 지진다. 지나치게 오래 지지면 색이 나쁘다. 달걀의 흰자와 노른자를 따로 풀어서 입히는 경우도 있다. 미나리가 세고 좋지 않을 때는 가는 실파를 미나리와 같은 요령으로 부친다. 지져서 채반에 꺼내어 식은 후에 완자형이나 골패형으로 썰어 탕, 전골, 신선로 등에 넣는다.

3) 고기완자

완자를 봉오리라고도 하며 소고기의 살을 곱게 다져 양념하여 고루 섞어 둥글게 빚는다. 물기 짠 두부를 곱게 으깨어 섞기도 하며, 완자의 양념은 간장 대신 소금으로 해야 질척거리지 않고, 파, 마늘은 최대한 곱게 다져 넣고 설탕이나 깨소금은 조금만 넣고 오래 치대야 완자가 곱다. 완자의 크기는 음식에 따라 직경 1~2cm 정도로 빚는다. 둥글게 빚은 완자는 밀가루를 얇게 입히고, 풀어놓은 달걀물에 담가 옷을 입혀서 프라이팬에 식용유를 두르고 굴리면서 고르게 지진다. 면이나 전골, 신선로의 옷기로 쓰이고, 완자탕의 건지로 쓰인다.

4) 고기 고명

소고기를 곱게 채썰어 양념하여 볶아 만든 고명은 비빔밥, 비빔국수, 떡국 고명으로 쓴다. 지방에 따라 떡국에 고기산적을 작게 만들어 얹기도 한다.

5) 버섯류

말린 표고버섯, 목이버섯, 석이버섯, 느타리버섯 등을 손질하여 고명으로 주로 사용한다.

① 표고버섯

표고버섯은 만드는 음식에 따라 적당한 크기의 것으로 골라 미지근한 물에 불려서 부드럽게 된 후 기둥은 떼어내고 용도에 맞게 썬다. 지나치게 더운물로 불리면 색깔도 검고 향기도 좋지 않다. 떠오르지 않도록 접시로 눌러 두어 충분히 부드러워

질 때까지 불린다. 표고를 담근 물은 맛 성분이 많이 우러나 좋으므로 국이나 찌개 국물로 이용하면 좋다. 고명으로 쓸 때는 고기 양념장과 마찬가지로 양념하여 볶으면 맛있다.

전을 부칠 때는 작은 표고버섯을 선택하며, 표고채로 썰어 쓰려면 크고 두꺼운 것을 얇게 저민 다음 구절판용, 잡채용으로 썰도록 한다.

② 석이버섯

석이버섯은 되도록 부서지지 않은 큰 것을 골라 미지근한 물에 불려 양손으로 비벼 안쪽의 이끼를 말끔하게 벗겨낸다. 여러 번 물에 헹구어서 바위에 붙어 있던 모래를 말끔히 떼어낸

다. 석이를 채로 썰 때는 돌돌 말아서 곱게 썰어 보쌈김치, 국수, 잡채, 떡 등의 고명으로 쓴다. 또는 계란흰자에 석이를 다져 석이지단을 부치기도 하며 전골, 찜 고명으로 사용한다.

6) 실고추

곱게 말린 고추를 갈라 씨를 발라내고 젖은 행주로 덮어 부드럽게 하여 두 개씩 합하여 꼭꼭 말아서 곱게 채썬다. 나물이나 국수, 잡채 고명으로 쓰이고 나박김치 고명으로도 쓰인다.

7) 고추(청 · 홍)

말리지 않은 다홍고추나 풋고추를 갈라서 씨를 빼고 채로 썰거나 완자형, 골패형으로 썰어 잡채나 국수의 웃기로 쓰인다. 익힌 음식의 고명으로 쓸 때는 끓는 물에 살짝 데쳐서 사용한다.

8) 실파와 미나리

가는 실파나 미나리 줄기를 데쳐서 3~4cm 길이로 썰어 찜, 전골, 국수의 웃기로 쓴다. 푸른색을 좋게 하려면 넉넉한 물에 소금을 약간 넣고 데쳐내어 바로 찬물에 헹궈 완전히 식혀 쓰면 색이 곱다.

9) 통깨

참깨를 잘 일어 씻어 볶아서 빻지 않고 그대로 나물, 잡채, 적, 구이 등의 고명으로 뿌린다.

곱게 빻은 깨는 고기 양념 등에 넣으면 좋다.

10) 잣

잣은 대개 딱딱한 껍질을 까고 얇은 껍질까지 벗겨서 시판되고 있다. 잣은 굵고 통통하고 기름이 겉으로 배지 않고 보송보송한 것이 좋다. 뾰족한 쪽의 고깔을 떼고 통째로 쓰거나 길이로 반을 갈라 비늘잣으로 하거나, 도마 위에 종이를 겹쳐 깔고 잘 드는 칼로 곱게 다진 잣가루로 사용을 한다. 보관할 때는 종이에 싸서 두어야 여분의 기름이 배어 나와 잣가루가 보송보송하다.

통잣은 전골, 탕, 신선로 등의 웃기나 차나 화채에 띄우고, 비늘잣은 만두소나 편의 고명으로 쓴다. 잣가루는 회, 적, 구절판, 너비아니, 불고기 등에 뿌려서 모양과 맛을 내며 초간장에도 넣는다. 한과류 중 강정이나 단자 등의 고물로 쓰이고 잣박산, 마른안주로도 많이 쓰인다.

11) 은행

은행은 딱딱한 껍질을 까고 달구어진 프라이팬에 식용유를 두르고 굴리면서 볶은 후 마른행주로 싸서 비벼 속껍질을 벗긴다. 소금을 약간 넣고 끓는 물에 벗기는 방법도 있다.

신선로, 전골, 찜 고명으로 쓰이고 볶아 소금으로 간을 하여 두세 알씩 꼬치에 꿰어서 마른안주로도 쓴다. 다져서 떡 만들 때 넣기도 한다.

12) 호두

딱딱한 껍질을 벗기고 알맹이가 부서지지 않게 꺼내어, 반으로 갈라서 뜨거운 물에 데쳤다가 대꼬치 등 날카로운 것으로 속껍질을 벗긴다. 호두살을 너무 오래 담가두면 불어서 잘 부서지고 껍질 벗기기가 어렵다. 많은 양을 벗길 때는 여러 번에 나누어 불려서 벗긴다. 찜이나 신선로, 전골 등의 고명으로 쓰인다. 속껍질까지 벗긴 호두알은 바싹 말려 기름에 튀긴 후 소금, 설탕을 약간 뿌려 마른안주로 사용한다.

13) 대추

대추는 실고추처럼 붉은색의 고명으로 쓰이는데 단맛이 있어 어느 음식에나 적합하지는 않다. 마른 대추는 찬물에 재빨리 씻어 건져 마른행주로 닦고,

창칼로 씨만 남기고 살을 발라내어 채로 썰어 고명으로 쓴다. 찜, 삼계탕에는 통째로 넣고 보쌈김치, 백김치, 식혜, 차 등에는 곱게 채로 썰어 넣는다. 돌돌 말아 얇게 썬 대추는 떡이나 한과 웃기로 많이 쓰인다.

14) 밤

단단한 겉껍질과 창칼로 속껍질까지 말끔히 벗긴 후 찜에는 통째로 넣고, 곱게 채썬 밤은 떡, 백김치 고명으로 사용하고, 삶아서 체에 내린 밤은 단자와 떡소로 쓰인다. 예쁘게 깎은 생률은 마른 안주로 가장 많이 사용하며, 납작하고 얇게 썰어서 보쌈김치, 겨자채, 냉채 등에도 넣어 아삭한 맛을 즐긴다.

15) 알쌈

알쌈은 골동반(비빔밥)이나 신선로, 떡국, 만둣국 등의 고명으로 쓰인다. 기름에 지져낸 완자소를 달걀지단 속에 넣고 양끝을 맞붙여 반달 모양으로 익혀 사용한다.

16) 오이, 호박, 당근채

4cm 크기로 잘라 얇게 돌려깎기한 후 겹쳐 놓고 곱게 채썬다. 국수장국, 비빔국수, 칼국수 등의 고명으로 사용한다. 비빔밥, 구절판, 잡채용으로도 많이 사용한다.

제 **3** 장

한국 음식의 상차림

1. 상차림의 개요

우리나라는 사계절이 뚜렷하고 기후의 지역적인 차이가 있어, 각 지방마다 식물이 다양하게 생산되며, 지역적 특성을 살린 음식들이 잘 발달되어 왔다.

한국의 식생활은 궁중을 비롯하여 양반집의 다양한 식생활 풍속을 중심으로 발달해 오면서 많은 형식과 까다로운 범절을 따르게 되었고 상에 차려 내는 주식의 종류에 따라 반상, 죽상, 면상 등으로 나뉘고, 차리는 목적에 따라서는 주안상, 교자상, 그 밖에 돌상, 혼례상, 폐백상, 제사상 등의 의례적인 상차림도 있다.

상차림의 유형은 그 시대의 정치·경제·문화의 영향을 받았다.

1) 상고시대

고구려 벽화에서 추정하면 이 시대의 상차림 양식은 입식 차림이었다. 상에다 음식을 차리고 의자에 앉아 식사를 하였으며, 음식은 고배형(高排形)의 그릇을 높이 썼다.

2) 고려시대

테이블 같은 상탁 위에 음식 담는 쟁반을 놓아 상차림을 한 것으로 해석된다. 상객(上客)일수록 음식을 담는 반수(盤數)가 많았으며, 하객(下客)인 경우에는 좌식상(座式床)에다 두레상처럼 연상을 차렸다. 연회에서는 한 상에 2인씩 마주 앉고, 여러 가지 음식을 많이 차렸다.

3) 조선시대

이 시대에 와서 '좌식상'으로 고정되었다. 그러나 궁중에서 행한 의례(儀禮)와 제례(祭禮)의 상차림에는 예부터의 풍습에 따라 상을 사용하였다. 한편 반상, 큰 상을 위시하여 여러 가지 상차림의 격식이 정립되었다. 이 시대에 정립된 상차림은 유교이념을 근본으로 한 가부장적(家父長的) 대가족제도가 크게 반영되고, 음식을 담는 그릇도 상차림에 따라 대체로 규격화되었다.

2. 상차림의 실제

1) 아침상(자리조반상 · 초조반상)

자리조반상은 연만하신 부모님을 모신 이가 행하는 것이다. 새벽에 기침을 하시면 시장하심을 모르시게 하기 위하여 간단히 미음(응이 · 죽) 혹은 양집, 때로는 국수장국을 해드린다. 그 상차림에는 편육, 동치미나 나박김치, 간장, 초장, 젓국찌개와 마른 찬(암치보푸라기, 북어보푸라기, 육포, 어포)을 놓는다.

① 죽상
흰 죽상에는 자반준치찌개를 해놓는데, 여름에는 풋고추를 썰어 얹고 젓국찌개를 삼삼하게 만든다. 그리고 포를 폭신하게 두들겨서 납작하게 썰고 암치나 건대구를 솜같이 보풀려서 곁들여 놓는다. 마른 대하가 있으면 두들겨 보풀어서 같이 곁들여도 좋다. 김치는 때에 따라 신선한 김치(동치미, 나박김치)를 놓고, 만일 준치가 없을 때는 무젓국찌개도 좋다.

② 미음상

미음에 따라 다소 다르지만 거의 같다. 대추미음상에는 설탕을 놓고, 암치나 건대구를 솜같이 보풀려서 포를 폭신폭신하게 두들겨 같이 곁들여 놓는다. 북어도 마른 것을 두들겨서 보풀려 한데 곁들이기도 한다. 이런 때는 반드시 진간장을 놓는다. 김치는 계절에 따라 다르고 나박김치, 동치미, 젓국지 중에서 하나를 선택해서 차린다. 미음대접을 놓고 그 옆에는 반드시 공기를 놓는다. 정과를 좋아하면 후식으로 놓는다.

③ 응이상

응이상에는 설탕을 놓고 신선한 김치(동치미), 포가 있으면 두드려서 무쳐 놓고 정과가 있으면 놓아도 좋다. 병환 중에는 포 대신 자반을 보풀려 놓는다.

2) 반상차림

우리나라의 상차림은 반상차림으로 밥을 주식으로 하고, 여러 가지 찬을 배선하는 아침, 점심, 저녁상을 일상식으로 하고 있다. 밥과 반찬을 중심으로 격식을 갖추어 차리는 음식으로, 나이 어린 사람에게는 밥상, 어른에게는 진지상, 임금님의 밥상은 수라상이라고 부른다.

한국의 일상음식 상차림은 전통적으로 독상이 기본이고, 반상은 3첩, 5첩, 7첩, 9첩, 12첩으로 구분된다. 여기서 첩이란 반찬을 담는 그릇인 쟁첩을 뜻하며, 옛날 궁중에서 임금님에게 드리던 수라상을 12첩반상, 권문 반가에서 차리던 진지상은 9첩반상이다. 3첩은 서민들의 상차림이었고, 5첩은 중산층, 7첩과 9첩은 반가의 차림이었는데, 보편적인 것은 7첩으로 쌍조치가 오른다.

밥, 국, 김치, 조치(찌개), 종지(장류), 찜(선), 전골은 첩수에 들지 않으며, 쟁첩(접시)에 담는 반찬의 수를 헤아려 첩수를 결정짓는다.

반상의 배선법은 수저는 상의 오른쪽에 위치하고, 상 끝에서 2~3cm 나가게 한다. 밥은 상 앞줄 왼쪽에, 국은 오른쪽에, 그리고 찌개는 국 뒤쪽으로 놓는다. 김치는 상 뒷줄에 놓고, 김치 중에서 국물김치는 오른쪽에 오도록 한다. 일반적으로 더운 음식인 국, 찌개, 구이, 전 등은 오른쪽에 배선한다.

3) 반상을 차리는 요령

반상의 종류에 따라 격식이 정해져 있기 때문에 요령 있게 식단을 짜고 합리적인 상을 차릴 수 있도록 노력해야 한다. 재료와 연료, 시간 그리고 노력 등을 절약하고, 보다 알찬 영양을 섭취할 수 있는 실속 있는 식생활을 위해서 반상을 차릴 때의 유의사항을 나열해 보도록 한다.

① 다양한 재료를 쓰도록 한다

같은 재료가 여러 가지 반찬에 중복되어 쓰이는 것을 피하도록 한다는 뜻이다. 요리의 재료는 계절에 따라 특별한 맛을 지닌 것을 이용한다. 동물성 식품인 고기류와 생선류로 만든 반찬과 식물성 식품인 야채류, 산채류, 해조류로 만든 반찬들을 골고루 이용한다.

② 다른 조리법을 응용하도록 한다

반상의 의의는 여러 가지 음식을 맛있게 골고루 먹게 하는 데 있다. 그러기 위해서는 조리법에 있어 각 재료가 지닌 맛의 개성을 살리기 위해서 약간씩 다른 조리법을 응용하도록 노력한다.

③ 색채의 조화를 살리도록 한다

요리의 색채는 식욕을 돋우어주고 맛을 한층 좋게 해준다. 따라서 요리 재료를 선택할 때는 색의 조화를 생각해야 한다.

④ 양을 너무 많이 담지 않도록 한다

예로부터 내려온 반상의 형식은 대체로 독상이며, 겸상일 경우에도 그 음식의 양은 항상 남는 것이 통례이다. 그릇에 가득 담긴 음식은 보기에도 좋지 않고 식욕도 덜할 뿐 아니라 먹을 음식은 자연히 불결해지고 맛도 저하된다. 따라서 적당한 양을 담도록 한다.

4) 면상 · 만둣국상 · 낮것상(점심상)

예부터 점심은 낮것이라고 하여 밥상은 안 차린다. 평일에는 아침 늦게 밥상을 받으면 점심은 요기만 하는 정도로 가벼운 음식으로 한다. 손님이 오시면 온면, 냉면 등 간단한 국수상을 차린다.

봄에는 국수장국, 가을에는 나박김치, 겨울에는 배추김치, 장김치, 전유어, 편육, 잡채, 누름적, 간장(묽은 장), 초장, 과일, 약과, 화채, 식혜 등을 차린다. 예부터 국수나 만두는 점심이나 참으로 즐겼다.

5) 주안상

주안상은 약주와 함께 안주를 곁들이는 상차림이다. 술에 따라 안주도 달라진다. 그러나 기본적인 것은 전유(전유어), 편육, 탕 등의 안주와 몇 가지 마른안주를 낸다. 찌개, 전골 등 생굴, 생과일, 정과 등 후식까지 차릴 수 있다. 아주 고급일 때는 구절판이 나온다.

6) 교자상(잔치상)

명절이나 잔치, 또는 회식 때 많은 사람이 함께 모여 축하연회나 식사를 할 경우에 차리는 상이다. 대개 고급 재료를 사용해서 여러 가지 음식을 많이 만들어 대접하려고 할 때, 종류를 지나치게 많이 하는 것보다 몇 가지 중심이 되는 요리를 특별히 잘 만들고, 이와 조화가 되도록 색채나 재료, 조리법, 영양 등을 고려하여 다른 요리를 몇 가지 곁들이는 것이 좋은 방법이다.

7) 돌상

아기가 태어난 지 만 1년이 되는 돌날이면 생일을 축하하고 앞날은 축복하기 위해 뜻있는 음식으로 상을 차린다. 돌상의 대표적인 음식은 백설기와 수수팥떡이다. 백설기는 신성한 백설의 무구한 음식이며, 수수팥떡은 붉은색의 차수수로 경단을 빚어 삶고 붉은 팥고물을 묻힌 떡으로 붉은색이 액을 방지한다는 믿음에서 비롯된 풍습이다. 아이 생일에 수수팥떡을 해주어야 자라면서 액을 면할 수 있다고 믿는 것은 우리나라 전역에 걸친 것으로 아이가 10세가 될 때까지 생일마다 수수팥떡을 해준다.

8) 큰상 차림

큰상은 혼례, 회갑(만 60세), 희년(만 70세), 회혼례(결혼한 지 만 60년) 등에 차리는 상이다. 부모가 만 59세가 되면 육순이라 하여 예를 차리고 만 60세가 되면

회갑(환갑)이라 하여 성대한 연회를 차려 드린다. 진갑은 만 60세를 넘기고 다시 한 살을 맞이했다는 것으로 옛날에는 명이 짧아 60세를 넘기기가 힘들었다. 편, 숙과, 생실과, 유과 등을 높이 고여서 상의 앞쪽에 색을 맞추어 배상하고, 상을 받는 주빈 앞쪽으로 상 위에 차린다. 이것을 주빈이 그 자리에서 들도록 차리는

것이다. 괴는 음식류는 계절에 따 라 또는 가풍, 형편 등에 따라 다르 다. 예전에는 높이의 치수와 접시 수를 기수(홀수)로 하는 관습이 있 었다. 근래에는 간소화되어 큰상 을 준비하는 일이 별로 없으며 괴 는 높이는 임의로 정하기도 한다.

9) 다과상차림

다과상은 식사를 겸하지 않는 간단한 손님상이다. 다과상은 식사 이외의 시간에 다과만을 대접하는 경우와 주안상을 말한다. 장국상 후 후식으로 내는 경우가 있다.

음식의 종류나 가짓수에는 차이가 있으나 떡류, 조과류, 생과류를 잘 고려하며 계절감 있게 차려낸다.

10) 폐백상차림

신부가 처음으로 시부모를 비롯한 시댁의 여러 친척에게 인사드리는 예를 현구고례(見舅姑禮)라 하는데, 신부 측에서 마련하는 음식이다. 시아버지에게는 대추와 밤을 올리는데 '부지런하게 조심스러운 마음으로 시집살이를 하겠습니다'라고 아뢰는 의미가 있고, 시어머니에게는 육포를 올리는데 육포를 말릴 때 정성

을 다해 뒤적여야 하므로 '정성을 다해' 모시겠다는 뜻이 담겨 있다. 폐백은 지역
에 따라 다소 차이가 있기는 하지만 대개는 대추와 육포로 한다.

11) 제사상차림

제사는 돌아가신 조상을 추모하고, 그 은혜에 보답하는 최소한의 성의를 표시
하는 것이다. 이것은 다하지 못한 효도의 연장이고 한 집안의 작은 종교의식이며
동시에 우리 민족의 정신문화이기도 하다. 제의례란 죽은 조상을 추모하여 지내
는 의식이며 신명(神明)을 받들어 복을 빌고자 하는 의례이다. 선조(先祖)가 제
사의 대상으로 의식되기 시작한 것은 내가 있게 된 것이 바로 조상에서 비롯되었
다는 것을 인식한 뒤부터라고 한다.

제사에 쓰이는 제물을 제수라고 하며, 제찬이라고도 한다. 제수(祭需)란 제의
에 소용되는 금품(金品)을 말하는 것이고 조리된 제의 음식은 제수(祭需)라고 한

다. 제수는 지방과 가풍에 따라
차이가 있다. 제수에는 고춧가
루나 마늘을 쓰지 않는다. 제수
음식을 장만할 때는 형식에 치
우치지 말고 정성스럽게 형편에
맞도록 하는 것이 좋다.

○ 제수의 종류

① 메 : 밥, 추석 제사에는 송편으로, 연시제에는 떡국으로 대신한다.

② 면(麵) : 국수

③ 편(片) : 떡(설기는 제수 음식으로는 사용하지 않고 백편으로 한다.)

④ 삼탕(三湯) : 육탕(肉湯), 소탕(素湯), 어탕(魚湯). 탕은 형편에 따라 단탕, 3탕, 5탕
으로 하는데 주재료를 익힌 후 간을 하지 않고 건더기만 탕기에 담는 것이 원칙이다.
   예) 3탕(육탕, 어탕, 소탕(채소))

⑤ 삼적(三適) : 육적(肉炙), 소적(素炙), 어적(魚炙)

⑥ 간납 : 전(煎)을 말하며 생선적, 육전, 간전 등을 만든다.

⑦ 채소 및 숙채 : 삼색 나물(시금치, 고사리, 도라지)

⑧ 청장(淸醬) : 간장

⑨ 포(胞) : 북어, 건대구, 건문어, 건전복, 건상어, 육포 등

⑩ 갱(更) : 국

⑪ 유과(油菓) : 약관, 산자(흰색), 강정(검은깨)

⑫ 당속(糖屬) : 흰색 사탕(오화당, 옥춘, 원당, 빙당, 매화당)

⑬ 다식(茶食) : 녹말 다식, 송화 다식, 흑임자 다식

   ※ 침채 : 고춧가루와 젓갈을 쓰지 않고, 무, 배추, 미나리로 나박김치를 담근다.

⑭ 갱수(更水) : 숭늉

제 **4** 장

시절음식

1. 시절식의 개요

　절식이란 다달이 있는 명절에 차려 먹는 음식이고 특별한 날 특별한 음식을 만들어 먹는 것을 말하며, 시식은 봄, 여름, 가을, 겨울 등 계절에 따라 나는 식품으로 차려 먹는 음식을 말한다.

　사계절이 뚜렷한 우리나라는 계절에 따라 세시행사를 하였는데 이것은 농업을 중심으로 한 음력에 따라 이루어진다. 음력은 달을 위주로 한 자연력이므로 생산과 직결되는 계절감에 맞아 지금도 농업, 어업에 종사하는 사람에게는 기준이 된다.

　우리나라는 춘하추동 사계절이며 절기는 24절기이다.

＊구절판

2. 시절음식

우리나라의 옛 풍습에서는 일 년을 통해 명절 때마다 해 먹는 음식이 다르고, 또 춘하추동 계절에 따라 새로운 식품을 즐겼다. 절식(節食)은 다달이 있는 명절에 차려 먹는 음식이고, 시식은 춘하추동에 나는 식품으로 만드는 음식을 통틀어 말한다. 사계절이 뚜렷한 우리나라는 24절기로 계절에 따라 세시행사를 하였는데 이것은 농업을 중심으로 한 음력에 따라 이루어진다. 세시풍속은 '해마다 일정한 시기가 오면 습관적으로 반복하여 거행하는 생활행위'라 할 수 있다.

1) 정월

① 설날

설은 원단, 세수, 연수, 신일이라고도 하는데 일년의 시작이라는 뜻이다. 세시음식으로 대표적인 떡국은 설날 대표적인 세시음식으로, 이는 차례상 및 손님 대접을 하는 세찬상(歲饌床)에 올려졌다. 우리나라에서는 고종 31년(1819)부터 태양력의 사용을 권장하여 신정이라는 설이 생겨서 공공기관은 이를 지켜왔으나 일반 국민들은 근 백년이 지나도록 음력 설날을 그대로 쇠었다. 국가에서는 1989년부터 다시 음력 설날을 국정 공휴일로 정하여 음력 설의 풍습이 다시 성행하게 되었다.

* 떡국

② 입춘

음력 정월 초순경에 입춘(立春)이 있다. 입춘에는 입춘대길(立春大吉)이란 좋은 뜻의 글씨를 붓으로 써서 대문에 붙이는 풍습이 있었다. 오신반(겨자채의 일종)은 겨자채와 같은 생채요리의 하나로 입춘에 눈에서 돋아나는 햇나물을 겨자즙에 무쳐서 입춘 절식으로 한 것이다. 겨울을 지내는 동안에 신선한 채소가 귀하였던 옛날의 실정을 생각할 때 오신반은 매우 뜻있는 절식이다.

③ 대보름

대보름이란 음력 정월 보름의 상원(上元)을 특별히 일컫는 말인데, 음력 정월 14일 저녁에 달을 보면 일 년의 운이 좋다고 하여 달맞이를 하고 서울에서는 답교놀이를 한다. 오곡밥을 짓고, 묵은 나물을 마련하여 이웃이 서로 나누어 먹는다. 대보름의 절식은 오곡밥, 묵은 나물, 약식, 유밀과, 원소병, 부럼 등이다.

* 대보름 음식

찹쌀밥을 지어 대추, 밤, 참기름, 꿀, 간장 등을 섞고 잣을 박아 다시 찐다. 이것을 약식(藥食, 약밥)이라 하며 보름날의 좋은 음식이라 하고 제사음식으로도 쓴다. 정월 보름날 붉은 팥죽을 쑤어 먹는데 이것을 적두죽(赤豆粥)이라 하였다.

맑은 새벽에 생률, 호두, 은행, 잣 등속을 깨물며 축도하여 말하기를 '일 년 열두 달 동안 무사태평하고 종기나 부스럼이 나지 않게 해주십사' 하고 기원한다. 이것을 부럼이라고도 한다. 이른 아침에 청주(淸酒) 한 잔을 데우지 않고 마시면 귀가 밝아진다고 한다. 이 술을 '귀밝이술'이라 한다. 박고지, 표고버섯 등의 말린 것이나, 대두황권(大豆黃卷), 순무, 무 등을 진채(陳菜)라 한다. 반드시 이날 나물을 무쳐서 먹는다. 외 꼭지, 가지고기, 시래기 등도 버리지 않고 말려두었다가 삶아서 먹으면 더위를 먹지 않는다고 한다. 배추잎이나 김으로 밥을 싸서 먹는 것을 복쌈이라 한다. 또한 오곡을 섞어 만든 오곡밥을 먹었다

2) 이월

① 중화절(中和節, 노비일)

음력 이월 초하룻날을 중화절이라 한다. 가을 추수가 끝나면 오랫동안 농사일이 없어 머슴들은 별로 뚜렷한 일이 없었지만, 이달부터는 농사 준비가 시작되는 시기이므로 노비에게 음식을 마련해 주고 쉬게 했다. 농가에서는 이삭을 내려다가 떡가루를 만들어 송편을 빚어서 노비들에게 나이 수대로 나누어 먹였고 하루를 쉬게 했다. 그래서 노비일 또는 머슴일이라 한다.

3) 삼월

① 삼짇날

설날(1월 1일), 삼짇날(3월 3일), 단오(5월 5일), 칠석(7월 7일), 중구(9월 9일)는 달 수와 날짜 수가 같은 홀수인 날로 예로부터 5대 명절로 삼았다.

삼짇날은 강남에 간 제비가 돌아와 추녀 밑에 집을 짓는다는 때이다. 이때는 날씨도 따뜻하고 산과 들에 꽃이 피기 시작한다. 봄을 알리는 명절인 삼짇날엔 진달래화전, 진달래화채, 화면, 쑥떡 등을 먹었다.

* 진달래화채

② 청명일과 한식

한식을 청명절이라 하고 동지부터 105일째 되는 날이다. 성묘는 일 년에 네 번으로, 정초, 한식, 단오, 중추에 한다. 제물은 술, 과일, 포, 식혜, 떡, 국수, 탕, 적 등이다.

중국에서는 한식을 냉절(冷節)이라 하는데, 그 유래로 인하여 우리도 이날은 미리 장만해 놓은 찬 음식을 먹고 닭싸움, 그네 등의 유희를 즐기며 불을 쓰지 않는다.

이날은 조상의 무덤에 떼를 다시 입히고, 민간에서는 이날을 전후하여 쑥탕, 쑥떡을 해먹는다.

4) 사월

이날은 석가모니의 탄생일로 육불일이라고도 한다. 우리나라 풍속에 이날 연등을 하므로 등석(橙夕)이라 한다. 등석의 수일 전부터 민가에서는 등우(燈竿)를 세우고, 아이들은 이 등우 밑에 석남(石楠)의 잎을 넣어서 만든 시루떡과 볶은 검은콩, 삶은 미나리나물을 차려놓는다. 이것은 석가탄신일에 간소한 음식으로 손님을 맞이해서 즐기기 위한 것이라 한다. 불교신도들은 가족의 평안을 축원하는 뜻에서 가족 수대로 등을 절에 바쳐 불공을 드린다.

5) 오월

① 단오

음력 5월 5일을 단오일(端午日) 또는 중오절, 천중절, 단양, 수릿날(戌衣日)이라 한다. 수의 (戌衣)의 뜻은 우리나라 말의 수레다. 이날에는 쑥잎을 따서 멥쌀가루에 넣고, 짓찧어 녹색이 나도록 반죽하여 떡을 만든다. 이것으로써 수레바퀴 모양으로 만들어 먹는다 하여 수릿날이라고도 한다. 단옷날 궁중에서는 준치국, 앵두화채, 생실과, 도행병, 앵두편을 만들어 먹었고, 내의원에서는 제호탕을 만들어 진상했다.

창포탕(菖蒲湯) · 창포잠(菖蒲簪)과 같은 단

＊ 제호탕

오의 풍습이 있었는데, 창포이슬을 받아 화장수로도 사용하고, 창포를 삶아 창포탕을 만들어서 그 물로 머리를 감으면 머리카락이 윤기가 나고 빠지지 않는다고 했다. 또 창포뿌리를 잘라 비녀 삼아 머리에 꽂기도 하였다.

단오음식으로 준치만두와 준치국이 있는데 준치는 생선 가운데 가장 맛있다는 것으로 진어(眞魚)라고도 한다. 준치는 유난히 가시가 많은 생선으로 그것에 대한 전설이 있다. 사람들이 맛있는 준치만 잡아가서 멸종의 위기에 놓이게 되었다. 그러자 용궁에서는 묘책으로 다른 물고기들이 자기의 가시를 한 개씩 빼서 그 생선에게 박아주면 사람들이 쉽게 잡지 않으리라는 의논이 모아져 결국 유난히 가시가 많은 생선이 되었다고 한다.

6) 유월

① 유두

음력 6월 보름이다. '유두'는 '동류두목욕(東流頭沐浴)'이란 말에서 온 것이며 풍속은 신라시대에서 온 것이다. 삼복이 있는 무더운 한여름에 맑고 시원한 물가를 찾아가 목욕하고 머리를 감으며 하루를 즐겁게 보내던 풍속이다.

유둣날 전후로 나온 햇것인 참외, 오이, 수박과 떡을 먹으면 명이 길어진다고 하여 이날에는 햇밀을 반죽하여 만든 국수를 닭고기 국물이나 깻국탕에 말아 먹었다. 푸른 호박을 볶아 그 위에 고명으로 얹었으며 이날 먹는 국수를 유두면이라 불렀다.

＊ 임자수탕(깻국탕)

② 삼복

하지 후 셋째 경일을 초복, 넷째 경일을 중복, 입추 후 첫 경일을 말복이라 하며, 이 셋을 통틀어 삼복이라 한다. 이열치열(以熱治熱)이라고 하여 복 중의 뜨거운 음식은 더위에 지친 허한 몸을 보한다고 하여 특히 한여름에 뜨거운 음식을 많이 먹었으니 영계를 잡아 인삼과 대추, 찹쌀을 넣고 삶아 먹는 삼계탕을 일급으로 여겼다. 임자수탕은 영계를 고아서 밭친 국물과 거피한 깨를 볶아서 갈아 밭친 국물을 섞은 것에 미나리초대, 오이채, 버섯, 등골전 등을 녹말로 입혀 데쳐서 국물에 넣어 만든 여름철 냉탕이다. 또한 삼복 중에는 살찐 개를 잡아 삶고, 파와 마늘을 듬뿍 넣어 개장국을 끓여 먹었다. 이는 한여름 땀을 많이 흘려 허해진 몸을 보한다는 의미까지 더해져 보신탕이란 이름으로 오늘날까지 전해 내려온다. 삼복은 여름 더위가 한참인 한때이며, 초 · 중 · 말복이 10일 간격으로 있는데, 일반에서는 개장국을, 반가에서는 육개장을 먹었다. 육개장은 쇠고기의 살코기를 고아서 파를 많이 넣고 고춧가루로 조미하여 얼큰하게 끓인 여름철에 알맞은 국이다.

7) 칠월

① 칠석

7월 7일을 칠석이라 한다. 칠석날에는 은하수에 까치와 까마귀가 오작교를 놓고 동쪽의 견우성과 서쪽의 직녀성이 만나 슬픔과 기쁨의 눈물을 흘리느라 날이 흐리고 비가 온다고 한다. 부녀자들은 마당에 바느질 준비와 맛있는 음식을 차려 놓고, 문인들은 술잔을 교환하면서 두 별을 제목으로 시를 지었다. 또한 볕이 좋을 때 옷과 책을 말린다. 집집마다 우물을 퍼내어 청결히 한 다음 시루떡을 해서 우물에 두고 칠성제를 지낸다.

음식으로는 밀가루를 체에 쳐서 묽게 반죽한 것에 곱게 채썬 호박을 넣는다. 팬에 기름을 넉넉히 두르고 지져서 따끈할 때 양념장에 찍어 먹는 밀전병이 있다.

8) 팔월

① 중추절

음력 8월 15일을 우리나라 풍속으로는 추석이라 일컫는다. 또는 가배(가윗날), 중추절, 가위, 한가위라고도 한다. 술집에서는 햅쌀로 술을 빚고 떡집에서는 햅쌀로 송편을 만들며, 무나 호박을 넣은 시루떡도 만든다. 또 찹쌀가루를 쪄서 찧어 떡을 만들고, 삶은 검정콩, 누런 콩의 가루나 깨를 무친다. 이름하여 인병(인절미)이라 한다. 또 추석에는 토란국을 끓여 먹는다. 토란국에는 닭고기나 쇠고기 등을 넣어 먹는데 이는 특히 추석 때의 시절음식이다.

더위는 가고 서늘해지며 오곡백과가 새로 익고, 모든 상황이 풍성하니 "더도 말고 덜도 말고 늘 한가윗날만 같아라" 하는 속담이 있다. 설은 신년의 매듭이므로 당연히 큰 명절이고, 이 설을 빼면 사실 우리 농가 본위로서는 추석과 대보름은 양대 명절이 아닐 수 없다.

추석음식으로는 송병(송편), 토란탕, 화양적, 닭찜 등이 있다.

9) 구월

① 중양절

음력 9월 9일은 중구일, 또는 중양, 중광이라 하여 양수가 겹쳤다는 뜻이다. 지방에 따라서는 이날에 성묘를 한다.

이때는 국화가 만발하므로 국화로 여러 가지 음식을 한다. 국화주는 만발한 국화꽃을 따서 술한 말에 꽃 두 되 정도로 배주머니에 넣어서 술독에 담가두고 뚜껑을 꼭 덮으면 향이 짙은 국화주가 된다. 약주에다 국화꽃을 띄워서 마시기도

＊ 국화차

한다. 각 가정에서는 찹쌀가루에 국화 꽃잎을 따서 대추와 밤 등을 얹으면서 국화전을 부친다. 국화화채는 국화꽃에 녹말을 씌워 익혀서 꿀물 또는 오미자국에 건지로 얹는다. 이때에는 국화꽃(소국)을 말려 베갯속으로 넣으면 국화향이 머릿속을 맑게 해준다 하여 즐겨 애용했다.

10) 시월

① 시월

10월은 입동, 소설의 절기가 있는 계절로 겨울 날씨에 접어들었으나 아직 햇볕이 따뜻하여 소춘이라고 한다. 10월을 상달이라 하여 민가에서는 가장 높은 달이라 했다. 이달의 무오일(戊午日)인 말날은 무(戊)가 '무성하다'는 뜻의 무(茂)와 음이 같기 때문에 말날이 무오일이면 무성과 뜻이 통한다고 하여, 이것과 음이 같은 '무'로 시루떡을 만들어 고사를 지냈음을 알 수 있다. '무'를 방언으로 '무우'라고도 하는데, '무우'는 바로 '무오'와 음이 비슷하기 때문에 이러한 풍속이 생

* 팥시루떡

긴 것이다. 한편, 지방에 따라서 이날을 단군이 내려온 날이라고 하여 집집마다 팥떡을 만들어 복을 빌기도 하였다. 이래서 무오일이 좋다는 풍속은 지금도 전해지고 있다. 또한 이날에 길일을 택해서 신곡을 가지고 떡을 찧고 술을 빚어서 터줏대감을 하는데 이것을 성주제라 한다. 5대조 이상의 조상께 시제를 올리고 단군에게 신곡을 드리는 제사인 농공제를 지낸다. 10월의 시식으로는 시루떡, 무시루떡, 만둣국, 열구자탕, 변씨만두, 연포탕, 애탕, 애단자, 강정 등을 들 수 있다. 10월 상달의 고사떡은 추수 감사의 뜻이 담긴 절식이고 대추, 감, 밤도 저장하여 두면 겨울을 알리는 첫서리가 내리더라도 농사하는 백성들은 겨울 채비를

마치면서 한숨을 돌리게 된다.

11) 십일월

① 동짓날

동짓날에는 붉은 팥죽을 쑨다. 팥죽에는 찹쌀가루로 둥글게 빚은 '새알심'을 넣는데 나이대로 새알심을 넣어주었다고 하며 귀신을 쫓는다 해서 장독대, 대문에 뿌리기도 한다. 오늘까지 전승되고 있다.

② 섣달그믐

납월이라 하며 섣달그믐을 재석, 세제, 세진, 작은설이라고도 한다. 일 년을 보내는 마지막 날로 다음 날 새해 준비와 지난 한 해의 끝맺음을 하는 분주한 날이다.

납향이란 그해에 지은 농사 형편과 여러 가지 일에 대하여 신에게 고하는 제사인데 제물로는 납육이 쓰였고, 납육은 납향에 쓰인 산짐승 고기로 산돼지와 산토끼를 말한다. 또 납일에는 참새를 잡아 참새

* 팥죽

잡이를 하는 풍속이 있었는데, 이날 참새고기를 먹으면 병이 없다고 하며 이날 새를 잡지 못하면 소나 돼지고기를 먹었다. 또 섣달그믐날에 집 안팎 대청소를 하였다. 또 섣달그믐날 한밤중에 마당에 불을 피운 후 생대를 불에 피운다. 그러면 대마디들이 요란스러운 소리를 내면서 터진다. 이것을 폭죽이라 불러 왔는데 이렇게 하면 집안의 악귀들이 놀라서 달아나게 되므로 집안이 깨끗하게 되고 무사태평하게 된다는 것이다. 또 섣달그믐날 저녁 사당에 절을 하고 설날 세배하듯 절을 하는데 이를 묵은세배라고 한다.

골동반이라 하는 비빔밥을 먹는데 밥에 쇠고기볶음, 육회, 튀각, 갖은 나물 등을 섞어 참기름과 양념으로 비벼서 만든 것이다. 남은 음식을 해를 넘기지 않는다는 뜻으로 만들어 먹었다.

제 **5** 장

향토음식

1. 향토음식의 개요

음식의 맛은 그 지방의 풍토 환경과 사람들의 품성을 잘 나타낸다고 할 수 있다. 한반도는 남북으로 길게 뻗은 지형이며, 동쪽, 남쪽, 서쪽은 바다에 둘러싸이고 북쪽은 압록강, 두만강에 임한다. 동서남북의 지세 기후여건이 매우 다르므로, 그 고장의 산물은 각각 특색이 있다.

북쪽은 산간지대, 남쪽은 평야지대여서 산물도 서로 다르다. 따라서 각 지방마다 특색 있는 향토음식이 생겨나게 되었다. 지금은 남북이 분단되어 있는 실정이지만 조선시대의 행정 구분을 보면 전국을 팔도로 나누어 북부지방은 함경도, 평안도, 황해도, 중부지방은 경기도, 충청도, 강원도, 남부지방은 전라도, 경상도로 나누었다. 당시는 교통이 발달하지 않아서 각 지방 산물의 유통범위가 좁았다. 지형적으로 북부지방은 산이 많아 주로 밭농사를 하므로 잡곡의 생산이 많고, 서해안에 접해 있는 중부와 남부지방은 주로 쌀농사를 한다. 북부지방은 주식으로 잡곡밥, 남부지방은 쌀밥과 보리밥을 먹게 되었다.

좋은 반찬이라 하면 고기반찬을 꼽으나 평상시의 찬은 대부분 채소류가 중심이고, 저장하여 먹을 수 있는 김치류, 장아찌류, 젓갈류, 장류가 있다. 산간지방에서는 육류와 신선한 생선류를 구하기 어려우므로 소금에 절인 생선이나 조개류, 해초가 찬물의 주된 재료가 된다. 지방마다 음식의 맛이 다른 것은 그 지방 기후에도 밀접한 관계가 있다. 북부지방은 여름이 짧고 겨울이 길어서, 음식의 간이 남쪽에 비하여 싱거운 편이고 매운맛은 덜하다. 음식의 크기도 큼직하고 양도 푸짐하게 마련하여 그 지방 사람들의 품성을 나타내 준다. 반면에 남부지방으로 갈수록 음식의 간이 세면서 매운맛도 강하고, 조미료와 젓갈류를 많이 사용한다.

2. 향토음식의 특징 및 조리법

1) 서울

서울은 자생 산물은 별로 없으나 전국 각지에서 나는 여러 식품이 모두 모이는 곳이다. 우리나라에서 음식 솜씨가 좋은 곳으로는 서울, 개성, 전주 세 곳을 꼽는다. 서울은 조선시대 초기부터 오백 년 이상 도읍지여서 궁중의 음식문화가 이어지는 곳이며 양반계급과 중인계급의 음식문화에 많은 영향을 주었다. 양반들은 유교의 영향으로 격식을 중시하고 치장을 많이 하는 편이어서 더러 사치스럽고 화려한 음식도 있었다. 하지만 서울 토박이의 성품이 원래 알뜰해서 양을 많이 하지는 않고 가짓수는 많으며, 예쁘고 작게 만들어 멋을 부리는 경향이 있다.

서울 음식은 간이 짜지도 싱겁지도 않고, 지나치게 맵게 하지 않아 전국적으로 보면 중간 정도의 맛을 지닌다. 음식에 예절과 법도를 지키고 웃어른을 공경하며, 재료를 곱게 채썰거

＊탕평채

나 다지는 등 정성이 깃들어 있고, 상에 낼 때는 깔끔한 백자에 꼭 먹을 만큼만 깔끔하게 내는 것도 특징이다.

░ 별미 음식

설렁탕은 조선시대 동대문 밖 선농단(先農壇)에서 2월 상재일에 왕이 나와서 친경(親耕)을 하고 제를 올리는 행사 때 생겼다고 한다. 서울의 명물음식으로 알려져 있다.

열구자탕은 화통이 달린 냄비에 산해진미 재료를 넣어 끓이는 음식으로 지금은 신선로라고 한다. 신선로 틀은 중국에 원형이 있는데 궁중뿐 아니라 중국에 다녀온 역관과 고관들도 틀을 들여와서 즐겼다고 한다.

탕평채는 청포묵 무침으로 정조 때 탕평책을 논할 때 만들어졌다고 하여 붙은 이름이다. 봄철에 탕평채를 채썰어 볶은 고기와 데친 숙주, 미나리 등을 합하여 초장으로 무친 음식이다.

2) 경기도

경기도는 논농사와 밭농사가 고루 발달하여 곡물과 채소가 풍부하고, 서해안에서는 생선과 새우, 굴, 조개 등이 많이 잡히며 한강, 임진강에서는 민물고기와 참게가 많이 나고, 산간에서는 산채와 버섯이 고루 난다. 경기미는 품질이 좋기로 유명한데 여주, 이천, 김포산이 인기가 높다. 고려의 도읍지였던 개성 지방이 음식은 다양하고 사치스러운 편으로 유난히 정성을 많이 들인다. 음식에 쓰이는 재료가 다양하며, 숙련된 조리기술이 필요한, 만들기 어려운 음

* 개성우메기

식과 과자가 많다.

경기도 음식은 소박하면서도 다양하나 개성 음식을 제외하고는 대체로 수수하다. 음식의 간은 서울과 비슷하여 짜지도 싱겁지도 않으며, 양념도 많이 쓰는 편이 아니다. 강원도, 충청도, 황해도와 접해 있어 공통점이 많고 같은 음식도 많이 있다.

▨ 별미 음식

수원의 소갈비구이는 조선시대부터 생긴 쇠전에 전국의 소장수가 모여들던 수원에 불갈빗집들이 생기면서부터 유명해졌다.

개성 음식은 조랭이떡국, 무찜, 홍해삼, 편수 등과 병과로 약과, 경단, 주악 등이 유명하다. 조랭이떡국은 흰 가래떡을 나무칼로 누에고치처럼 만들어서 끓인다. 개성모약과는 밀가루에 참기름과 술, 생강즙, 소금을 넣고 반죽하여 납작하게 밀어서 모나게 썰어 기름에 튀겨 조청에 즙청한 것이다. 경단은 멥쌀과 찹쌀가루로 동글게 빚어서 삶아내어 삶을 팥을 걸러서 앙금만 모아 말린 경앗가루를 묻힌다. 개성주악은 우메기라고도 하는데 찹쌀가루와 밀가루를 합하여 막걸리로 반죽한 다음 둥글게 빚어서 기름에 튀겨 조청에 즙청한다.

3) 충청도

충청도는 농업이 주가 되는 지역이므로 쌀, 보리, 고구마, 무, 배추, 목화, 모시 등을 생산한다. 서쪽 해안지방은 해산물이 풍부하나 충청북도와 내륙에서는 좀처럼 신선한 생선을 구하기가 어려워 옛날에는 절인 자반 생선이나 말린 것을 먹었다. 오래전부터 쌀을 많이

* 어리굴젓

생산했으며 보리도 많이 나 곱게 대껴서 보리밥을 짓는 솜씨도 훌륭하다. 충청도 음식은 그 지방 사람들의 소박한 인심을 나타내듯 꾸밈이 별로 없다. 충북 내륙의 산간지방에는 산채와 버섯이 많이 나 그것으로 만든 음식이 유명하다.

음식 맛을 낼 때는 된장을 많이 사용하며, 겨울에는 청국장을 만들어 구수한 찌개를 끓인다. 충청도 음식은 사치스럽지 않고 양념도 그리 많이 쓰지 않아 자연 그대로의 담백하고 소박한 맛이 난다.

░ 별미 음식

어리굴젓은 간월도가 예부터 유명하다. 서산 앞바다는 민물과 서해 바닷물이 만나는 곳으로 천연굴도 많고, 굴 양식에 적합하다. 어리굴젓은 굴을 바닷물로 씻어 소금으로 간하여 2주일쯤 삭혔다가 고운 고춧가루로 버무려 삭힌다. 간월도 어리굴젓은 조선시대부터 이름이 나 있고 지금도 전국으로 나간다.

청국장을 특히 즐겨 먹어 겨울철에 콩을 삶아 나무 상자나 소쿠리에 띄워 2~3일 후 끈끈한 진이 생기면 빻아 양념을 섞어서 두부나 배추김치를 넣고 찌개를 끓인다.

올갱이는 맑고 얕은 개천에서 잡히는 민물 다슬기로 이것으로 된장찌개를 끓이며, 삶아서 무쳐 안주로도 먹는다. 충청북도에서는 민물에서 잡히는 새뱅이, 붕어, 메기, 미꾸라지 등으로 특별한 찬물을 만든다. 피라미조림, 붕어찜, 새뱅이찌개, 추어탕이나 미꾸라지조림 등이 그것이다.

4) 강원도

강원도는 영서지방과 영동지방에서 나는 산물이 크게 다르고 산악지방과 해안지방도 크게 다르다. 산악이나 고원 지대에서는 논농사보다 밭농사를 더 많이 지어 옥수수, 메밀, 감자 등이 많이 난다. 산에서 나는 도토리, 상수리, 칡뿌리, 산채 등은 옛날에는 구황식물에 속했지만 지금은 기호식품으로 많이 이용한다. 동해에서는 명태, 오징어, 미역 등이 많이 나서 이를 가공한 황태, 마른오징어, 마른미역, 명란젓, 창난젓 등이 있다. 산악지방에서는 육류를 거의 쓰지 않는 소음식이 많으나, 해안지방에서는 멸치나 조개등을 넣어 음식 맛을 돋우며 소박하고 먹음직하다.

＊오징어젓

강원도 음식에는 감자, 메밀, 옥수수와 도토리, 칡 등으로 만든 것이 많다. 동해안에서 나는 다시마와 미역은 질이 좋고, 구멍이 나 있는 쇠미역은 쌈을 싸 먹거나 말린 것을 튀긴다.

▧ 별미 음식

감자는 보통 쪄서 먹지만 삭혀서 전분을 만들어 국수나 수제비, 범벅, 송편 등을 만들기도 한다. 감자부침은 날감자를 강판에 갈아서 파, 부추, 고추 등을 섞어 번철에 부친다.

메밀막국수는 지금은 춘천 막국수로 알려져 있지만 인제, 원통, 양구 등의 산촌에서 더 많이 먹던 국수이다. 원래는 메밀을 익반죽하여 부틀에 눌러서 무김치와 양념장을 얹어서 비벼 먹지만 동치미 국물이나 꿩 육수를 부어 말아먹기도 한다. 쟁반막국수는 최근에 개발해 낸 음식으로 오이, 깻잎, 당근 등의 채소를 섞어서 양념장으로 비빈 국수이다.

5) 전라도

전라도는 땅과 바다, 산에서 산물이 고루 나고 많은 편이어서 재료가 아주 다양하고 음식에 특히 정성을 많이 들인다. 특히 전주, 광주, 해남은 부유한 토반

(土班)이 많아 가문의 좋은 음식이 대대로 전수되는 풍류와 맛의 고장이다. 기후가 따뜻하여 음식의 간이 센 편이고 젓갈류와 고춧가루와 양념을 많이 넣은 편이어서 음식이 맵고 짜며 자극적이다.

전라도에는 발효음식이 아주 많다. 김치와 젓갈이 수십 가지이고, 고추장을 비롯한 장류도 발달했으며, 장아찌류도 많다. 전라도에서는 김치를 지라고 하는데 배추로 만든 백김치를 반지(백지)라고 한다. 무, 배추뿐 아니라 갓, 파, 고들빼기, 검들, 무청 등으로도 김치를 담근다. 다른 지방에 비하여 젓갈과 고춧가루를 듬뿍 넣는데 전라도 고추는 매우면서도 단맛이 나며, 멸치젓, 황석어젓, 갈치속젓 등의 젓갈을 넣는다. 김치는 돌로 만든 확독(돌확)에, 불린 고추와 양념을 으깨고 젓갈과 식은밥이나 찹쌀풀을 넣고 걸쭉하게 만들어 절인 채소를 넣고 한데 버무린다.

* 갓김치

▨ 별미 음식

전라도의 유명한 젓갈로는 추자도 멸치젓, 낙월도 백하젓, 함평 병어젓, 고흥 진석화젓, 여수 전어밤젓, 영암 모치젓, 강진 꼴뚜기젓, 무안 송어젓, 옥구의 새우알젓, 부안의 고개미젓, 뱅어젓, 토화젓, 참게장, 갈치속젓 등이 있다.

부각은 자반이라고도 하는데 가죽나무의 연한 잎을 모아 고추장을 탄 찹쌀풀을 발라서 가죽자반을 하고, 김, 깻잎, 깻송이, 동백잎, 국화잎 등은 찹쌀풀을 발라서 말리고, 다시마는 찹쌀 밥풀을 붙여서 말린다.

요즘 돌솥비빔밥이 전주비빔밥처럼 알려져 있지만 원례는 돌솥이 아니라 유기대접에 담았다. 전주콩나물밥은 콩나물국에 밥을 넣고 끓여 새우젓으로 간을 맞춘 뜨거운 국밥으로 이른 아침 해장국으로 인기가 있다.

6) 경상도

경상도는 남해와 동해에 좋은 어장이 있어 해산물이 풍부하고, 경상남북도를 크게 굽어 흐르는 낙동강의 풍부한 수량이 주위에 기름진 농토를 만들어 농산물도 넉넉하다. 이곳에서는 고기라고 하면 바닷고기를 가리키며 민물고기도 많이 먹

*칼국수

는다. 음식이 대체로 맵고 간이 센 편으로 투박하지만 칼칼하고 감칠맛이 있다. 음식에 지나치게 멋을 내거나 사치스럽지 않고 소담하게 만들지만 방앗잎과 산초를 넣어 독특한 향을 즐기기도 한다. 싱싱한 바닷고기로 회도 하고 국도 끓이며, 찜이나 구이도 한다. 곡물 음식 중에서는 국수를 즐기거나, 밀가루에 날콩가루를 섞어서 반죽하여 홍두깨나 밀대로 밀어 칼로 썬 칼국수도 즐겨 먹는다.

▧ 별미 음식

진주비빔밥은 화반(花盤)이라고도 하는데 계절 채소를 데쳐서 바지락을 다져 넣고 무치며 선짓국을 곁들인다. 미더덕찜과 아귀찜은 마산이 유명하다. 미더덕은 멍게인 우렁쉥이와 비슷한 맛이 나는데 찜이나 찌개에 넣는다. 미더덕을 여러 채소와 함께 매운 양념으로 끓이다가 찹쌀풀을 넣어 만든다. 아귀는 무섭고 흉하게 생겼는데 살이 희고 담백하며 꼬들꼬들해서 찜을 해 먹는다. 토막 낸 아귀를 콩나물과 미나리를 넣고 아주 맵게 양념하여 만든다.

안동 지방은 전통문화에 대한 자부심이 강하고 전통음식이 잘 보존되어 있는 편이다. 안동식혜는 우리가 알고 있는 식혜와는 전혀 다르다. 찹쌀을 삭힐 때 고춧가루를 풀어서 붉게 물들이고 건지로 무를 잘게 썰어 넣는다. 시큼하면서 달고 톡 쏘는 맛이 아주 독특하다.

7) 제주도

예전에 제주도는 아주 척박하고 험한 곳이어서 조선시대에 어떤 이가 귀양 가서 "가장 괴로운 것은 조밥이요, 가장 두려운 것은 뱀이요, 가장 슬픈 것은 파도 소리다." 하고 지은 글이 있다. 지금은 천혜의 자연자원으로 세계적인 관광지로 손꼽힌다.

＊ 갈치조림

예전에 제주도는 해촌, 양촌, 산촌, 산촌으로 구분되어 있었는데, 양촌은 평야 식물지대로 농업을 중심으로 생활한 곳이었고, 해촌은 해안에서 고기를 잡거나 해녀로 잠수업을 하고, 산촌은 산을 개간하여 농사를 짓거나 한라산에서 버섯, 산나물, 고사리 등을 채취하여 생활하던 곳이었다. 쌀은 거의 생산되지 않고 콩, 보리, 조, 메밀, 고구마가 많이 나고, 감귤과 전복, 옥돔이 가장 널리 알려진 특산물이다.

제주도는 근해에서 잡히는 특이한 어류가 많다. 음식에도 어류와 해초를 많이 쓰며, 된장으로 맛을 내는 것을 좋아한다. 이곳 사람들의 부지런하고 소박한 성품은 음식에도 그대로 나타나 음식을 많이 장만하지 않고 양념도 적게 쓰며, 간은 대체로 짜게 하는 편이다.

▨ 별미 음식

자리돔은 제주도 근해에서 잡히는 검고 작은 돔으로 '자리'라고도 한다. 자리회는 여름철이 제철인데 비늘은 굵고 손질하여 토막을 내고 부추, 미나리를 넣고 된장으로 무쳐서 찬 샘물을 부어 물회로 한다. 식초로 신맛을 내는데 유자즙이나 산초를 넣기도 한다.

옥돔은 분홍빛의 담백하면서도 기름진 물고기로 맛이 아주 좋다. 싱싱한 옥돔에 미역을 넣어 국을 끓이고, 소금을 뿌려 말렸다가 구워 먹는다.

싱싱한 갈치로는 회도 치고 토막을 내어 늙은호박을 넣고 국을 끓이면 은색 비늘과 기름이 둥둥 뜨는데 아주 좋다.

제주도는 예전부터 전복의 명산지로 유명했는데 회도 하지만, 불린 쌀을 참기름으로 볶다가 전복의 싱싱한 푸른빛 내장을 함께 섞고 물을 부어 끓인 다음 얇게 썬 살을 넣어 전복죽을 끓이면 색도 파릇하고 향이 특이하면서 아주 맛있다.

8) 황해도

북쪽 지방의 곡창지대인 연백평야와 재령평야는 쌀과 잡곡 생산량이 많고 질도 좋다. 특히 조를 섞어서 잡곡밥을 많이 해 먹는다. 곡식의 종류도 많고 질이 좋으며 이 양질의 가축 사료 덕에 돼지고기와 닭고기의 맛이 독특하다. 해안지방은 조석간만의 차가 크고 수온이 낮으며 간석지가 발달해 소금이 많이 난다.

황해도는 인심이 좋고 생활이 윤택한 편이어서 음식을 한번에 많이 만들고, 음식에 기교를 부리지 않으며 맛이 구수하면서도 소박하다. 송편이나 만

＊ 승기악탕(승가기탕)

두도 큼직하게 빚고, 밀국수도 즐겨 만든다. 간은 별로 짜지도 싱겁지도 않으며, 충청도 음식과 비슷하다.

남매죽은 팥을 무르게 삶아 찹쌀가루를 넣어 팥죽을 끓이다가 밀가루로 만든 칼국수를 넣고 끓이는 죽인데 특이하게 국수가 들어 있다.

밀다갈범벅은 강낭콩과 팥을 삶아서 밀가루를 수제비처럼 뜯어 넣어 끓인 것으로 여름철에 오이냉국과 함께 먹는 별식이다.

승가기탕(勝佳妓湯)은 『해동죽지』에 해주의 명물로 나온다. 서울의 도미국수와 같은 것으로 맛이 절가(絕佳)하다고 하여 승가지라 한다. 또한 같은 책에 '해주 비빔밥'을 예찬한 시도 있다.

9) 평안도

평안도는 동쪽은 산이 높아 험하지만 서쪽은 서해안에 면하여 해산물도 풍부하고 평야가 넓어 곡식도 많이 난다. 예부터 중국과 교류가 활발하여 성품이 진취적이고 대륙적이다. 따라서 음식도 먹음직스럽게 크게 만들고 푸짐하게 많이 만든다. 크기를 작게 하고 기교를 많이 부리는 서울 음식과 매우 대조적이다. 곡물 음식 중에는 메밀로 만든 냉면과 만두 등 가루로 만든 음식이 많다. 겨울이 특히 추운 지방이어서 기름진 육류 음식도 슬기고 밭에서 나는 콩과 녹두고 만

* 어복쟁반

든 음식도 많다. 음식의 간은 대체로 심심하고 맵지 않다. 평안도 음식으로 가장 널리 알려진 것은 냉면과 만두, 녹두빈대떡 등이다. 지금은 전국 어디에서나 사철 냉면을 먹을 수 있지만 본고장에서는 추운 겨울철에 먹어야 제맛이라고 한다.

▒ 별미 음식

평안도에서는 만두를 큼직하게 빚는데 소로 돼지고기, 김치, 숙주 등을 넣는다. 때로는 껍질 없이 만두소를 둥글게 빚어서 밀가루에 여러 번 굴려서 껍질 대신 밀가루옷을 입힌다. 이를 굴만두라고 하는데 만두피로 빚은 것보다 훨씬 부드럽고 맛있다.

어복쟁반은 화로 위에 커다란 놋쇠 쟁반을 올려놓고 쇠고기 편육, 삶은 달걀과 메밀국수를 한데 돌려 담고 육수를 부어 끓이면서 여러 사람이 함께 떠먹는 음식이다. 일종의 온면이다. 편육에 적합한 부위는 소의 양지머리, 유설, 업진, 유통살, 지라 등으로 무르게 삶아서 얇게 썰고 느타리와 표고버섯은 채썰어 양념하고, 배채도 넣는다.

10) 함경도

함경도는 백두산과 개마고원이 있는 험한 산간지대가 대부분이다. 동쪽은 해안선이 길고 영흥만 부근에 평야가 조금 있어 논농사보다는 밭농사를 많이 한다. 특히 콩의 품질이 뛰어나고 잡곡 생산량이 많아 주식으로 기장밥, 조밥 등 잡곡밥을 많

* 가자미식해

이 짓는다. 동해안은 세계 삼대 어장에 속하여 명태, 청어, 대구, 연어, 정어리, 넙치 등 어종이 다양하다.

감자, 고구마도 질이 우수하며 이것으로 녹말을 만들어 여러 음식에 쓴다. 녹말을 반죽하여 국수틀에 넣고 빼서 냉면을 만들기도 한다. 음식의 간이 싱겁고 담백하나 고추와 마늘 등의 양념을 많이 쓰기도 한다.

▨ 별미 음식

함경도 회냉면은 본고장에서는 감자녹말로 반죽하여 **빼낸** 국수를 삶아서 매운 양념으로 무친 가자미를 위에 얹는다고 한다. 지금은 새콤달콤하고 새빨갛게 무친 홍어회를 많이 쓰지만 동해안 지방에서는 명태회를 쓰기도 한다.

가릿국은 고깃국에 밥을 만 탕반의 일종으로 본고장에서 오래전부터 음식점에서 팔던 음식이라고 한다. 사골과 소의 양지머리를 푹 고아서 육수를 만들고 삶은 고기는 가늘게 찢는다.

가자미식해도 회냉면과 더불어 널리 알려진 음식으로 새콤하게 잘 삭은 것은 술안주나 밥반찬으로 일품이다. 손바닥만 한 크기의 가자미를 씻어서 소금에 살짝 절여 꾸덕꾸덕 말려 토막을 낸다. 조밥은 짓고, 무는 굵게 채썰어 절여서 물기를 짜고 가자미와 합하여 고춧가루, 다진 파와 마늘, 생강을 넉넉히 넣고 엿기름가루를 한데 버무린다.

제 **6** 장

사찰음식

1. 사찰음식의 개요

사찰음식은 스님들의 수행식으로 절에서 먹는 음식이며, 불교정신이 들어 있는 식생활로서 사찰에서 전승해 온 음식문화이다. 사찰음식은 불교가 국교인 국가 중에서 대승불교의 국가에서 주로 잘 발달되어 왔다. 우리나라에 불교가 전래된 지 1700여 년이 되었으므로 우리나라 사찰음식의 역사도 그와 같다고 할 수 있다.

흔히 '절밥'이라고도 하는 사찰음식은 절에서 오랜 세월을 거치며 발전해 왔다. 재료를 직접 재배하는 일에서부터 재료를 다듬고 음식을 만드는 일 모두 수행의 중요한 과정이다. 정성껏 차린 음식을 부처님께 공양 올리고 대중과 나눠 먹으면서 가르침을 몸소 배우게 된다. 음식이 만들어지기까지 수고한 많은 이의 정성에 감사하는 마음을 잊지 않는다. 적당한 양만 먹고 음식을 남기지 않는다.

신라를 비롯하여 고려 500년 동안 불교가 국교였다는 사실은 우리의 먹거리에 불교적인 요소가 얼마나 큰 비중을 차지하고 있었는지를 가늠할 수 있게 한다. 따라서 사찰음식을 제대로 찾아 조리법을 유지, 보존하는 것이야말로 우리의 전통문화를 계승하는 지름길이 될 수 있다. 사찰음식은 매우 다양한 식물성 식품을 음식의 재료로 이용하여 부족하기 쉬운 단백질(콩)을 효과적으로 섭취하고 있으며, 전이나 튀김 등의 기름을 사용하는 조리법이 많아 필요한 에너지를 충당하였다.

2. 사찰음식의 특징

사찰음식은 건강한 생존과 궁극적인 깨달음을 추구하는 수행이 담긴 불교의 핵심 문화이다. 불교의 기본 정신인 간소함, 겸허함이 음식에도 나타나는 것으로, 자극적인 양념 없이 재료 그 자체만의 맛을 살리는 조리법으로 맛을 내는 것이 사찰음식의 특징으로 주재료의 맛을 살리기 위해 불가피한 경우가 아니면 마늘을 넣지 않고 다른 향신료를 이용해서 맛을 낸다. 절이 속해 있는 지역에 따라 기후, 산물, 조리법이 다르다. 조리방법으로는 생무침, 데쳐서 무치기, 국, 찌개, 튀각, 튀김, 찜, 삶기, 장아찌, 떡, 식혜, 정과, 유과, 차, 엿, 김, 묵, 죽 등의 조리방법으로 상당히 간단하다.

사찰음식은 담백하고 깔끔한 것이 특징이며, 갖은양념이 들어가지 않아서 각 재료의 맛을 제대로 살릴 수 있다. 절에서는 우유 외의 동물성 식품을 사용하지 않는다. 오신채(五辛菜)는 오훈채(五葷菜)라고도 하는데 마늘, 파, 달래, 부추, 홍거를 말한다. 이 중 홍거는 한국에서 자라지 않지만 희고 마늘 냄새가 나는 채소이다. 맵고 냄새가 강하며 자극적이며 다른 음식에 곁들이면 맛

* 부각

을 강하게 하는 식물들로써 한번 맛을 들이면 자꾸 찾게 되어 음식에 대한 욕망을 불러일으키는 식재료이다. 또 매운맛 때문에 혈기를 왕성하게 하여 도를 닦는 몸을 불안하게 한다. 또 몸과 입에서 냄새가 풍겨 공동체 생활에 불편을 끼치기 때문에 수행인에게는 절대 금하는 식재료이다. 오신채를 금하는 이유는 날것으로 먹으면 성내는 마음이 일어나기 때문이며, 동물성 식품을 금지하는 이유는 살생을 하지 말라는 부처님 말씀에 따른 것이다. 사찰음식에는 인위적인 조미료 또한 넣지 않는다. 사찰음식의 특징을 요약하면 다음과 같다.

① 고기를 사용하지 않는다.
② 채소 중에서 오신채를 사용하지 않는다.
③ 병을 예방하고 치료하는 음식으로 발전해 오고 있다.
④ 천연조미료만 사용한다.
⑤ 제철음식이 발달해 있다.

3. 사찰음식의 양념

파나 마늘을 사용하지 않고 짠맛은 주로 간장, 된장, 고추장, 소금 등이 쓰이고, 단맛을 내는 것으로 꿀, 황설탕, 백설탕, 물엿 등이 쓰이며, 매운맛을 내는 것으로는 생강, 고춧가루, 붉은 고추, 풋고추, 초피잎이나 초핏가루, 그리고 후추와 겨자가 쓰인다. 신맛을 내는 데는 식초, 고소한 맛을 내는 데는 참깨, 들깨, 참기름, 들기름, 콩기름 등의 식용유, 그 밖에 맛을 좋게 하기 위해 다시마, 표고버섯, 능이버섯, 참죽가지 말린 것, 무를 사용한다. 향기와 맛을 향상시키기 위하여 산초, 초피, 방아, 들깨즙, 다시마, 무, 늙은 호박, 과일 등을 사용한다. 짠맛을 내는 조미료로는 간장, 소금, 된장, 고추장이 사용된다.

간장은 일반적 조미료로 국을 끓일 때, 나물 무칠 때, 장아찌, 초간장을 만들 때, 김치 담글 때 사용하고, 소금은 김구이, 콩국, 콩나물국, 송이버섯 등을 구울 때 사용한다. 그리고 된장은 간장과 함께 절에서 많이 쓰는 조미료인데 용도는 나물 무칠 때, 된장찌개, 된장국, 장아찌, 장떡, 쌈 쌀 때 고추장과 함께 쓰거나 간장과 함께 또는 간장, 고추장과 함께 쓴다. 고추장은 장아찌, 장떡 쌈 쌀 때, 초고추장을 만들 때 사용한다.

고소한 맛은 참깨, 들깨, 참기름, 들기름, 식용유가 들어가고 조미료로는 버섯이 많이 사용되는데, 표고버섯은 마른 표고를 불려서 쓰는 것이 맛이 좋다. 그 외 능이버섯, 다시마, 무, 참죽가지 말린 것이 있다.

버섯가루를 만들 때는 말린 표고버섯을 곱게 갈아 가루로 만들어 찌개나 조림 등에 사용한다. 들깻가루는 들깨를 가루로 만들어 나물 무침이나 국을 끓일 때 넣는다. 방앗잎은 잎을 말려서 국이나 찌개에 넣어 맛을 낸다. 다시마 국물은 다시마를 물에 담가 우려낸 것인데, 국물로 사용하거나 찌개를 끓일 때 사용된다. 날콩가루는 콩을 말려서 빻아 만든 것으로 쑥국이나 김치찌개를 끓일 때 넣으면 구수한 맛을 즐길 수 있다. 호두, 잣은 나물을 무칠 때나 죽을 쑬 때 사용하는데, 호두와 잣은 사용 직전에 갈아서 사용해야 고소하다. 다시마가루는 다시마를 곱게 갈아서 조림이나 차를 끓일 때 사용한다.

4. 발우공양의 이해

'발우'는 양에 알맞은 그릇이란 뜻이며, '공양'은 절에서 식사하는 것을 말한다. 발우는 네 개나 다섯 개로 짝을 이루며 크기가 조금씩 달라 차곡차곡 포개 놓으면 그대로 하나가 된다. 제일 큰 발우는 '어시발우'라 하는데 그곳에는 꼭 공양(밥)만을 담는다. 그 다음 크기의 발우는 국발우, 천수발우, 반찬발우 순서로 이루어진다. '발우공양'은 수행하는 스님들의 전통 식사법을 말하는데, 수행의 한

과정으로 행하기 때문에 모든 사람이 같은 음식을 나누어 먹고 공동체의 단결과 화합을 고양시키는 평등의 뜻과 철저히 위생적이고 조금의 낭비도 없는 수행의 마음을 지니는 정숙의 정신을 담고 있다. 발우는 자기 발우를 사용하고 자기 손으로 씻어 먹는다. 바로 먹고 바로 헹구기 때문에 더러움이 붙을 틈이 없다. 주기적으로 태양 볕을 쬐어 소독하므로 일반 설거지 이상으로 훨씬 위생적이다. 숟가락과 젓가락을 넣은 집이 천으로 되어 있고 발우 보자기와 발우 닦개가 있어서 식사도구에 먼지 같은 건 침입할 틈이 없다. 몇 대를 물린 발우도 있다. 대를 거듭한 발우일수록 권위가 있다.

제 **7** 장

발효음식

1. 발효음식의 개요

미생물을 이용한 발효음식은 독특한 맛과 향, 풍미를 지니고 있어 영양성과 저장성이 우수한 우리네 전통 식문화로 자리매김하고 있다. 이렇듯 우리의 전통발효식품은 먹기 좋고 오래 두어도 상하지 않는 식품이 된다는 것을 오랜 경험을 통해 알게 되었고, 그렇게 만들어 왔다. 채소가 재배되지 않는 겨울철의 저장을 위해 염장했던 데서 김치류가 생겨났고, 삼면이 바다인 자연적인 지형으로 염장 생선에서 발효된 젓갈류 등이 발달하게 되었다. 농경문화의 발달로 쌀과 보리를 이용해 싹을 틔워 만든 엿기름으로 식혜, 조청 등을 만들었고, 통밀로 만든 누룩을 이용하여 식초, 술 등을 빚어왔다. 이와 같은 염장기술과 양조기술의 조기 정착으로, 또한 이들의 융합기술에 의해 장류, 김치류, 젓갈류, 식초류, 주류 등의 저장 발효식품 문화권이 정립되었다.

초기의 우리 조상들은 유목계로 가축을 많이 사육하면서 단백질을 주로 섭취했다. 신석기 후기(기원전 2303년)에는 중국의 농경문화가 유입되었고 곡류를 주로 섭취하면서 대두재배를 통한 장류를 담그기 시작했다.

장류는 삼국시대(300~650년)에 이르러 기본식품이 되었는데, 삼국시대의 『해

동역사(海東繹史)』(1765)에 '시(豉)'가 처음 나오는데, 시(豉)란 콩 찐 것에 소금을 혼합하여 어두운 곳에서 발효시킨 청국장·된장의 원료가 되는 짠맛의 메줏덩이를 말한다. 이 기록으로 보아 고구려 사람들이 3세기경 콩으로 장류를 만들었으며, 이것이 중국으로 건너갔다가 통일신라시대인 8세기경에는 일본으로 건너간 것으로 추정된다. 삼국시대에는 젓갈류와 술을 만들었고, 주식(밥)과 부식(반찬)이 분리되었다고 전해진다. 또 무, 가지 등을 소금에 절여 먹는 일종의 김치를 제조했음을 짐작할 수 있다.

그 후 통일신라시대(650~900)에는 차 문화(茶文化)가 성행하였으며, 초기에 혼용장(混用醬), 간장과 된장이 따로 분리된 단용장(短用醬)이 만들어졌다.

신라 선덕여왕 19년(720)에는 속리산 법주사에 돌로 만든 김치독이 설치되어 오늘날까지 보존되고 있다. 고려시대(900~1400)에는 불교 융성과 사찰음식의 발달로 식물성 식품의 섭취가 증가되어 채소를 이용한 나물, 부각, 튀김, 장아찌 등의 음식이 보편화되었다. 이규보가 고려 중엽에 지은『동국이상국집(東國李相國集)』(1168~1241)에는 장아찌에 대해 "무청을 장 속에 박아 넣어 여름철에 먹고 소금에 절여 겨울에 대비한다."는 기록이 있다.

그 후 조선시대(1400~1900)로 들어서면서 조선 왕조는 유교를 숭상하게 되어 식생활도 숭유주의의 영향을 크게 받게 되었으며, 차 문화(茶文化)가 점차 쇠퇴하게 되었다.

농경을 중시하여 곡식과 채소의 생산이 늘어나게 되었으며, 차차 식생활문화가 발달하면서 한글 조리서인『음식디미방(飲食知味方)』(1670),『규합총서(閨閤叢書)』(1815) 등이 나오고 밥, 국, 김치, 반찬으로 식단이 체계화되고 상차림의 구성법이 정착하게 되었다.

조선시대 중엽(1650)에는 남방에서 고추가 유입되어 새로운 김치문화가 형성되었는데,『지봉유설(芝峯類說)』(1613)에 "고추가 일본에서 건너온 것이니 왜개자(倭芥子)라고 하는데 요즘 이것을 간혹 재배하고 있다."라는 기록으로 보아, 일본에서 들어온 것으로 보인다. 붉은 색깔의 고추를 넣고 여기에 채소와 젓갈을 결합시켜 김치를 만들었으니, 우리 조상이 개발한 콩으로 만든 장(醬)과 더불어 김치는 우리의 대표적인 음식이 되었다. 『동국세시기(東國歲時記)』(1834)에는 "장 담그기와 김장은 우리네 가정의 연중 2대 행사"라고 쓰여 있다. 이렇게 볼 때 우리의 음식문화사(飮食文化史)란, 유구한 역사와 함께 이루어진 자랑스런 우리의 '민족문화사(民族文化史)'라고 할 수 있다.

1) 간장

간장의 맛이 없으면 그해에 큰 재해가 온다고 할 만큼 간장 담그기는 우리 가정주부들의 큰 연중행사의 하나가 되어 왔으며, 그 집의 장맛으로 음식의 솜씨도 가늠하였다.

우리나라 고유의 간장과 된장은 콩과 소금을 주원료로 하여 콩을 삶아 이것을 띄워 메주를 만들고, 메주를 소금물에 담가 발효시킨 여액을 간장이라 하고, 나머지 찌꺼기를 된장이라 하여 식용해 왔다.

★ 장 거르기

간장의 '간'은 소금기의 짠맛(salty)을 의미하고, 된장의 '된'은 '되다(hard)'의 뜻이 있다. 간장은 『규합총서(閨閤叢書)』에 '지령'이라 표기되어 있고, 서울말로 '지럼'이라 하였는데, 그 어원은 아직 밝혀지지 않았으나 『훈몽자회(訓蒙字會)』의 고어(古語)인 '장유(醬油)'와 함께 사용되어 온 말이 아닌가 싶다.

간장은 단백질과 아미노산이 풍부한 콩으로 만들어지는 발효식품으로, 불교의 보급과 더불어 육류의 사용이 금지됨으로써 필요에 의해 발생하였다고 볼 수 있다. 간장은 훌륭한 단백질 공급원이며 오래도록 저장이 가능한 식품이다.

간장의 종류는 크게 숙성기간과 간장을 만드는 방법에 따라 나뉜다.

① 숙성기간에 따른 간장

• **맑은 간장 혹은 청장(清醬)** : 1~2년 된 것으로 색이 옅고 염도가 높아 국이나 찌개의 간을 맞추는 데 사용한다.

• **중간장** : 담근 지 3~4년 된 것으로 색이나 염도가 중간 정도로 찌개나 나물을 무치는 데 사용한다.

• **진간장** : 담근 지 5년 이상 된 것으로 숙성이 진행되며 아미노산과 당질, 유기산, 알코올 등의 함량이 높아져 짠맛은 감소하고 단맛은 높아지고 깊은 맛이 나고 색도 진하다. 음식의 맛과 색을 내는 데 사용한다. 진간장은 해가 지남에 따라 수분 증발량이 높아지며 소금이 과포화 용액이 되어 재결정이 만들어져 항아리 바닥에 쌓이게 되므로 매해 장독을 갈무리해 주는 것이 좋다.

② 만드는 방법에 따른 간장

• **한식간장(재래간장)** : 전통방식으로 메주를 만들고 띄워 소금물에 침지하여 발효 숙성하여 만든 전통간장이다.

• **양조간장(개량식 간장)** : 콩이나 탈지대두에 보리나 밀과 같은 전분질을 섞고 황국균을 배양하여 코지로 만든 다음 소금물에 섞어 발효, 숙성시킨 것으로 대량생산에 사용한다.

• **산분해간장(아미노산간장)** : 콩가루와 밀가루를 염산으로 분해하여 아미노산액을 만든 후 수산화나트륨이나 탄산칼륨으로 중화시킨 후 소금, 색소, 감미료 등을 넣어 제조한 간장으로 제조일이 짧고 생산비용이 저렴하여 대량생산에 사용한다. 아미노산 함량은 높은 편이나 맛과 향이 떨어진다.

• **혼합간장** : 산분해간장과 양조간장을 혼합하여 만든 간장이다.

• **어육장** : 메주와 함께 소고기, 꿩고기 등의 동물성 단백질을 함께 넣어 1년 이상 발효하여 만든 것을 말한다.

• 어간장 : 주로 멸치를 이용하여 소금을 뿌려 6개월 이상 발효시켜 만든다. 때로는 메주를 넣어 담기도 한다.

2) 된장

조선시대 선조 30년에 정유재란(1597)을 맞은 왕은 국난으로 피난을 가며 신(申)씨 성을 가진 이를 합장사(合醬使)로 선임하려 했다. 그러나 조정 대신들은 신은 산(酸)과 음이 같아 된장이 시어질 염려가 있으니 신씨 성은 피해야 된다며 반대하였다. 음식의 대본(大本)이 된장이었기에 이런 금기까지 있었던 듯싶다. 장 담그는 일이 일종의 성사(聖事)였다. 3일 전부터 부정스런 일을 피하고 당일에는 목욕재계하고, 음기(陰氣)를 발산치 않기 위해 조선종이로 입을 막고 장을 담갔다고 하였다. 아마도 미생물에 의해 일어나는 발효작용을 몰랐기 때문에 그리했던 것 같다.

초기의 된장은 간장과 된장이 섞인 것과 같은 걸쭉한 장이었으며, 삼국시대에는 메주를 쑤어 몇 가지 장을 담그고 맑은 장도 떠서 썼을 것으로 추측하고 있다. 그 후대에 이르러 더욱 계승 발전되었고, 『제민요술(齊民要術)』(530~550)에 만드는 방법도 기록되어 있다.

"콩을 쪄서 볕에 말리고 熱湯에 넣어 껍질을 벗긴 것에 소금, 黃蒸(밀로 만든 散麴), 밀로 만든 餠가루, 香草를 섞고 발효시켜 소금물에 넣어 자주 저어주면 20일에 먹을 수 있고, 맛 좋은 것은 100일 지나야 한다."

이 콩장은 해(醢)의 고기 대신 콩을 쓴 것이며, 오늘날의 대장(大醬)·황장(黃醬)이다.

된장은 '된(물기가 적은, 점도(粘度)가 높은)장'이라는 뜻이 되는데, 토장(土醬)이라고도 하여 청장(淸醬, 간장)과 대조를 이룬다.

8, 9세기경에 장이 우리나라에서 일본으로 건너갔다는 기록이 많다. 『동아(東雅)』(1717)에서는 "고려의 醬인 末醬이 일본에 와서 그 나라 방언대로 미소라 한

다"고 하였고, 그들은 미소라고도 부르고, 고려장(高麗醬)이라고도 하였다. 옛날 중국에서는 우리 된장 냄새를 고려취(高麗臭)라고도 했다.

『증보산림경제(增補山林經濟)』(1766)에서는 시(豉)를 미장(末醬)이라 적고, 미조라 읽고 있다. 그리하여 장류를 만주 말로 미순, 고려방언으로 밀조(密祖), 우리말로 며조, 일본 말로 미소라 하였으니, 장의 발상지와 그 전파경로를 알 수 있다.

① 된장의 종류

- 막된장 : 간장을 빼고 난 나머지로 담근 것을 막된장이라 한다.

- 토장 : 막된장에 메줏가루와 소금물을 섞거나, 메줏가루에 소금물만을 넣고 담가 2~3개월 숙성시킨 된장으로 일반적으로 간장을 뜨지 않은 된장을 토장이라 한다.

- 막장 : 토장과 비슷하게 간장을 빼지 않고 만든 장으로 수분을 많이 하고 햇볕에서 빨리 익혀 만든 속성 장으로 메주를 빠개어 가루로 만들어 담 갔다고 하여 지역에 따라 빠개장 또는 가루장이라고도 부른다. 쌀이나 보리, 밀 등의 전분질을 섞어 담아 단 맛이 있어 쌈장으로 많이 사용한다. 『증보산림경제(增補山林經濟)』에는 별미장인 담수장(淡水醬)에 대한 기록으로 "가을에서 겨울 사이에 만든 메주를 초봄에 부숴서 햇볕에 6~7일 숙성시켰다가 햇채소와 함께 먹으면

* 막장

* 메주

맛이 새롭다"는 내용이 있는데 이것이 막장의 원형인 것으로 보인다.

- 즙장(汁醬) : 막장과 비슷하지만 수분이 막장보다 많고 무나 고춧잎, 토란대 등 채소를 많이 넣어서 만들기 때문에 채장, 두엄 속에 묻어 빨리 익히기 때문에 두엄장, 집장이라고도 한다. 밀, 보리와 같은 전분질이 들어 있어 발효가 빠르고 채소를 많이 넣어 만들기 때문에 다른 장에 비해 약간의 신맛과 감칠맛이 난다. 숙성시간이 오래될수록 신맛이 강해지므로, 오래 보관하기보다는 필요할 때 조금씩 만들어 먹는다.

- 담북장(淡北醬) : 새로 담근 햇장이 익기 전에 만들어 먹는 장으로 볶은 콩으로 메주를 띄워 소금물에 버무려 다진 마늘과 굵은 고춧가루를 섞어 일주일 동안 삭혀 먹는다. 지역이나 시대에 따라 만드는 방법이 조금씩 다른데, 된장보다 담백하다. 지역에 따라서는 담북장과 청국장을 구별하지 않고 같은 것으로 보는 경우도 있다.

- 청국장 : 콩을 물에 불려 갈색이 나도록 푹 삶은 후에 짚을 깔고 40~50℃의 더운 곳에서 2~3일 정도 발효시킨 뒤에 끈끈한 실이 생기면 절구에 반 정도만 찧어서 소금, 파, 마늘, 고춧가루 등을 섞어 만드는 장이다. 비교적 짧은 시간에 손쉽게 만들어 먹을 수 있는 장점이 있다. 콩을 속성으로 발효시켜 만든 낫토보다는 저장기간이 길지만, 소금을 적게 넣고 만들었기 때문에 다른 장에 비해 오랫동안 두고 먹을 수는 없는 단점이 있다. 청국장은 발효시간이 된장에 비해 매우 짧기 때문에 소화효소와 우리 몸에 유익한 균이 활성화되어 있으며, 소금을 넣지 않고 발효시켜 과도한 염분 섭취를 막을 수 있다.

- 청태장 : 마르지 않은 생콩을 시루에 쪄서 떡 모양으로 빚은 뒤, 콩잎을 덮어서 띄운 장이다. 청대콩으로 만든 메주를 더운 곳에서 띄우고 여기에 햇고추를 섞어 만든다.

- 두부장 : 사찰에서 많이 만들어 먹던 장으로 '뚜부장'이라고도 한다. 물기를 제거한 두부를 으깨어 소금 간을 세게 하여 항아리에 넣어두었다가, 참깨 ·

참기름·고춧가루로 양념하여 베자루에 담아 다시 한 번 묻어두었다가 한 달 후에 노란빛이 나면 먹는다.

- 지레장 : 메주를 빻아 김치 국물을 넣어 익힌 장으로, 장을 쪄서 반찬으로 먹는다. 지름장, 찌엄장이라고도 한다.

- 비지장 : 콩비지로 만든 장으로 쉽게 쉬기 때문에 더운 날에는 만들어 먹지 못한다.

- 팥장 : 삶은 팥과 콩을 섞어 담근 장이다.

- 생황장 : 삼복 중에 콩과 누룩을 섞어 띄워서 담그는 장이다.

- 무장 : 메주를 잘게 쪼개어 끓인 물을 식혀 붓고 10일 정도 두었다가 그 물을 소금으로 간하여 먹는 장이다.

- 쌈장 : 된장에 고추장, 파, 마늘, 참기름, 깨소금 등의 갖은양념을 적당량 섞어 만든 가공 된장으로 채소로 쌈을 쌀 때 많이 먹는다. 쌈장을 만들 때에는 고추장과 된장을 동량 또는 2:1의 비율로 섞거나 기호에 따라 첨가하는 비율을 조정할 수 있다.

3) 고추장

고추장은 콩으로부터 얻어지는 단백질원과 구수한 맛, 찹쌀·멥쌀·보리쌀 등의 탄수화물식품에서 얻어지는 당질과 단맛, 고춧가루로부터 붉은 색과 매운맛, 간을 맞추기 위해 사용된 간장과 소금으로부터는 짠맛이 한데 어울린, 조화미(調和美)가 강조된 영양적으로도 우수한 식품이다. 『농가월령가(農家月令歌)』(1861) 중 삼월령을 보면 "인간의 요긴한 일 장 담그는 정사로다. 소금을 미

＊ 찹쌀고추장

리 받아 법대로 담그다. 고추장, 두부장도 맛맛으로 갖추어" 하고 기록되어 있어 삼월에 고추장 담그는 일이 일상화되었음을 알 수 있다.

고추장은 고추가 유입된 16세기 이후에 개발된 장류로서 조선 후기 이후 식생활 양식에 큰 변화를 가져왔다. 고추는 임진왜란(1592)을 전후로 하여 일본으로부터 우리나라에 전래되었다고 전해진다. 따라서 초기의 이름도 왜개자(倭芥子)라 불리었고, 귀한 식품이라 하여 번초약초라 불리었으며, 고추라는 이름은 후추와 비슷하면서 맵다 하여 매운 후추라는 의미에서 붙여진 것이라 한다.

초기 고추의 사용은 술안주로 고추 그 자체를 사용하거나, 고추씨를 사용하다가 17세기 후기경에는 고추를 가루로 내어 이전부터 사용했던 향신료인 후추, 천초(조피나무 열매 껍질)를 사용했다. 천초를 섞어 담근 장을 천초시(川椒醬)라고 한다. 점차 고추의 보급으로 일반화되어 종래의 된장, 간장 겸용 장에 매운맛을 첨가시키는 고추장 담금으로 변천 발달되었다.

고추장 담금법에 대한 최초 기록은 조선 중기의 『증보산림경제(增補山林經濟)』(1766)에 있다. 막장과 같은 형태의 장으로, 여기에는 고추장의 맛을 좋게 하기 위해 말린 생선, 곤포(昆布, 다시마) 등을 첨가한 기록이 있다.

영조 때 이표가 쓴 『수문사설(謏聞事說)』(1740) 중 식치방에 순창 고추장 조법에는 곡창지대인 순창 지방의 유명한 고추장 담금법으로 전복·큰 새우·홍합·생강 등을 첨가하여 다른 지방과 특이한 방법으로 담갔는데, 영양학적으로도 우수하였음을 알 수 있다. 또한, 순창 고추장은 예부터 나라 임금님께 진상(進上)하였다고 하는데, 순창 고추장의 맛과 향기는, 순창에서 사용하는 똑같은 재료를 가지고 똑같은 사람이 똑같은 방법으로 타 지방에 가서 담가도 순창 고추장의 맛이 나지 않는다. 아마도 순창 고추장의 맛은 오염되지 않은 순창의 물맛과 순창의 기후가 조화(調和)된 것이라 생각한다.

『역주방문(歷酒方文)』(1800년대 중엽)의 고추장 담금법에는 보리쌀을 섞는 고추장 담금이 보여지며, 청장을 이용하여 간을 맞추는 방법을 이용하였다.

『규합총서(閨閤叢書)』(1815)에 기록된 고추장은 좀 더 진보된 형태로서, 고추장 메주를 따로 만들어 담그는 방법과 소금으로 간을 맞추는 방법 등 현재의 고추장 담금법과 같은 방법이 사용되었으며, 꿀·육포·대추를 섞는 등 현재보다 더욱 화려한 내용의 고추장 담금법을 제시하고 있다. 소금 대신 청장으로 간을 맞추는 방법은 보다 질이 좋은 고추장을 만드는 방법이라 하겠다. 그 이후 점차적으로 고춧가루의 사용량이 늘어나 현재와 같이 식성대로 넣도록 권장하고, 또한 청장을 이용하여 간을 맞추던 방법이 점차 소금물로 바뀌어, 현재는 소금물로 간을 맞추는 방법이 주류를 이룸을 특징적으로 알 수 있다.

4) 김치류

우리 민족은 오래전부터 채소염장법인 김치를 즐겨 왔다. 우리의 김치는 젓갈, 양념, 향신료 등이 가미된 우리 고유의 복합 발효식품으로 김치에 관한 문헌상 최초의 기록은 약 3000년 전 중국 최초의 시집인 『시경(詩經)』에 '저(菹)'라는 이름으로 처음 등장한다.

"밭두둑에 외가 열렸네. 외를 깎아 저(菹)를 담자. 이것을 조상께 바쳐 수(壽)를 누리고 하늘의 복을 받자." 이것은 오이를 절여 숙성시킨 것이라 하였고, 여기에 수록된 저(菹)는 김치 무리일 것이다.

그 후 한나라 때의 『주례(周禮)』(BC 3세기)에는 오이 외에도 부추·순무·순채·아욱·미나리·죽순 등을 사용하여 7가지의 저(菹)를 만들고 관리하는 관청이 있었다는 기록이 보인다. 물론 이것은 중국의 문헌자료지만, 우리나라에서도 『시경』의 제작연대와 비슷한 시기인 기원전 2천 년대의 유물 중에 볍씨와 함께 박씨, 오이씨 등이 경기도 일산에서 출토되어 중국뿐 아니라, 우리나라에서도 오이를 비롯한 기타의 채소가 재배되어 식용된 것을 알 수 있고, 『시경』의 저(菹)와 같이 발효식품으로 식용되었을 것으로 추측할 수 있다.

따라서 지금과 달리 장아찌와 소금 절임의 형태였으며, 김치 담그기를 '염지(鹽漬)'라 하고, 김치를 '지(漬)'라 하였으며, 고춧가루나 젓갈을 쓰지 않고 소금에 절인 채소에 마늘과 같은 향신료(香辛料)를 섞어 재우는 형태라 해서, '침채(沈菜)'라는 특유한 이름을 붙이게 되었다.

지금도 전라도 일부 지방에서는 옛 고려시대의 명칭을 그대로 따서 보통의 김치를 '지(漬)'라 하고 있으며, 무나 배추 따위를 양념하지 않고 통으로 소금에 절여서 발효(醱酵)시켜 먹는 김치를 '짠지'라 하고, 황해도와 함경남도에서는 보통의 김치를 '짠지'라고도 부른다.

중국에서는 일찍이 김치에 '저(菹)'자를 사용하였고, 우리나라에서는 이규보(李奎報)의 『동국이상국집(東國李相國集)』에서 김치무리 담그기를 '염지(鹽漬)'라 하였는데, '지(漬)'는 '물에 담그다'라는 뜻에서 유래된 듯하다. 이렇게 '지(漬)'라 부르던 것이 고려 말부터는 '저(菹)'라 부르게 되었다.

조선 초기에는 '딤채'라 하여, 『내훈(內訓)』(1516)에 처음 '딤채국'이 나온다. 『벽온방(酸瘟方)』(1518)에는 "무 딤채국을 집안 사람이 다 먹어라." 하였으며, 중종 22년 『훈몽자회(訓蒙字會)』(1525)에서는 '저'를 '딤채→조'라 하였다. 소금에 절인 채소에 소금물을 붓거나 소금을 뿌리면 국물이 많은 김치가 되고, 이것이 숙성되면서 채소 속의 수분이 빠져 나와 채소 자체에 침지(沈漬)된다. 여기서 '침채(沈菜)'라는 고유의 명칭이 생겼고, 오늘날 우리가 사용하는 김치라는 말은 "침

* 배추김치

* 백김치

* 나박김치

* 동치미

* 백오이소박이

* 장김치

채(沈菜)→팀채→짐채→김채→김치"와 같이 변화되었다.

　김장이라는 말은 '침장(沈藏)'에서 유래되어 '팀장→딤장→김장'으로 어음변화된 것임을 알 수 있다. 겨울을 지내는 동안 먹을 김장김치로 담근다든가 여름에 오이지를 담근다고 하면, 여기서 김장, 김치, 지라는 어휘를 찾을 수 있고, 담근다는 말은 그릇에 넣은 물(소금물)에 오래 담아두어 익힌다는 뜻을 갖고 있음을 알 수 있다. 즉, 김치, 젓갈, 식혜, 술 같은 것을 숙성시킨다는 의미로 쓰이게 되었다. 이와 같이 독이나 항아리에 물과 같이 담아 무 · 배추 등을 잠겨놓고 일정한 시간 익힌다는 한자어는 침지(沈漬)가 되거나 침장(沈藏)이 될 것이다. 따라서 침지는 김치가 되고 침장은 김장김치 담그는 것에 해당한다고 볼 수 있다.

제 **8** 장

전통병과 음식

1. 떡의 정의

고대 농경문화가 발달하면서 곡류를 이용한 음식으로 떡이 만들어져 의례식이 나 시절식에 많이 사용되어 왔다. 떡의 사전적 의미로 '곡식을 가루로 만들어 찌 거나, 삶아 익혀 만든 음식'을 통칭하고, 만드는 방법에 따라 찌는 떡, 치는 떡, 삶는 떡, 지지는 떡으로 나뉜다. 떡을 만드는 식재료로 멥쌀, 찹쌀, 보리, 수수, 콩, 팥 등을 주로 사용한다.

떡의 어원은 중국의 한자에서 비롯되었는데 한대(漢代) 이전 쌀, 기장, 조, 콩 등으로 만든 것을 '이(餌)'라 하였고, 이후 밀가루가 도입된 다음 주재료가 밀가 루로 바뀌면서 '병(餠)'이라 바뀌었다. 그러나 우리는 재료에 구분 없이 모두 '떡' 이라 하고 한자로 표기할 때에는 '병(餠)'이라 표기하고 있다.

2. 떡의 역사

우리 민족은 언제부터 떡을 먹었을까? 대부분의 학자들은 삼국이 성립되기 이

전인 부족국가 시대부터 떡을 만들어 먹은 것으로 추정하고 있다. 이 시대에 떡의 주재료가 되는 쌀을 비롯한 피, 기장, 수수, 조와 같은 곡물이 생산되었고, 떡을 만드는 데 필요한 갈판과 갈돌, 시루가 당시의 유물로 출토되고 있기 때문이다. 황해도 봉산 지리탑의 신석기 유적지에는 곡물의 껍질을 벗기고 가루로 만드는 데 쓰이는 갈돌이, 경기도 북변리와 동창리의 무문토기시대 유적지에서는 갈돌 이전 단계인 돌확이 발견된 바 있다. 그리고 나진 초도 조개더미에서는 양쪽에 손잡이가 달리고 바닥에 구멍이 여러 개 난 시루가 발견되기도 했다. 이로 미루어 보아 우리 민족은 삼국시대 이전부터 곡물을 가루로 만들어 시루에 찐 음식을 만들어 먹었으리라고 추측할 수 있다. 여기에서 곡물을 가루로 만들어 시루에 찐 음식이라면 '시루떡'을 의미하는 것이고, 시루에 찐 떡을 쳐서 만드는 인절미, 절편 등의 도병류를 즐겼을 것으로 보인다. 다만 당시에는 쌀의 생산량이 그다지 많지 않아 조, 수수, 콩, 보리 같은 여러 가지 잡곡류가 다양하게 이용되었을 듯싶다. 이러한 근거로 삼국시대 이전에 이미 우리 민족은 시루떡, 치는 떡 등 다양한 떡을 만들어 먹었음을 알 수 있다. 이들 떡은 무천, 영고, 동맹과 같은 제천의식에 주로 사용되었을 것으로 생각된다.

1) 삼국시대와 통일신라시대

삼국시대를 거쳐 통일신라시대에 이르면 사회가 안정되면서 쌀을 중심으로 한 농경이 더욱 발달하게 된다. 고구려시대 무덤인 황해도 안악의 동수무덤 벽화에는 시루에 무엇인가를 찌는 모습이 보인다. 한 아낙이 오른손에 큰 주걱을 든 채 왼손의 젓가락으로 떡을 찔러서 잘 익었는지를 알아보는 듯한 모습이 그려져 있다. 이와 더불어 삼국시대의 다른 여러 고분에서도 시루가 출토되기도 했고 『삼국사기』, 『삼국유사』 등의 문헌에도 떡에 관한 이야기가 유달리 많아 당시의 생활에서 떡이 차지했던 비중을 짐작하게 한다.

『삼국사기』 「신라본기 유리왕 원년(298년)조」에는 유리와 탈해가 서로 왕위를 사양하다 떡을 깨물어 생긴 잇자국을 보아 이의 수효가 많은 자를 왕으로 삼았다는 기록이 있다. 성스럽고 지혜 있는 사람이 이의 수효가 많다고 여겨 떡을 씹어보아 결국 유리가 잇금이 많아서 왕이 되었다는 것이다. 또 같은 책 「백결선생조」에는 신라 자비왕대(458~479) 사람인 백결선생이 가난하여 세모에 떡을 치지 못하자 거문고로 떡방아 소리를 내어 부인을 위로한 이야기가 나온다.

이와 같이 깨물어 잇자국이 선명히 났다든지 떡방아 소리를 냈다든지 하는 기록으로 보아 여기서 말하는 떡은 찐 곡물을 쳐서 만든 흰떡, 인절미, 절편 등도 병류임을 추측할 수 있다. 특히 백결선생이 세모에 떡을 해먹지 못함을 안타깝게 여겼다는 기록은 당시에도 이미 연말에 떡을 해먹는 절식 풍속이 있었음을 보여준다. 또한 『삼국유사』 「효소왕대(692~702) 죽지랑조」에는 설병이라는 떡이 나온다. '설'은 곧 '혀'를 의미하므로 혀의 모양처럼 생긴 인절미나 절편, 혹은 그 음이 유사한 설병, 즉 설기떡이 아니었을까 추정한다.

2) 고려시대

삼국시대에 전래된 불교는 고려시대에 이르러 최고의 전성기를 맞게 된다. 불교문화는 고려인들의 모든 생활에 영향을 미쳤고 음식 또한 예외가 아니었다. 육식을 멀리하고 특히 차를 즐기는 음다풍속의 유행은 과정류와 함께 떡이 더욱 발전하는 계기가 되었다. 이와 더불어 권농정책에 따른 양곡의 증산은 경제적 여유를 가져다주어 떡문화의 발전을 더한층 촉진하게 되는데, 이로 말미암아 이 시기에는 떡의 종류와 조리법이 매우 다양해진다.

여러 기록에 등장하는 떡의 종류들을 살펴보면 중국의 『거가필용』에 '고려율고'라는 떡이 나오는데, 한치윤의 『해동역사』에도 고려인이 율고를 잘 만든다고 칭송한 견문이 소개되고 있다. 율고란 밤가루와 찹쌀가루를 섞어 꿀물에 내려 시루에 찐 일종의 밤설기이다. 또한 이수광의 저서 『지봉유설』에서 "상사일에 청애병을 해 먹는다"고 하였다. 어린 쑥잎을 쌀가루와 섞어 쪄서 만든다고 하였으니 쑥설기인 셈이다. 이외에도 송기떡이나 산삼설기 등이 등장한다. 즉 이전에는 쌀가루만을 쪄서 만들던 설기떡류가 주를 이루었다면 이 시기에는 쌀가루 또는 찹쌀가루에 밤과 쑥 등을 섞어 그 종류가 훨씬 다양해졌다. 또한 이색의 『목은집』을 보면 고려시대에는 단자류인 수단을 만들어 먹었음을 알 수 있다. 수단이란 쌀가루 혹은 밀가루를 반죽하여 경단과 같이 만든 다음 끓는 물에 삶아 냉수에 헹궈서 물기를 없앤 뒤 꿀물에 넣고 실백을 띄운 것을 말한다. 이 책에는 수수가루를 반죽하여 기름에 지져 팥소를 사이에 넣고 부친 수수전병도 나온다.

고려시대에는 떡의 종류도 다양해졌을 뿐만 아니라 떡이 시민들의 생활과 밀접한 일상식으로 확립된 시기라고도 할 수 있다. 『고려사』에는 광종이 걸인에게 떡으로 시주하였으며, 신돈이 떡을 부녀자에게 던져주었다는 기록이 남아 있다. 또한 상사일에 청애병을 만들어 먹는다든지, 유두일에 수단을 해먹는다는 기록은 떡이 시절식으로 점차 자리 잡아 갔음을 의미한다.

3) 조선시대

조선시대는 농업기술과 조리가공법의 발달로 전반적인 식생활문화가 향상된 시기이다. 이에 따라 떡의 종류도 더한층 다양해졌다. 처음에는 단순히 곡물을 쪄 익혀 만들던 것을 다른 곡물과 배합하거나 채소나 과일, 꽃, 약재 등의 첨가로 맛과 모양에 변화를 주었다.

또한 조선시대에는 유교의 도입으로 관혼상제의 풍습이 일반화되어 각종 의례와 크고 작은 잔치, 무의 등에 떡이 필수적으로 쓰였다. 또 고려시대에 이어 명절식 및 시절식으로의 쓰임새도 증가하였다. 이때 주로 만들어진 설기떡류로는 기존의 백설기, 밤설기, 쑥설기, 감설기 외에 석탄병, 잡과꿀설기, 도행병, 꿀설기, 석이병, 무떡, 송기떡, 승검초설기, 복령조화고, 상자병, 산삼병, 남방감저병, 감자병 등이 등장하였다.

조선 후기의 각종 요리 관련서에는 매우 다양한 떡의 종류가 수록되어 있어 이러한 변화를 짐작하게 한다. 조선시대 떡을 기록한 문헌으로 1611년 『도문대작(屠門大嚼)』을 비롯하여 『음식디미방』, 『증보산림경제』, 『규합총서』, 『임원십육지』, 『동국세시기』, 『음식방문』, 『시의전서』, 『부인필지』, 『조선무쌍신식요리제법』 등 음식관련 문헌에 등장하는 떡의 종류만도 198가지에 이르고 특히 궁중이나 사대부가의 잔치상에는 각색메시루떡, 각색찰시루떡, 각색조악, 화전, 각색단자 등을 1자 8치로 높게 고였다는 기록으로 보아 떡이 더욱 풍성하고 화려하게 발전되었음을 알 수 있다.

4) 근대 이후

유구한 역사와 전통성, 토착적 성격을 간직해 오던 우리의 떡은 19세기 말로 접어들면서 급격히 쇠락하기 시작했다. 이후 진행된 급격한 사회 변동은 떡의 역사마저 바꾸어 놓았다. 간식이자 별식거리 혹은 밥 대용식으로 오랫동안 우리 민족의 사랑을 받아왔던 떡은 서양에서 들어온 빵에 의해 점차 식단에서 밀려나게 되었다. 또한 생활환경의 변화로 떡을 집에서 만들기보다는 떡집이나 떡 방앗간 같은 전문업소에 맡기는 경우가 대부분이다. 이에 따라 다양하게 만들어지던 떡의 종류는 전문업소에서 주로 생산되는 몇 가지로 축소되었다.

그러나 떡은 중요한 행사나 돌잔치, 제사 등의 의례용으로 빠지지 않고 오르는 필수적인 음식으로 지속적으로 사용되어 왔다.

5) 현대

현대와 와서 급격한 경제성장과 함께 우리의 식문화 또한 발전되었는데 특히 떡의 경우 떡을 만드는 기계설비의 등장과 다양한 식재료의 확대로 종류가 더욱 다양화되었다. 또한 경제적 안정과 생활환경이 풍요로워지면서 건강한 먹을거리에 대한 요구가 높아져 떡이 건강식으로 관심을 받게 되면서 떡집이 현대화되고 떡 프랜차이즈업체와 떡카페 등이 생겨났다. 또한 제과기술과 다양한 재료가 사용되면서 떡케이크, 떡샌드위치, 영양떡, 레토르트떡 등 다양한 형태의 떡과 떡공예 등도 등장하며 떡의 대중화와 고급화가 진행되고 있다.

3. 떡의 종류

떡의 종류는 만드는 방법에 따라 크게 찌는 떡(甑餠), 치는 떡(搗餠), 지지는 떡(油煎餠), 삶는 떡(團子餠) 등의 네 종류로 나뉜다.

1) 찌는 떡(甑餠)

멥쌀이나 찹쌀을 물에 담갔다가 가루로 만들어 시루에 안친 뒤 김을 올려 익혀서 만드는 것으로 떡의 기본형으로 대표적으로 백설기와 팥고물 시루떡이 있다.

만드는 방법에 따라 더 자세히 나눌 수 있는데, 켜가 없이 한 덩어리로 찌

＊백설기

는 것을 무리떡이라 하여 백설기, 무지개떡, 물호박떡, 콩시루떡 등이 있고, 중간에 켜켜이 고물을 넣어 만든 것을 켜떡이라 하여 팥고물시루떡, 녹두편, 상추떡, 깨찰편 등이 있다.

송편과 같이 빚은 다음 찌는 떡으로 모싯잎떡, 쑥갠떡, 부편, 햇보리개떡 등이 있고, 증편과 같이 발효시킨 후 찌는 떡도 있다.

2) 치는 떡(搗餠)

치는 떡은 곡물을 알곡상태 그대로나 가루상태로 만들어서 시루에 찐 다음, 절구나 안반 등에 쳐서 만든 것으로 주재료에 따라 찹쌀도병과 멥쌀도병으로 구분한다. 도병 중에서 원초형의 것은 인절미라 추정하며 표면에 묻히는 고물의 종류에 따라 팥인절미, 깨인절미 등으로 부른다. 또 찹쌀과 함께 사용하는 부재료에 따라 쑥인절미, 수리취인절미, 대추인절미 등으로 부른다. 멥쌀로 만드는 대표적인 치는 떡으로 가래떡,

* 인절미

절편, 차륜병(車輪餠 : 수레바퀴모양의 절편), 바람떡 등이 있다.

1670년대 조리서인『음식디미방(飮食知味方)』에 "인절미 속에 엿을 한 치 만큼 꽂아 넣어두고 약한 불로 엿이 녹게 구워 아침이면 먹는다."는 기록으로 보아 인절미가 상용되었음을 알 수 있다.

3) 지지는 떡(油煎餠)

지지는 떡은 찹쌀가루를 반죽하여 모양을 만들어 기름에 지진 떡으로 전병·화전·주악·부꾸미 등이 있다.

화전(花煎)은 익반죽한 찹쌀가루를 둥글넓적하게 만든 뒤, 꽃잎을 붙여 기름에 지지 떡으로, 계절에 따라 봄에는 진달래전, 배꽃전, 초여름에는 장미꽃전, 가을에는 국화꽃전. 맨드

* 꽃전

라미꽃전 등이 있다.

화전에 대한 문헌의 기록을 보면, 화전은 전화병, 유전병이라 하여 『도문대작(屠門大嚼)』에 처음 기록되어 있는 것을 볼 수 있으며, 1670년 『음식디미방(飮食知味方)』, 1600년대 말 『주방문(酒方文)』에서는 찹쌀가루에 메밀을 섞었으나, 1766

＊서여향병

년 『증보산림경제』 이후의 문헌에는 찹쌀가루만으로 만들었다. 1849년 『동국세시기(東國歲時記)』에서는 녹두가루를 사용하였으며, 두견화·장미화·국화 등의 꽃과 꿀, 기름 등을 사용하였다.

주악은 찹쌀을 익반죽하여 깨, 곶감, 유자청건지 등으로 만든 소를 넣고, 조약돌 모양으로 빚어 기름에 튀긴 떡으로, 승검초주악·은행주악·대추주악·석이주악 등이 있다.

부꾸미는 찹쌀과 차수수 등을 물에 불렸다가 가루로 만들어 익반죽해서 빚어 지진 뒤, 팥이나 녹두 등으로 만든 소를 넣고 반달처럼 접은 떡으로 찹쌀부꾸미·수수부꾸미·결명자부꾸미 등이 있다.

＊수수부꾸미

4) 삶는 떡(團子餠)

찹쌀을 반죽하여 빚어 끓는 물에 삶아 건져서 고물을 묻힌 떡이다. 종류로는 경단, 대추단자, 잡과편, 오메기떡, 율무단자, 잣구리, 닭알떡 등이 있다.

경단류는 1680년경의 문헌인 『요록(澆綠)』에 '경단병'이란 이름으로 처음 기록되어 있는데, "찹쌀가루로 떡을 만들어 삶아 익힌 뒤, 꿀물에 담갔다가 꺼내어 청향을 바르고, 그릇에 담아 다시 그 위에 꿀을 더한다."고 했다. 이렇게 시작된 경단이 1800년대 중엽 『음식방문(飮食方文)』과 1800년대 말엽 『시의전서』 등에도 나타나 있는데, 고물을 묻히는 방법에 약간의 차이가 있을 뿐 기본적인 방법은 거의 같다.

＊꽃경단

4. 떡의 용도

떡은 우리의 식생활을 비롯하여 풍속과 밀접한 관계가 있다. 제철에 나는 식품 재료로 그때에 맞게 조리해 먹음으로써 건강을 도모하는 한편, 명절을 중심으로 세시풍속행사에 빈부차이, 남녀노소를 가리지 않고 누구나 빠짐없이 만들어 먹던 전통음식의 한 가지이다.

1) 시절떡

제철에 나는 재료를 그때에 맞게 조리하여 먹는 음식을 시식(時食) 또는 절식(節食)이라고 해서, 흔히 명절을 중심으로 이를 맛보았다고 한다. 대표적인 절기별 시식은 다음과 같다.

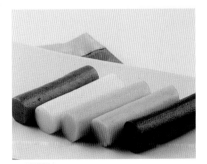

＊가래떡

- 원단(元旦)의 가래떡과 인절미 : 가래떡을 만들어 떡국을 끓여서 차례상에 올

리고 설날 아침에 먹었다. 이날의 떡국을 나이가 한 살 더 먹는다 하여 첨세병(添歲餠)이라고 한다. 또 찹쌀, 차조, 기장, 찰수수 등 찰곡식으로 인절미를 만들어 거피팥, 콩가루, 검은깨, 잣가루 등의 고물을 묻혀 먹었다.

• 정월대보름날의 약식 : 찹쌀을 씻어 불린 후 쪄서, 진간장과 꿀, 황설탕, 참기름을 넣고 버무려 밤, 대추, 잣을 넣고 오랜 시간 중탕으로 쪄서 만든다. 신라 소지왕 10년 까마귀가 왕의 생명을 구해준 것을 감사하게 여겨 검은색 밥인 약식을 만들어 제사를 올렸다는 유래가 있다.

* 약식

• 이월초하루의 삭일송편[朔日松餠] : 정조(正祖) 때 음력 2월 초하룻날을 농사일이 시작되는 날로 정하여 절기로 삼았다. 송편을 쪄서 머슴이나 가족들에게 나이 수대로 나누어주었고 이를 노비송편 또는 나이떡, 섬떡이라고도 한다.

* 송편

• 삼짇날의 진달래화전 : 음력 3월 3일에는 찹쌀가루 반죽을 번철에 지져 설탕이나 꿀을 발라 진달래꽃을 얹어 먹는다. 찹쌀가루 반죽에 진달래꽃을 넣어 반죽하기도 한다.

• 한식의 쑥떡과 쑥단자 : 동지에서 105일째 되는 한식에 어린 쑥을 넣어 절편을 만들거나 시루떡을 찐다. 또는 쑥을 넣

* 화전

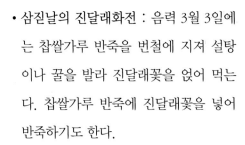

어 찐 찰떡으로 삶은 팥과 꿀로 소를 넣어 단자를 빚어 겉에 잣가루를 묻힌다.

* 쑥떡

- 초파일의 느티떡 : 음력 4월 8일이 석가 탄신일인데, 꼭 그날이 아니라 그 무렵, 즉 늦봄의 절식으로서 느티나무의 연한 새순을 따서 쌀가루와 섞어 버무려 팥 고물을 켜켜이 얹어 시루에 찐다.

- 단오의 수리취떡과 도행병(桃杏餠) : 음력 5월 5일, 멥쌀가루에 수리취를 넣어 떡반죽을 만들어 수레바퀴 무늬의 떡살로 문양을 찍어 만든다. 복숭아나 살구 열매의 즙으로 반죽한 찹쌀경단을 만들어 삶아낸 후 잣가루를 고루 묻혀 도행병을 만들어 먹기도 한다.

- 유두일의 상화병 : 음력 6월 15일 유두일에는 밀가루가 나오므로 밀가루를 발효시켜 팥소를 넣고 쪄서 만든 상화병이나 밀전병 등을 먹는다.

- 칠석날의 증편, 백설기 : 음력 7월 7일, 멥 쌀가루에 막걸리를 넣고 발효시켜 부풀린 후, 석이 · 실백 · 대추 등을 얹어서 쪄서 만 든 증편을 먹는다. 또한 흰쌀로만 만든 백 설기를 만들어 먹기도 한다.

* 방울증편

- 추석의 오려송편 : 음력 8월 15일, 햅쌀을 찧어 만든 송편으로 2월의 삭일송편과는 구 별 지어 오려송편이라고 한다. 골무송편이 라고 해서 골무 모양으로 조그맣게 쑥으로 푸른 빛깔을, 송기로 붉은 빛깔을, 치자로 노란 빛깔을 물들여서 만들기도 한다.

- **중양절의 국화전** : 음력 9월 9일은 중구(重九) 또는 중양이라고 하는데, 찹쌀가루 반죽에다 국화꽃잎을 얹어서 번철에 지진다.
- **상달의 시루떡** : 상달의 마지막 날, 특히 무오일에 시루떡을 쪄서 집집마다 고사를 지낸다. 찰떡, 메떡, 수수떡 등에 콩, 호박오가리, 곶감, 대추 등을 넣어서 찐다. 그리고 무채를 섞어서 무시루떡도 찐다.

2) 통과의례의 떡

통과의례란 사람이 태어나서 생을 마칠 때까지 반드시 거치게 되는 중요한 의례이다. 의례상차림의 중요 음식품목으로 떡이 반드시 올라가므로 의례의 풍속이 떡에 영향을 주었다.

(1) 삼칠일

아이가 태어난 후 21일이 되면 삼칠일이라 하여 특별하게 보내는데 이날에는 그동안 대문에 달았던 금줄을 떼어 외부인의 출입을 허용하고 산실(産室)의 금기를 폐기한다. 가족들이나 친지들이 방문하여 새로운 생명 탄생을 축하하고 산모의 노고를 치하한다. 삼칠일 축하음식은 흰밥, 미역국, 백설기가 기본인데 흰쌀밥에 고기를 넣은 미역국을 만들어 먹는다. 떡으로는 아무것도 넣지 않고 순백의 백설기를 만들어 집안에 모인 가족들이나 친지가 나누어 먹고 밖으로 내보내지 않는다.

(2) 백일

백일은 아이가 출생한 지 100일이 된 것을 축하하는 것으로 아이가 무사히 100일을 넘김과 동시에 건강하게 자랄 것을 축하하는 자리이다. 백일상에 올리는 떡으로는 백설기, 수수팥경단, 오색송편 등을 준비한다. 백일떡은 백집에 나누어 주어서 아이가 무병장수하여 복을 받는다고 생각하였다. 백설기는 순수와 장수를 기원하고, 붉은 팥고물의 차수수경단은 귀신이 적색을 피하므로 액을 막는다는 의미와 잡귀가 붙지 못하도록 예방하기 위한 것이다. 오색송편은 송편에 물들이는 오색이 오행(五行), 오덕(五德), 오미(五味)와 마찬가지로 만물의 조화를 뜻하고, 소가 가득찬 송편은 속이 꽉 차라는 의미이다. 또한 소가 없는 송편은 속이 넓어지라는 의미를 동시에 가진다.

(3) 돌

아기가 태어난 지 만 1년이 되는 날로 첫 생일을 축하하고 앞날을 축복하기 위해 뜻있는 음식으로 상을 차린다. 돌상의 대표적인 음식은 백설기와 수수경단이다. 백설기는 신성한 백설의 무구한 음식이며, 수수경단은 붉은색의 차수수로 경단을 빚어 삶고 붉은 팥고물을 묻힌 떡으로 붉은색이 액을 방지한다는 믿음에서 비롯된 풍습이다. 송편은 속이 꽉 차라는 의미로 올려놓았다.

(4) 책례

책례란 책씻이, 책거리라고도 하며 아이가 서당을 다니면서 책을 한 권씩 뗄 때마다 행하던 의례로 어려운 책을 끝내는 것을 축하, 격려하는 의미로 스승님께 감사하고 함께 공부한 동기들과 자축하는 의미가 담겨 있다. 이때는 작은 모양의 오색송편과 경단을 올리고 국수장국을 먹기도 한다.

(5) 혼례

혼례는 두 사람의 사랑을 하나로 결합하여 위로 조상을 섬기고, 아래로 후손에게 이어주는 통과의례이다. 한 번 혼인하여 배필(配匹)이 되면 한평생 헤어지지 않기 위하여 여러 가지 절차를 거친 다음 서로 확신을 가진 뒤에 혼례식을 거행하는 것이다. 이 혼인을 증명하기 위하여 즉시 나라에 혼인신고를 하며 조상의 사당에 아뢸 뿐만 아니라 마을과 동료 및 벗들에게도 알린다.

혼례는 사례의 절차로 의혼(議婚), 납채(納采), 납폐(納幣), 친영(親迎)의 네 가지 과정을 밟아야 한다. 의혼은 혼례를 상의하는 절차로 양가의 어버이가 정하는 것이며, 납채란 혼례 날짜를 정하는 단계로 신랑집에서 사주단자를 보내면 신부집에서 날짜를 정하는 것을 말한다. 납폐란, 친영(親迎) 전에 신랑집에서 신부집으로 함에 채단과 혼서지를 넣어 함진아비에게 지워 보내는 일을 말한다. 요즘에는 혼인 전날 저녁에 함을 보내는 것이 통례이다. 신부집에서는 대청에 상을 놓고 홍보를 펴서 떡시루를 올려놓고 기다렸다가, 함이 도착하면 상 위에 놓았다가 방으로 들여간다. 이때 올리는 떡을 봉채떡(봉치떡)이라 하는데 찹쌀 3되, 팥 1되로 찹쌀시루떡을 만드는데 쌀가루와 팥고물로 2켜만 안쳐 가운데 대추를 올려 쪄서 만든다.

이 밖에도 이바지 음식을 보내는데 이때 대개는 인절미, 약식, 절편 등의 떡을 만들어 푸짐하게 담아 보냈다.

(6) 회갑

나이가 61세 되는 생일을 회갑이라고 하여 큰상을 차리는데, 음식을 높이 고여 고배상(高排床) 또는 바라보는 상이라 하여 망상(望床)이라고도 한다. 이때의 상차림은 여러 가지 음식을 높이 고여 화려한데, 회갑연에 올라가는 떡은 갖은 편으로 백편, 꿀편, 승검초편 등을 만들어 정사각형으로 크게 썰어 편틀에 차곡차곡 높이 괴어서 주악, 부꾸미, 단자 등의 웃기떡을 얹는다.

3) 각 지방의 향토떡

경기도는 서울을 둘러싸고 있고 서쪽으로는 바다가, 동쪽으로는 산이 접하고 있어 산물이 풍부한 땅이다. 옛날부터 중앙도시로 많은 산물이 모여 음식과 떡 종류가 많을 뿐만 아니라 모양에도 꽤 멋을 낸다. 특히 개성 지방은 유난히 화려한 떡이 많다.

떡의 종류로는 흰 절편에 노랑, 파랑, 분홍 물을 들여 주로 혼례상이나 잔칫상

떡 위에 웃기로 얹는 색떡이 있고, 여주 지방
에서 잘 만드는 여주산병, 개성 지방의 별미
인 개성우메기와 개성경단, 강화 지방에서
찹쌀가루와 멥쌀가루를 반반씩 섞은 떡가루
에 근대를 넣고 설기떡으로 찌는 근대떡, 부
꾸미, 보릿가루를 파, 간장, 참기름으로 반
죽하여 쪄먹는 개떡 등이 있다.

* 개성우메기

　산으로 둘러싸인 충청북도와 바다를 끼
고 있는 충청남도는 생산물이 조금씩 다르
나 둘 다 곡식은 풍부하게 생산된다. 만드
는 방법이 꽃절편과 비슷하나 속에 팥소를 넣
은 꽃산병과 밤, 콩, 대추, 팥, 감 등을 섞어 찐
쇠머리찰떡, 대추를 고아 넣은 대추약편, 붉은
팥고물을 두둑하게 묻힌 손바닥 크기의 큰 인
절미로 술국을 먹을 때 함께 먹으면 든든하다
고 하는 해장떡, 지초기름에 지져 색이 붉어 곱
다고 해서 이름 지어진 곤떡, 향긋한 쑥내음으
로 봄이 온 것을 알리는 쑥버무리, 칡전분에 소
금 간을 해서 말랑말랑하게 반죽한 칡개떡, 햇

* 쇠머리찰떡

보릿가루를 반죽하여 절구에 찐 햇보리개떡, 이외에 수수팥떡, 감자떡, 감자송
편, 도토리떡 등이 있다.

　강원도는 동쪽으로는 바다와, 서쪽으로는 태백의 깊은 산과 닿아 있어 다양
한 식생활을 하고 있다. 쌀보다는 강냉이(옥수수), 메밀, 감자가 많이 나고, 산
에서 나는 도토리, 상수리, 칡뿌리를 식생활에 이용한다. 따라서 잡곡으로 만든
떡이 많고 맛과 생김이 비교적 소박하다. 감자를 써서 만드는 떡만 해도 감자시
루떡, 강남콩을 섞어 쪄먹는 감자떡, 감자녹말송편, 감자경단 등이 있고, 옥수수

로 옥수수설기나 옥수수보리개떡을 해 먹으며, 부침개와 비슷해 보이는 메밀전병, 어린 댑싸리잎을 멥쌀가루에 섞어 쪄내는 댑싸리떡, 메밀의 싹을 쌀가루에 섞어 쪄 먹는 메밀싹떡, 팥소를 넣은 흑임자인절미, 각색 차조인절미, 송편 속에 무생채를 넣어 빚은 무송편, 강릉 지방에서 해 먹는 증편인 방울증편 등이 강원도 떡을 대표한다.

전라도는 전국에서 곡식이 가장 많이 나는 고장답게 떡의 가짓수도 가장 많다. 반가의 명문댁 내림음식으로 음식의 종류가 다양하고, 떡을 만들더라도 사치스럽게 모양을 내는 것이 특징이다. 감을 사용하여 만드는 떡이 많은데 감시리떡, 감고지떡, 감인절미, 감단자 등이 있다. 무를 얇게 저며서 소금물에 담갔다 꺼낸 것을 쌀가루에 굴려 쌀가루와 켜켜로 안쳐 찌는 나복병, 호박메시리떡, 복령가루를 섞어 시루

* 우찌지

에 찐 복령떡, 소나무 속껍질을 푹 삶아 절구에 찧어 쌀가루에 넣어 만든 송피떡, 부꾸미의 한 가지인 우찌지, 차조기잎을 썰어 찹쌀가루에 섞어 반죽한 것을 번철에 지져낸 차조기떡이 있다. 이 밖에 고치떡, 호박고지찰시루편, 경단 등과 익산 지방에서 잘 해 먹는 섭전 등이 대표적인 떡이다.

경상도는 각기 제 고장에서 나는 재료를 가지고 떡을 한다. 상주, 문경 지역에서는 감이나 사과 등의 과실류가 많이 나서 이것들을 이용한 별미떡을 많이 해먹는다. 종가가 많은 안동, 경주 지역에서는 제사상에 떡을 고여 올리는데 본편은 쌀가루에 물을 내려 고물

* 모싯잎송편

을 얹어 찌는 점이 재래의 편떡과 같다. 모싯잎을 넣어 만든 모싯잎송편, 밀가루로 만든 떡인 개떡 모양의 밀비지, 밤과 대추와 콩과 팥을 섞어 시루에 찌는 만

경떡, 찹쌀가루 반죽한 것을 동그랗게 만들어서 대추채를 묻혀 꿀에 재워먹는 잡과편, 찹쌀반죽에 깨와 밤을 꿀에 개어 소를 넣고 빚어 물에 삶아 잣가루에 굴린 잣구리, 밀양 지방에서 각색편의 웃기로 쓰는 부편, 감자송편, 칡떡, 쑥굴레 등이 있다.

황해도는 전라도와 비슷하게 드넓은 곡창 지대를 가지고 있어서 쌀과 잡곡이 풍부하다. 특히 이곳의 메조는 알이 굵고 차져서 즐겨 먹는다. 잡곡떡이나 쌀떡이나 종류가 여러 가지인데 생김새가 사치스럽지 않고 수더분하며 구수한 떡이 많다. 멥쌀을 써서 녹두고물과 깨고물을 켜마다 안치는 잔치메시루떡, 가을 별미인 무설기떡, 인절미 속에 붉은 팥고물을 넣어 콩가루를 묻힌 오쟁이떡, 혼인에 사돈댁에 보내는 안반 만하게 큰 혼인 인절미, 잔치떡의 장식으로 만드는 웃기부꾸미의 한 가지인 찹쌀부치기와 잡곡부치기, 차수수로 빚은 경단인 수수무살이, 차조로 인절미를 만들어 팥소를 넣고 콩가루를 묻힌 좁쌀떡, 닭알범벅 등이 있다.

* 오쟁이떡

제주도는 섬이라 쌀보다 잡곡이 흔하여 떡도 메밀, 조, 보리, 고구마로 만든 것이 많다. 다른 지방에 견주어 떡 종류가 적은 편이고 쌀로 만든 떡은 명절이나 제사 때만 하다. 또 고구마를 감제라 부르며 고구마 전분을 가지고 떡을 만드는 것이 특이하다. 절편을 반달 모양으로 만든 반달곤떡, 둥글게 만든 달떡

* 오메기떡

이 있고, 정월 대보름날 한 마을 사람들이 쌀을 모아 빻아 1인분씩 가루를 안치고 켜마다 이름을 써 넣어 시루에 쪄서 그해의 운을 점치는 도돔떡, 차조로 만든 빙떡, 고구마를 쪄서 말린 빼대기를 넣어 만든 빼대기떡, 밀가루에 술을 넣고 부풀려 찐빵처럼 쪄서 만드는 상애떡 등이 제주도의 떡을 대표한다.

5. 한과의 정의

우리나라에서는 전통적으로 내려오는 과자를 한과류라고 한다. 본래는 생과일과 비교해 가공해서 만든 과일의 대용품이라는 뜻으로 '조과류' 또는 '과정류'라 하고 순수한 우리 말로는 '과즐'이라고 한다. 그러다가 외래과자와 구별하기 위해 '한과(韓菓)'로 부르게 되었다. 그러나 초기에는 중국 '한대(漢代)'에서 들어왔다 하여 한과(漢菓)라고도 불렀다.

과일이 없는 계절에 제수로 사용하기 위해 곡물과 꿀로 과일을 만들어 여기에 과수를 꽂아 쓴 것이 한과의 기원이다. 과정류란 곡물에 꿀을 섞어서 만든 것으로 菓란 말은 『삼국유사』「가락국기(駕洛國記)」에 보면 수로왕묘(首露王廟)의 제수(祭需)에 '과(菓)'가 나오는데, 이는 본래 과일이었을 것이나, 과일이 없는 철에는 곡식가루로 과일 모양을 만들어 대용한 것이 한과의 시초로 생각된다.

6. 한과의 역사

우리나라에서 제일 먼저 만들어진 한과류는 '엿'류로 추정된다.

삼국시대부터 기름과 꿀을 사용했으나 이 재료들을 응용하여 과정류가 만들어진 것은 삼국통일시대 이후로 보인다. 과정류가 차에 곁들이는 음식으로 만들어지고 음다풍속이 성행된 것은 통일신라시대에 불교가 융성했기 때문이다. 숭불 사조가 고조되었던 통일신라에서 음다풍속과 육식절제 풍습이 존중됨에 따라 채식음식과 곡류를 재료로 한 과정류가 발달했으리라는 것은 쉽게 추측할 수 있는 일이다. 이 시대의 후기에 다과상(茶菓床), 진다례(進茶禮), 다정(茶亭)모임 등의 의식이 형성되는데 이에 따라 과정류도 급진적 발달을 보였을 것으로 생각된다. 또 신문왕 3년(683) 왕비를 맞이할 때 납폐품목으로 쌀, 술, 장, 꿀, 기름, 시(豉) 등이 있었는데 과정류에 필요한 재료가 있었으므로 과정류를 만들었다고 추정할 수 있으나 문헌의 기록은 고려시대부터이다.

통일신라시대부터 곡물 생산 증가와 숭불사조에서 오는 육식의 기피 풍조로 차 마시는 풍습이 성행하면서 다과상이 발달하였다.

고려시대 또한 불교를 호국신앙으로 삼아 살생을 금했던 만큼 육식이 절제됨에 따라 차 마시는 풍속과 함께 과정류가 한층 더 성행하게 되었다. 과정류 중에서 특히 유밀과(油蜜菓)가 발달되어 불교행사인 연등회, 팔관회 등 크고 작은 행사에 반드시 고임상으로 쌓아 올려졌다. 고려시대에 특히 고도로 개발된 제례(祭禮), 혼례(婚禮), 연회(宴會) 등에 필수적으로 오르는 음식이다.

충렬왕 8년에는 왕이 충청도에 행차하였을 때 도중 유밀과의 봉정을 금했다는 사실로 미루어 왕 행차 시 각 고을이나 사원 등에서 유밀과를 진상했음을 짐작할 수 있다. 또 유밀과는 납폐음식의 하나였다. 유밀과의 성행이 지나쳐 곡물, 꿀, 기름 등을 허실함으로써 물가가 오르고 민생이 말이 아니었다. 『고려사』 형법금령에 의하면 명종 22년(1192)에는 사치풍조를 억제하고자 두 차례에 걸쳐서 유밀과의 사용을 금지하고 유밀과 대신에 나무열매를 쓰라고 하였다. 공민왕 2년(1353)에는 유밀과의 사용금지령까지 내렸다고 한다.

유밀과는 국외에까지 전파되어 『고려사』에는 충렬왕 때 세자의 결혼식에 참석하러 원나라에 가서 베푼 연회에서 유밀과를 차렸더니 그 맛이 입속에서 살살 녹는 듯하여 평판이 대단했다는 기록이 있다. 몽골에서는 유밀과를 '고려병'이라고 했으며 '고려병'을 약과(藥果)라고 하였다. 다식(茶食)도 고려에서 숭상되어 국가연회에 쓰였으나 유밀과처럼 일반화되지는 않고, 국가적 규모의 대연회에서 나 쓰였던 것 같다.

조선시대에는 제례(祭禮), 빈례(賓禮)를 위시하여 계절에 따라 즐기는 절식(節食) 등에서 빼놓을 수 없는 음식으로 사용되고 있다. 조선시대에 이르면 과정류는 임금이 받는 어상(御床)을 비롯하여 한 개인의 통과의례를 위한 상차림에 대표하는 음식으로 등장하게 된다. 과정류는 의례상의 진설품으로서뿐만 아니라 평상시의 기호품으로 각광을 받았는데 특히 왕실을 중심으로 한 귀족과 반가에서 성행하였다. 한편 과정류 중 강정은 민가에서도 유행하여 주로 정월 초하룻날 많이 해 먹었는데 민가에서는 강정을 튀길 때 떡이 부풀어 오르는 높이에 따라 서로 승부를 가리는 놀이까지 있었다고 한다. 또한 한과류 중 약과, 다식 등의 유밀과와 강정류는 경사스런 날의 잔칫상 차림에 높이 괴어 올리는 것이 관례가 되어 고임새가 뛰어난 사람은 초빙되어 불려 다니기도 했다.

7. 한과의 종류

유밀과(油蜜菓)

한과 중 역사상 가장 사치스럽고 최고급으로 꼽히는 유밀과는 '한 통 꿀 속에 몸을 담갔다가 한 통 기름 속에 튀겨져 한양 양반 입 속에 달콤하게 녹아버릴걸'이라는 남도 처녀들의 신세 한탄을 유밀과에 빗대어 노래 부르는 내용이 있다.

* 약과

노래대로 유밀과는 밀가루를 주재료로 해서 기름과 꿀로 반죽하여 튀긴 다음 즙청한 과자로 제향에 필수품으로 쓰인다. 이러한 유밀과에 가장 대표적인 것으로 '약과(藥果)'는 오늘날까지 이어지고 있다.

옛날에는 기름에 튀겨낸 밀가루 과자가 매우 특별한 음식이었다. 옛 기록을 보면 고려 충선왕의 세자가 원나라에 가서 연향을 베푸는데 고려에서 잘 만드는 약과를 만들어 대접하니 맛이 깜짝 놀랄 만큼 좋아 칭찬이 대단하였다는 글이 있다.

또 나라 안의 꿀과 참기름이 동이날 만큼 유밀과류가 성행하여 국빈을 대접하는 연향

* 약과

때 유밀과의 숫자를 제한하는 금지령까지 내리기도 했다.

유과류(油菓類)

유과는 흔히들 강정이라고 부르는데, 강정의 원재료는 찹쌀이며, 고물로는 튀밥, 깨, 나락 튀긴 것, 승검초가루, 잣가루, 계핏가루 등이 쓰인다.

만드는 모양이나 고물에 따라 이름이 다르며, 찹쌀 반죽을 갸름하게 썰어 말렸다가 기름에 튀겨낸 후 고물에 묻히면 강정이고, 네모로 편편하게 만들면 산자(散子)이며, 튀밥을 고물로 묻히면 튀밥산자나 튀밥강정이 되고, 밥풀을 부셔서 고운 가루로 만들어 묻히면 세반산

* 손가락강정

자 또는 세반강정이라고 무든나. 누에고치처럼 둥글게 만들면 손가락강정, 바탕 부서진 것을 튀겨 모아서 모지게 만든 것은 빙사과(氷似菓)라 한다. 또 나락을 튀겨 붙인 것을 매화강정이라고 한다.

* 오색쌀강정

또, 겉에 묻히는 고물에 따라 깨강정, 잣강정, 콩강정, 송화강정, 당귀강정, 계피강정, 세반강정 등으로 불리며, 산자는 고물에 착색한 색깔에 따라 백산자, 홍산자, 매화산자 등으로 불린다.

▨ 다식류(茶食類)

다식은 볶은 곡식의 가루{깨(흰깨, 검은깨), 콩(백태), 찹쌀, 녹두녹말}나 송홧가루를 꿀로 반죽하여 뭉쳐서 다식판에 넣고, 갖가지 문양이 나오도록 박아낸 한과로 녹차와 곁들여 먹으면 차맛을 한층 더 높여준다. 다식을 찍어내는 모양 틀은 문양이 퍽 다양하다. 부귀다남(富貴多男) '수(壽), 복(復), 강

* 오색다식

(康), 녕(寧)'의 인간의 복을 비는 글귀를 비롯해서 꽃무늬, 수레바퀴 모양, 완자무늬 틀에 이르기까지 조각의 모양새가 정교하여 그 시기의 예술성을 엿볼 수 있는 하나의 도구이다.

『성호사설』에 따르면 다(茶)는 중국에서 일찍부터 물에 끓여 마시는 차였다. 그런데 송대에 이르러 정공언과 채군모에 의해 찻잎을 찐 후 일정한 무늬를 가진 틀에 박아 고압(高壓)으로 쪄내 다병(茶餠)을 만들어서 점다(點茶)로 끓이는 방법이 생겼다고 한다.

여기서 점다란 다병을 말려두었다가 다시 가루로 만들어 잔 속에 넣고 끓는 물을 부어 솔로 휘휘 저어서 마시는 방법이라 하였다. 그러던 것이 어느 때부터인가 우리나라에서는 찻잎 대신 곡물에 꿀을 섞어 반죽하여 다식판에 박아내서 제

수(祭需)로 쓰게 되었다는 것이다.

결국 다식은 실물이 바뀌기는 했지만 중국의 점다(點茶)에서 비롯된 식품명임을 알 수 있다.

▨ 정과류(正果類)

정과(正果)는 전과(煎果)라고도 하며, 비교적 수분이 적은 뿌리나 줄기, 또는 열매를 설탕시럽과 조청에 오랫동안 조려 쫄깃쫄깃하고 달콤하며 섬유조직이 다 보이도록 투명하게 조려진 게 잘된 정과이다.

정과는 『아언각비』에서 "꿀에 조린다" 하였고, 흔히 꿀에 조리는 것으로 알려져 있으며, 『규합총서』에는 꿀에 조리는 방법과 꿀에 재워서 오래 두었다 쓰는 방법이 나와 있다.

* 인삼정과

정과의 종류는 끈적끈적하게 물기가 있게 만드는 진정과와 설탕의 결정이 버석버석거릴 만큼 아주 마르게 만드는 건정과로 나눌 수 있으며, 당장법(糖藏法)을 이용한 저장식품이다.

▨ 숙실과류(熟實果類)

숙실과는 과일 열매나 식물의 뿌리를 익혀서 꿀이나 조청에 조려 만든것으로 초(炒)와 란(卵)으로 구분할 수 있다.

초(炒)는 재료를 통째로 익혀서 원래의 형태가 그대로 유지되도록 꿀이나 조청, 설탕, 물엿 등을 넣어 윤기 나게 조린 것으로 밤초와 대추초를 들

* 호박란

수 있다. 란(卵)은 재료를 익힌 뒤 으깨어 설탕이나 꿀을 넣어 조린 다음 다시 원래의 모양으로 빚은 것으로 율란과 조란, 생강란, 호박란, 당근란, 고구마란 등이 있다. 이들 역시 다과상에 주로 올리며 한 접시에 보통 두세 가지를 담는다.

생란과 율란, 조란은 궁중의 상에 오르던 음식이며, 민가에서는 혼인, 회갑, 회혼례 등의 경사스런 큰 잔치가 있을 때마다 상에 올리는 빠질 수 없는 음식이었다.

열매가 많으면서도 실하게 여무는 밤이나 대추를 자손 번창의 의미로 생각하여 우리 한국인에게 인기가 좋다. 특히 이가 약한 아이들이나 어르신들에게 좋다.

▨ 과편류(果片類)

과편은 과일 중 신맛이 나는 과일을 삶아 걸러서 설탕과 물에 조려 엉기게 한 뒤, 네모지게 썰어 놓은 것으로 잘 엉기지 않는 과일은 녹말가루를 사용하기도 한다. 딸기나 앵두, 살구, 산사와 같이 과육이 부드럽고 맛이 시어야 하며 빛깔이 고와야 한다.

과편 역시 어떤 과일로 만드느냐에 따라 이름이 붙여지는데 앵두편, 복분자편, 살구편, 오미자편 등이 대표적이며 최근에 와서는 키위나 오렌지 등으로 과편을 만들기도 한다.

* 포도과편

문헌에 나오는 과편 중 가장 빈도수가 높은 것은 앵두편으로 편의 웃기나 생실과의 웃기로 사용되었다.

8. 음청류의 정의

음청류(飲淸類)는 술 이외의 기호성 음료의 총칭이다. 우리나라는 예로부터 산이 많아 깊은 계곡의 맑은 물과 샘물이 양질의 감천수(甘泉水)였으므로 이런 물을 약수라 하여 좋은 음료로 사용할 수 있었다. 자연수와 함께 여러 가지 한약재, 식용열매, 꽃과 잎, 과일 등을 달이거나 꿀에 재우는 등 여러 방법을 이용하여 음청류를 만들었다. 다양한 음청류는 실생활에서 밀접하게 이용되었는데 병을 예방할 수도 있고, 겨울철에는 추위를 이기고, 여름철에는 더위를 이기는 데 도움이 되었다.

한국의 음청류는 종류, 형태, 조리법에서 매우 다양하다. 문헌에 수록된 종류별로 분류하면 차 · 탕 · 장 · 숙수 · 갈수 · 밀수 · 미수 · 화채 · 수정과 · 식혜 · 수단 등으로 나뉜다. 재료로 분류하면 한약재, 꽃, 잎, 열매, 곡물 등으로 나뉘는데 그 대부분이 우리 가정에서 비교적 쉽게 얻을 수 있는 것들이며 만드는 법 또한 대부분 저장성을 갖는 것이다. 따라서 우리의 음청류는 평소의 기호식품으로서 수시로 마실 뿐 아니라 장국상이나 잔칫상에는 빼놓을 수 없는 필수품목의 하나였으며 밥상에서도 식후에 흔히 이용하였다.

9. 음청류의 역사

전통음료에 대한 최초의 기록은 1145년 『삼국사기(三國史記)』에서 찾아볼 수 있다. 『삼국사기』 「김유신조」에 의하면, 싸움터에 나가던 김유신은 자기 집 앞을 지나가게 되었으나, 그냥 집 앞을 통과하고 한 사병을 시켜 집에서 '장수(漿水)'를 가져오게 하여 그 맛을 보았다고 한다. 그리고 집의 물맛이 전과 다를 바 없었으므로 안심하고 전장(戰場)으로 떠났다는 것이다. 여기서 말하는 '장수'는 신맛이 나는 음료인데, 전분을 함유한 곡류를 젖산발효시킨 뒤, 맑은 물을 첨가하여 마시는 매우 찬 음료로 여겨지며, 이러한 사실로 미루어 이미 삼국시대에 청량음료가 성행했음을 알 수 있다.

『삼국유사(三國遺史)』「가락국기수로왕조」에 보면 "수로왕이 왕후를 맞는 설화 가운데는 왕후를 모시고 온 신하와 노비에게 수로왕이 음료를 하사하였다."는 기록이 있는데, 이때의 음료로 열거된 난액(蘭液)과 혜서(蕙醑)가 어떤 종류의 것 인지 그 내용은 확실히 알 수 없다. 그러나 난액은 난의 향을 곁들인 음료가 아닌가 생각되고, 혜서 역시 난의 향을 곁들여 발효시킨 발효성 음료일 것으로 추측한다.

* 보리수단

『거가필용(居家必用)』에 보면 차(茶)에다 용뇌(龍腦), 구기(拘杞), 목서(木犀), 밀감(密柑)의 꽃, 녹두(綠豆) 등을 섞은 순차류(純茶類)가 아닌 차 음료(茶飮科)도 수록되어 있어 이를 차로 상용하였음을 알 수 있다.

그러나 일반적으로 가장 많이 음용되었던 것은 숭늉이었을 것이다. 삼국시대부터 온돌이 발달되고, 부뚜막이 생기고, 부뚜막에 가마솥을 걸고 밥을 지으면서, 솥 밑바닥에 눌어붙은 밥알인 누룽지에 물을 붓고 끓여 만든 구수한 숭늉이 서민의 유일한 음료였던 것이다.

조선시대에 이르러서는 일상 식생활의 과학적인 합리성이 높아지고, 양생음식(養生飮食)이 발달하면서 술, 죽, 떡, 음료류에 한약재의 쓰임이 많아졌다. 그리하여 차를 마시는 대신 식혜, 화채, 수정과, 밀수, 갈수, 미수, 숙수 등의 음료류

* 송화밀수

가 발달하게 되었다. 꿀물에 소나무 꽃가루인 송홧가루를 띄운 것을 송화밀수라 하며, 농축된 과일즙에 한약재를 가루 내어 혼합하여 달이거나 한약재에 누룩 등을 넣어 꿀과 함께 달여 마시는 음료는 갈수, 찹쌀, 멥쌀, 보리, 콩 등을 쪄서 말리고 볶은 다음 곱게 가루를 내어 냉수나 꿀물에 타서 마시는 음료는 미수, 향약초를 달여 만든 음료로 꽃이나 차조기잎 등을 끓는 물에 넣고 그 향기를 우려 마시는 것으로 감미료를 넣지 않고 재료의 맛과 향을 은은하게 즐기는 음료는 숙수라 한다.

화채(花菜)가 처음 기록되어 있는 조리서는 1849년의 『동국세시기』이다. 1896년 『규곤요람』(연세대 소장본)에는 복숭아화채와 앵도화채가, 1800년대 말엽 『시

* 수정과 * 식혜 * 오미갈수

* 율추숙수 * 찹쌀미수 * 창면

의전서』에서는 배화채 · 복분자화채 · 복숭아화채 · 순채화채 · 앵도화채 · 장미화채 · 진달래화채 등이 기록되어 있는 것으로 보아, 조선시대에 차가 쇠퇴되면서 화채가 발달된 것으로 보인다. 문헌에 기록된 화채 종류는 30여 가지에 이른다. 붉은색의 오미자 물을 이용한 화채는 진달래화채 · 오미자화채 · 가련화채 · 창면 · 보리수단 · 배화채 등이 있으며, 꿀물을 이용한 화채로는 원소병 · 떡수단 · 보리수단 등이 있다. 이들 화채는 복숭아 · 유자 · 앵두 · 수박 등 제철의 과일을 꿀이나 설탕에 재웠다가 꿀물에 띄워 만든다.

제 **9** 장

궁중음식

1. 궁중음식의 개요

　궁중은 음식문화가 가장 발달한 곳으로 예로부터 우리나라는 왕권 중심의 국가여서 정치는 물론 문화적·경제적인 권력이 궁중에 집중되어 있어 자연히 식생활도 가장 발달하였다.

　조선시대 이전의 궁중음식의 역사는 고려 말에서 조선시대 성종까지 기록된 『경국대전』을 통해, 조선시대 궁중음식의 역사는『진찬의궤』,『진연의궤』,『궁중의 음식 발기』,『왕조실록』등의 문헌을 통해 의례의 상세함과 특히 기명, 조리기구, 상차림 구성법, 음식의 이름과 재료 등을 잘 알 수 있다.

　궁중음식은 각 지방에서 들어오는 최고급 진상품을 가지고 조리기술이 가장 뛰어난 주방상궁과 대령숙수들의 손에 의해 최고로 발달되고 가장 잘 다듬어져서 전승되어 왔다. 궁중음식이 사대부집이나 평민들의 음식과 판이하게 다른 것은 아니다. 궁중의 혼인이 왕족끼리의 혼인이 아니고 왕족과 사대부가와의 결합이어서 왕족과 사대부가와의 교류가 생기면서 궁중음식이 사대부가에 전해졌다. 또한 경우에 따라서는 궁중의 음식이 민가에 하사되고, 사대부가에서도 음식을 궁중에 진상하였기 때문이다.

　　궁중음식의 보존을 위해 정부에서는 '조선왕조 궁중음식'을 무형문화재 제38호로 지정하였으며 1대 기능 보유자 마지막 주방상궁인 고 한희순 상궁, 제2대 기능 보유자 고 황혜성 교수, 제3대 기능보유자 한복려 원장이 전승 발전시키고 있다.

2. 조선왕조 궁중의 식생활

1) 수라상

　'수라'라는 단어는 고려시대에 유입된 몽골어에서 기원하여 조선시대에 임금의 식사를 가리키는 뜻으로 정착하였다. 궁중의 수라상은 아침 10시, 저녁 5시 두 차례 올린다. 수라상은 둥근 상 큰 것과 작은 것, 그리고 네모진 책상반으로 3개의 상에 차려진다. 평상시의 수라상은 수라간에서 주방상궁들이 만들어 왕과 왕비께서는 각각 동온돌과 서온돌에서 받으시며 결코 겸상을 하는 법이 없다. 그리고 왕족인 대왕대비전과 세자전은 각각의 전각에서 따로 살림을 하며 거기에 딸린 주방에서 만들어 올린다. 수라상에 올리는 찬물은 왕의 침전과 거리가 떨어져 있는 지밀(至密)에 부속되어 있는 중간 부엌의 역할을 하는 퇴선간(退膳間)에서 일단 받는다. 멀리 떨어진 내소주방(內燒廚房 : 왕과 왕비의 조석 수라상을 관장하며 주식에 따르는 각종 찬품을 맡아 함)에서 음식을 만들어 운반하므로 음식이 차가워지면 퇴선간에서 다시 데워서 수라상에 올린다. 퇴선은 상을 물린다는 뜻으로 퇴선간에서는 임금이 물린 상을 처리하는 곳이기도 하다. 내소주방은 화재의 위험 때문에 임금이 기거하는 대전에서 떨어져 있으며, 수라는 퇴선간에서 지어 상을 차려서 올린다. 또한 수라를 드실 때 쓰이는 여러 가지 기명, 화로, 상 등도 관장한다.

2) 수라상의 찬품

평소의 수라상은 12첩 반상 차림으로 흰밥과 붉은 팥밥, 미역국과 곰탕과 조치, 전골, 젓국지 등의 기본 찬품과 12가지 찬물들로 구성된다. 기본 음식으로 수라는 흰밥과 팥 삶은 물로 지은 찹쌀밥인 붉은 팥밥 두 가지를 수라기에 올려 선택할 수 있게 한다.

탕은 미역국과 곰탕 2가지를 모두 탕기에 담아 올려 그날 좋아하는 것을 골라서 드시도록 준비한다. 조치는 토장조치와 젓국조치 2가지를 조치보에 담고, 이외에 찜, 전골, 침채류, 장류 등이 기본 음식이다. 장류로는 청장, 초장, 윤집(초고추장), 겨자집 등으로 종지에 담아낸다.

쟁첩에는 더운 구이, 찬 구이, 전유화, 편육, 숙채, 생채, 조리개, 장과, 젓갈 등 12가지 찬물을 다양한 식품재료로 조리법도 각기 달리하여 만들어 담는다. 소원반에 숭늉도 같이 올린다.

3) 수라상의 기명

수라상은 큰 원반, 곁반인 작은 원반, 책반상의 3개 상으로 구성되어 있다. 대원반은 붉은 주칠의 호족반으로 중앙에 놓인다. 곁반으로 소원반과 책상반을 쓰는데, 소원반은 대원반과 똑같은 모양으로 크기만 작다. 대원반에는 왕과 왕비가 앉아서 드시고 소원반과 책상반에는 상궁이 앉아 시중을 든다. 반상기는 철에 따라 그릇의 재질을 바꾸어 사용하는데, 추운 철인 추석부터 다음 해의 단오 전까지는 은반상기나 유기반상기를 사용하고, 더운 철인 단오에서 추석 전까지는 사기 반상기를 사용하여 음식을 시원하게 유지하였다. 수저는 계절에 상관없이 일 년 내내 은수저를 사용하였다. 수라는 주발 모양의 수라기에 담는다.

수라기는 모양이 주발 또는 바리 합처럼 생긴 것도 있다. 탕은 수라기와 같은 모양인데 수라보다 크기가 작은 갱기에 담는다. 조치는 갱기보다 한 둘레 작은 그릇으로 토장조치는 작은 뚝배기에 올리기도 하였다. 찜은 대개 꼭지가 달린 뚜껑이 있는 대접인 조반기(早飯器)에 담고, 젓국지, 송송이 등의 김치류는 쟁첩보다 큰 보시기에 담는다. 12가지 찬품은 쟁첩이라는 뚜껑이 덮인 납작한 그릇에 담고, 초장·청장·젓국·초고추장 등은 종지에 담는다. 차주는 보리, 흰콩, 강냉이를 볶아 끓인 곡차를 다관에 담아 쓰는데 큰 대접에 담아 쟁반을 받쳐서 곁반에 올린다.

표 5 수라상의 찬품과 기명

		궁중의 음식명		일반음식명	기명
기본 음식	수라	흰밥, 붉은 팥밥(2가지)		밥, 진지	수라기, 주발
	탕	미역국, 곰탕(2가지)		국	탕기, 갱기
	조치	토장조치, 젓국조치(2가지)		찌개	조치보, 뚝배기
	찜	찜		찜	조반기, 합
	전골	재료, 전골틀, 화로 준비		전골	전골틀, 합 종지, 화로
	김치류	젓국지, 송송이, 동치미(3가지)		김치, 깍두기	김치보, 보시기
	장류	청장, 초장, 윤집, 겨자집(3가지)		장, 초장 초고추장	종지
찬품 (12첩)	더운구이	육류, 어류의 구이나 적		구이, 산적, 누름적	쟁첩
	찬 구이	채소, 김의 구이나 적		구이	쟁첩
	전유화	육류, 어류, 채소의 전		전유어, 저냐, 전	쟁첩
	편육	육류 삶은 것		편육, 수육	쟁첩
	숙채	채소류를 익혀서 만든 나물		나물	쟁첩
	생채	채소류를 날로 조미한 나물		생채	쟁첩
	조리개	육류, 어패류, 채소류의 조림		조림	쟁첩
	장과	채소의 장아찌, 갑장과		장아찌	쟁첩
	젓갈	어패류의 젓갈		젓갈	쟁첩
	마른 찬	포, 자반, 튀각 등의 마른 찬		포, 튀각, 자반	쟁첩
	별찬(1) 별찬(2)	육, 어패, 채소류의 생회, 숙회		회	쟁첩

궁중의 음식명			일반음식명	기명
찬품 (12첩)	별찬수란	수란 또는 다른 반찬		쟁첩
차수	차수	숭늉 또는 곡물차	숭늉	다관, 대접

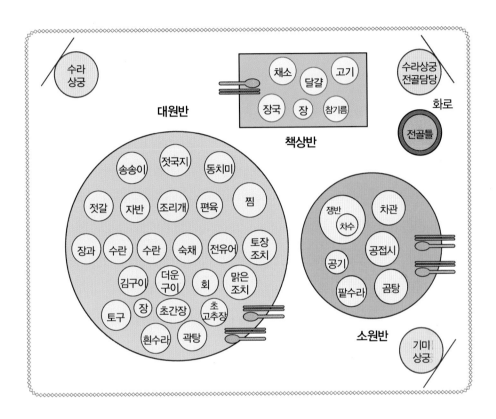

- 대원반의 앞줄 왼쪽에 수라, 오른쪽에 탕을 놓는다.
- 청장, 초장, 초고추장 등의 장류는 수라와 탕 뒤에 놓는다.
- 찜, 조치 등 더운 음식과 자주 먹는 음식은 오른쪽에 배치한다.
- 젓갈이나 장과처럼 가끔 먹는 음식은 왼쪽에 배치한다.
- 김치류는 가장 뒤쪽에 놓는데 왼쪽부터 젓국지, 송송이, 동치미의 순서로 놓는다.

4) 수라상 예법

수라상이 다 차려져서 왕이 납시면 상궁은 "수라 나아오리이까?"고 아뢴 후 아랫사람에게 "수라 잡수오너라"라고 한다. 왕이 정좌를 하면 수라상궁이 그릇의 뚜껑을 열어 곁반에 놓는다. 그 후 기미상궁이 공접시에 찬물을 담아 먹은 후 왕에게 "젓수십시오"라고 아뢴다. 왕이 수라를 드실 때에는 휘건을 앞에 대어드리고 협자로 끼운다. 휘건은 분홍색 모시나 무명수건으로 사방 60cm 정도 크기로 만든 것으로 서양의 냅킨에 해당된다.

임금님은 수라상을 받으면 먼저 앞의 숟가락을 들고 대원반 가장 뒷줄의 오른쪽에 놓여 있는 동치미 국물을 한 수저 떠 마신 다음 수라기에서 밥을 한 술 떠놓고 계속 국을 한 수저 떠서 같이 먹는다. 홍반을 잡숫기를 원하시면 백반과 미역국 자리에 홍반과 곰국을 바꾸어 놓는다.

밥과 찬을 계속 먹다가 끝날 때 숭늉 대접을 국그릇 자리에 올리면 밥을 한 술 말아서 개운하게 먹고 수저를 제자리로 내려놓는다. 왕이 진지 드시는 도중에 기미상궁, 전골상궁, 수라상궁이 왕이 식사하시기 편하도록 시중을 든다.

5) 수라상의 기미(氣味)

왕이 수라를 드시기 직전에 옆에서 시좌하고 있던 기미상궁이 먼저 음식 맛을 보는 것을 "기미를 본다"라고 한다. 기미는 맛의 검식이라기보다 독의 유무를 검사하는 것이었으나 의례적인 것이 되었다. 기미상궁이 공접시에 반찬을 조금씩 골고루 덜어서 먼저 먹어보고 그 밖의 근시 내인들과 애기내인들에게도 나누어준다.

기미용으로 수라상 위 곁반에는 왕의 수저 이외에 여벌로 은숟가락과 상아로 된 저와 조그만 그릇이 놓였다. 이 공저는 음식을 덜 때만 쓰는 것이지 먹을 때는 물론 손으로 먹는다고 하며 기미를 본 후에 기미상궁은 왕 옆에서 젓가락으로 왕이 식사하시기 편하도록 시중을 든다.

이와 같이 수라상이 들어오면 중간 지위쯤 되는 상궁이 상아젓가락으로 은공접시에 모든 음식을 고루 담고 우선 기미를 보는데 수라와 탕만은 기미를 보지 않았다고 한다.

기미를 보는 것은 상궁들에게는 인기 있는 직책이었는데 녹용이나 인삼과 같은 귀한 탕제를 올릴 때도 기미를 보았다고 한다.

6) 궁중의 주방

수라와 궁중의 잔치 음식을 준비하던 궁중의 부엌을 소주방(燒廚房)이라고 한다. 소주방은 내소주방과 외소주방, 생과방으로 나뉜다. 내소주방은 왕과 왕비의 평상시 조석 수라상과 낮것의 주식에 올리는 각종 찬품을 만드는 곳, 외소주방은 궁중의 크고 작은 잔치, 차례, 고사 때 필요한 음식을 만드는 곳이며 생과방은 평상시 조석 수라인 수라 이외에 후식에 속하는 떡, 생과, 숙실과, 차, 조과, 화채, 죽 등을 만드는 곳이다. 소주방은 화재의 염려가 있어 대전, 왕비전 등 침전에서 떨어진 곳에 배치하였다. 침전 가까이에는 퇴선간(退膳間)이 있어 그곳에서는 밥을 짓고 소주방에서 만들어 내온 음식 등을 데우는 역할을 하였다. 궁중의 연회 때 많은 음식을 장만하기 위하여 임시로 가가(假家)를 지어 주방을 설치하는데, 이를 숙설소(熟設所)라고 한다.

7) 궁중의 조리인

궁중 일상식에 올리는 수라 음식을 조리하는 일은 소주방 나인들이 전담했다. 수라간에서 일하는 궁녀는 13세쯤에 입궁하여 윗상궁을 스승처럼 모시며 음식을 배우다가 10~15년이 지나 계례를 치르고 정식 나인이 되면 본격적으로 조리를 하게 된다. 그러므로 대개 40세 전후의 주방상궁들은 조리경력이 30년 이상이나 되는 전문 조리인이었다.

궁 안에 사는 왕, 왕비, 대왕대비, 세자, 세자빈 등 왕족들은 대전, 중궁전 등 독립된 전각에 거주하였다. 궁궐 내 식생활을 총괄하는 부서는 사옹원이다. 사옹원은 왕족들의 일상식인 수라부터 각종 궁중 연회, 수렵행사, 온천나들이 등에 필요한 음식 준비는 물론 궐내에 수시로 출입하는 종친, 관원, 수비하는 군인들에게 음식을 공급하는 일을 도맡았다.

내시부의 최고직인 상선(尚膳)은 도설리라고도 하며 궁내에서 음식 올리는 업무를 총괄하였다.

8) 궁중 상차림의 종류

① 초조반상

이른 아침 7시 전에 드시는 조반이므로 초조반 또는 자랏조반이라고 하는데, 보약을 드시지 않는 날에는 유동식으로 보양이 되는 죽, 응이, 미음 등을 주식으로 하여 간단하게 차린 상을 이른 아침에 드렸다.

죽으로는 흰죽, 잣죽, 낙죽(우유죽), 깨 등을, 응이에는 율무응이, 오미자응이 등을, 미음으로는 삼합미음(해삼, 홍합, 쇠고기), 차조미음 등을 올렸다. 찬으로는 어포, 육포, 암치보푸라기, 북어보푸라기, 자반 등의 마른 찬 두세 가지와 소금이나 새우젓국으로 간을 맞춘 맑은 조치를 올린다. 보시기에 나박김치, 장김치, 동치미 등과 같은 물김치와 종지에 간장, 꿀을 올린다.

상을 차릴 때는 죽, 미음, 응이 등을 합에 담고 왼쪽에 놓고 덜어 먹을 수 있게 빈 공기를 오른쪽에 놓는다.

② 낮것상

오후 1시 또는 2시경에는 면을 위주로 한 간단한 다과상이나 죽, 응이 등의 유동식으로 간단하게 마련한다.

③ 면상

탄일이나 명절 등 특별한 날에는 면상인 장국상을 차려서 손님을 대접한다. 진찬이나 진연 등 궁중의 큰 잔치 때는 병과, 생실과와 찬물 등을 고루 갖추어 높이 고이는 고임상을 차린다. 실제로 드시는 것은 입매상으로 주로 국수와 찬물을 차린다.

면상에는 여러 병과류와 생과, 면류, 찬물을 한데 차린다. 주식으로는 밥이 아니고 온면, 냉면 또는 떡국이나 만두 중 한 가지를 차리고, 찬물로 육회, 편육, 전유화, 신선로 등을 차린다. 면상에는 반상에 놓이는 찬물인 장과, 젓갈, 마른찬, 조리개 등은 놓이지 않으며, 김치 중에도 물이 많은 나박김치, 장김치, 동치미 등을 놓는다.

④ 반과상

현대의 다과상으로, 조다소반과와 야다소반과는 아침저녁에 받는 다과상이라는 뜻이다. 1795년 화성 행차에서는 모두 18회의 다과상이 봉행됐는데, 이 중 조다소반과가 3번, 야다소반과가 6번이었다. 정조 19년(1795)에 모후인 혜경궁 홍씨의 갑년(회갑)을 맞아 화성의 현융원에 행차하여 잔치를 베푼 기록인『원행을묘정리의궤(園行乙卯整理儀軌)』에 기록이 남아 있는데 왕과 자궁(慈宮)과 여형제들이 음력 2월 9일 한성 경복궁을 출발하여 화성에 가서 진찬(進饌)을 베풀고 다시 음력 2월 16일 환궁할 때까지 8일간 대접한 식단이 자세히 실려 있다. 똑같은 조다소반과 야다소반과라도 혜경궁 홍씨의 상에는 12~19기, 정조의 상에는 7~11기의 찬을 차렸으며, 왕보다 어머니의 상을 더 높게 하여 예와 효를 중시하는 조선시대의 법도를 잘 보여주었다.

⑤ 미음상

여행길에 또는 병이 생겼을 때 몸보신을 위하여 올려졌던 것이다. 미음, 고음, 각색정과 3기를 올리는 것이 미음상의 원칙으로 보인다. 고음이란 오늘날의 곰국이다. 병약한 사람에게 국물이 진한 곰국과 미음, 여기에 곁들여 후식으로 각색정과를 올렸다.

3. 궁중음식의 특징

① **식재료가 다양** : 각 지방의 특산물이 산출시기에 맞추어 신선한 재료 또는 가공물로 진상

② **계절음식 발달** : 계절에 처음으로 나온 과일이나 농산물을 먼저 신주나 조상께 제사지내는 천신(薦新)하는 풍습이 있음

③ **고임새 음식 발달** : 궁중의 연회, 영접, 가례에서의 잔치로 인하여 발달

④ **뛰어난 조리인** : 왕족에게 올리는 음식이기 때문에 뛰어난 조리인들에 의해 정성스럽게 만들어진 음식

⑤ **육류 음식 발달** : 고기 음식을 제일이라 여기고 그중 쇠고기가 가장 많이 쓰임

⑥ **장의 다양성** : 진장, 중장, 청장으로 나누어 색과 염도를 조리법에 따라 달리 썼음(진장은 약식, 조리개, 초에 쓰였고, 중장은 구이ㆍ찜 등에, 청장은 미역국이나 나물에 사용)

⑦ **상차림의 종류가 다양** : 수라상, 면상, 반과상 등

⑧ **담담한 맛을 냄** : 강한 향신료를 쓰지 않고 맵고 차거나 냄새가 나는 찬은 별로 없음

⑨ **재료 선택이 까다로움** : 모양이 바르지 않은 채소나 생선은 쓰지 않았고, 재료의 부위 중에서도 맛있는 부분을 골라 씀

⑩ **조리용어가 다름** : 수라, 송송이, 조치, 조리개, 장과 등

⑪ **상차림과 식사예법이 엄함** : 시중드는 사람이 많음

＊ 궁중일상식

PART **3**

동양의 식생활문화

제 **1** 장

중국의 식문화

1. 환경적 개요

중국의 정식 명칭은 중화인민공화국(中華人民共和國, People's Republic of China)으로 홍콩 · 마카오를 포함한 아시아주 동부, 태평양 서안에 자리 잡고 있으며, 한국 · 러시아 · 몽골 등 14개 국가와 국경이 접해 있는 광대한 나라이다. 중국의 면적은 960만㎢로 한반도의 약 44배이며, 인구는 약 13억만 명으로 94%의 한족과 6%의 55개 소수민족으로 구성되어 있다. 수도는 북경이며, 광대한 국토와 복잡한 지형으로 인해 열대기후에서 냉대 · 습윤 · 건조기후에 이르기까지 한 나라 안에 다양한 기후가 공존하고 있다. 다양한 자연환경과 여러 민족의 집합, 그리고 장구하고 찬란한 중국 역사로 인해 오늘날의 독특한 식문화를 형성하게 되었다. 식문화는 수천 년의 중화민족 문화의 한 부분으로 그 안에는 중화인의 사상, 도덕관념, 식생활관심, 신앙과 예절 등이 어우러져 있다.

2. 식문화의 변천사

중국은 약 50만 년 전에 북경인의 유골이 발견되었으며, 이들은 불을 사용한 인류라는 점에서 중국 지역은 인류문명 발생지 중 하나이다. 중국의 식문화는 역사적·지역적·민족적 특성의 바탕 위에서 형성되어 지역마다 특징이 뚜렷하게 구분되는 자연조건에 맞게 다양한 형태와 독특한 맛으로 세계적으로 유명한 요리로 인정받고 있다.

고대 중국에서 가장 오래 집권한 주조(BC 1027~256)는 처음으로 중국을 통일하고, 찬란한 농경문화를 구축하였으며, 농기구와 젓가락을 소개하였다. 기원전 약 1000년에서 700년 사이에는 차가 도입되고, 맷돌이 고안됨으로써 중국 북부지역에서는 맷돌을 이용한 식품으로 밀가루가 주식이 되어 국수, 빵, 만두 등을 만들어 먹은 반면, 중국 남부지역은 쌀이 주식이었다.

이후 한(漢, BC 202~AD 220)나라 때 중국의 국세는 더욱 확장되었으며, 이 시대에 성행한 유교적 가치관과 불교의 가르침은 동아시아 민족의 생활규범을 형성하는 원동력이 되었고, 식생활에도 직접적인 영향을 주어 현재까지도 계속되고 있다.

수(隋)와 당(唐)시대(581~907)에 들어오면서 운하와 역의 정비로 국내 교통이 발달하고 중앙아시아의 육상·해상 교통이 발달하여 주변 세계와의 교역에 있어서 보다 적극적으로 관여하기 시작하였다. 또한 실크로드를 경유하여 유럽에서부터 외래문화가 들어와 당대에는 주변세계와의 교역을 통해 유입된 외래문화가 당의 의복, 무용, 음식, 술, 화장, 음악 등에 큰 영향을 끼치게 되었다.

청나라시대(1644~1912)는 중국요리의 부흥기로 중국요리의 진수라고 할 수 있는 '만한전석'으로 인하여 조리기술이 최고수준에 달하였으며, 행사음식이 성행하였다.

이처럼 중국 식문화의 오랜 역사 속에서 새로운 왕조가 바뀔 때마다 여러 민족의 음식문화가 흡수되어 식재료 및 조리법이 다양화되었다.

그 후, 근대화를 이루는 과정에서 신해혁명이 일어나 1912년에 아시아 최초의
공화제 국가 중화민국이 탄생했으나 각지의 내전과 몽골, 티베트의 독립운동 등
으로 말미암아 중화민국은 분열되었다. 또한 국공 내전과 중일전쟁이 발발하여
중국 각지가 전장이 되었으나 1945년의 일본 패배 이후 국공 내전에서 승리를 거
두어 1949년 10월 1일 중화인민공화국 정부를 세웠다. 이런 중국의 근대화 과정
에 공산당 정권이 들어선 것도 먹을 것 때문이란 시각이 있을 정도로 중국인의
삶은 음식과 깊은 관련이 많다.

3. 음식문화의 특징

중국요리의 일반적인 특징은 폭넓은 재료의 이용, 맛의 다양성, 풍부한 영양,
손쉽고 합리적인 조리법, 풍성한 외향 등을 들 수 있다. 특히 살아 있는 것은 무
엇이든 요리의 대상으로 삼았는데, 이는 반복되는 자연재해로 인해 식량부족을
겪는 속에서 자연스럽게 이러한 구황식품이 많이 개발된 것이다. 이외에 중국인
들은 일상생활에서 조화와 균형을 중시하며, 이러한 가치관은 음식을 취하는 태
도에서 깊이 도입되는데, 이의 기본은 오행철학, 음양철학과 중용철학이다. 이
러한 자세는 음식 섭취의 목적을 단순히 맛있는 음식을 탐하는 데 그치는 것이
아니라 건강과 장수에 초점을 두고 있다는 것을 알 수 있다. 앞서 소개한 내용을
비롯하여 중국의 독특한 식문화에 대해 좀 더 자세히 정리하겠다.

음식문화의 일반적인 특징

(1) 음식에 대한 가치체계(오행철학, 음양철학, 중용철학, 식의합일)

① 오행철학

음식물의 구조를 오곡(조, 콩, 밀, 기장, 참깨)과 오축(소, 양, 닭, 개, 돼지) 그리고 음식물의 맛과 향기도 오미(단맛, 쓴맛, 짠맛, 신맛, 매운맛)와 오향(산초향, 계피향, 꽃봉오리향, 회향자향, 붓순향)으로 나누어 음식의 재료와 맛과 향기가 서로 간에 조화를 이룰 수 있도록 조리하였다.

② 음양철학과 중용철학

음양철학은 대립의 개념으로 양(陽)과 음(陰)의 철학을 음식에 적용하고 있다. 음식이라는 말 자체에서도 음(飲)은 양(陽)을, 그리고 식(食)은 음(陰)을 상징하며, 식품도 음과 양의 음식으로 구별한다. 양의 음식은 주로 육(肉)에 속하며, 음(陰)의 음식은 주로 곡류에 속한다. 또한 식생활에 주식이 되는 밥은 양이고 반찬은 음으로 대립시키며 이러한 음식구조를 이분법적으로 해석하고 음식의 대립관계에서 조화와 균형관계로 승화시킨 개념이 곧 공자의 중용철학을 식생활에 적용한 것이다. 이는 식사구조에서 균형을 찾는 개념으로 오늘날의 영양학에서의 균형식과 같은 이치를 의미하므로 현대의 과학적 설명이 여기에 부가될 수 있다.

③ 식의합일

예로부터 중국인의 의식 속에는 "약으로 보신하는 것보다 음식으로 보신하는 것이 좋다."라는 말이 강하게 각인되어 있어, 평소에 좋은 음식을 균형 있게 섭취하여 건강을 보호하려는 식습관이 있다.

(2) 식재료의 다양성

일반식품은 거의 모두가 재료로 이용되고 있을 뿐만 아니라, 제비집이나 상어

지느러미와 같은 특수재료도 일품요리의 재료로 이용되고 있을 만큼 재료의 종류가 다양하고 광범위하다. 또한 말린 식재료나 소금절임 등의 저장식품을 합리적으로 사용한다.

(3) 간단한 조리도구와 사용법

다양한 중국음식에 비해 조리기구는 가짓수가 적고 단순하며, 사용법도 비교적 용이하다. 정룽(대나무로 만든 찜통), 웍(끓임, 볶음, 튀김냄비), 러우사오(채의 일종), 큰 도마와 넓적한 칼, 주걱, 긴 젓가락 등이 조리기구의 전부라 할 만큼 간단하다.

＊중식조리기　　　　　　　　　　＊웍

(4) 숙식 위주의 다양한 조리법

중국요리는 조리법이 매우 다양한 편이며, 불이나 뜨거운 물 혹은 기름을 이용해 반드시 익혀 먹는 숙식을 기본으로 한다. 일상적으로 마시는 물도 반드시 찻잎을 넣고 끓여 마신다. 중국요리의 조리방법은 건식과 습식조리방법을 혼합한 다양한 요리를 간단한 조리도구로 만들어내는 것이다.

① 다양한 기름을 합리적이고 독특한 방법으로 이용한다. 중국음식에서 많이 사용하는 고온에 단시간 볶는 방법은 식재료 본래의 맛이 가장 잘 살아 있고, 조리방법 중 영양 손실이 가장 적다.

② 녹말로 농도를 조절하여 기름과 수분의 분리를 방지하고, 맛이 전체에 골고

루 들게 하며, 혀의 감촉을 좋게 하고 잘 식지 않게 한다. 이는 가열시간을 단축하여 영양소의 파괴를 줄여준다.

③ 재료의 모양이나 본래의 맛을 파괴하지 않고 담백한 맛을 내는 찜요리가 많다.

(5) 기름의 사용

대부분의 중국 요리에는 기름을 사용하는데 적은 재료를 가지고 독특한 방법으로 재료의 맛과 영양분을 지키면서 만드는 것이 특징이다. 다양한 기름을 사용하는 요리가 많지만, 사용법이 합리적이고 독특하여 싫증나지 않는데, 그 독특한 방법은 다음과 같다.

① 튀김은 두 번 튀긴다.

② 볶음은 센 불에서 최단시간에 조리한다.

③ 기름에 파, 마늘, 생강 등의 향신료를 사용한다.

④ 재료의 수분을 제거하기 위해 빠오(爆)방법을 사용한다.

⑤ 참기름, 닭기름, 라드 등을 하나의 조미료로 조리에 이용한다.

(6) 풍요롭고 화려한 외양

음식을 담을 때 한 그릇에 수북하게 담아 풍성한 여유를 느끼게 하고, 한 그릇의 것을 나누어 먹음으로써 친숙한 분위기를 조성할 수 있다.

(7) 조미료와 향신료의 종류가 풍부

중국 요리에 쓰이는 조미료와 향신료는 그 종류가 다양한데, 마늘, 생강, 양파, 파, 팔각, 굴소스, 두반장 등의 향을 충분히 이용하기 때문에 특유한 맛을 내며, 냄새도 제거하여 맛을 풍부하게 한다.

(8) 다양하고 풍부한 맛

중국요리는 색채의 배합을 중요시하긴 하지만 서양요리만큼 중요하게 여기지 않으며, 다만, 미각의 만족에 초점을 두고 있다. 즉, 단맛·쓴맛·짠맛·신맛·매운맛의 배합이 발달하여 조화를 이루어 백미향(百味香)이라고 하였으며, 농후한 요리와 담백한 요리가 각각 복잡미묘한 맛을 지니고 있다.

지역적인 특징

(1) 북경요리

오랫동안 중국의 수도였던 북경(베이징)의 북경요리는 중국 궁중요리의 영향을 많이 받아 발전하였으며, 중국의 왕조가 쇠퇴하고 새 왕조가 들어설 때마다 음식문화의 혼합이 이루어져 오늘날의 특색 있는 북경요리가 형성되었다. 본래 유목민족(만주족)이었기 때문에 소, 양, 오리 등을 이용한 요리가 많았으

* 통오리구이

며, 이것이 오늘날 북경요리의 한 특징을 이루기도 한다. 또한 화북평야의 광대한 농경지에서 생산되는 소맥을 비롯하여 농작물과 과실들이 풍부하여 면류, 만두, 떡 등 가루 음식이 발달되었다. 베이징은 한랭한 북부지역에 위치하여 칼로리가 높은 음식이 요구되기 때문에 육류를 중심으로 마늘, 양파, 파 등의 양념도 많이 사용하였다. 조리방법으로는 단시간에 조리하는 튀김요리와 볶음요리가 많고, 다른 지역에 비하여 직화에서 굽는 방법을 많이 사용하는 편이며, 궁중 조리법의 영향으로 신선로를 이용하는 조리법을 쓰기도 한다. 북방민족의 전통적인 조리법과 뜨거운 불에 올려 기름을 부어 튀겨내는 산동 조리법의 영향으

로 북경요리는 대체적으로 바삭바삭한 느낌을 준다. 북경요리의 대표적인 요리로 통오리구이(까오야쯔)가 있으며, 징기스칸구이 요리인 양고기 구이와 양고기 신선로 등이 있다.

(2) 사천요리

양쯔강 상류 지방에 발달한 요리이다. 사천지방은 내륙에 위치하여 분지를 형성하고 있어 여름에는 무덥고, 겨울에는 혹독한 추위가 이곳의 특징이다. 생산물이 풍부하나 바다와는 멀리 떨어져 있어 해산물요리가 적다. 반면 육류와 채소요리가 많은 것이 특징이다. 사천요리는 기후의 영향으로 마늘, 파, 고추, 후추, 생강 등의 자극적인 양념을 많이 쓰고, 향신료나 조미료의 배합에 변화가 많아 매운 요리와 기름진 요리가 많다. 맵지 않을 경우 사천 사람들은 신 음식을 즐긴다. 조리법은 38가지가 있을 정도로 풍부하다. 그중에서도 주로 기름을 약간 두르고 지지는 '샤오지엔법', 기름에 볶은 후 삶아내는 '깐싸오법' 등이 주종을 이루는데, 모든 요리마다 독특한 맛을 지닌다고 일컬을 만큼 각각의 요리가 독특한 향기와 맛을 표현해 낸다. 이와 같이 매운 사천음식은 한국 사람들의 입맛에 잘 맞는다. 대표적인 요리로 두부와 다진 고기를 이용한 마파더후, 회교도들의 양고기 요리인 양로루꿔쯔 등이 유명하다. 최근 한국에서 유행하고 있는 마라탕의 기원인 훠궈도 사천의 유명 요리 중 하나이다.

＊ 마파더후

＊ 훠궈

(3) 상해요리

중국대륙의 젖줄인 양쯔강 하구에서 오랜 옛날부터 난징을 중심으로 풍부한 해산물과 미곡을 바탕으로 한 식생활이 화려했다. 이후 19세기부터 서유럽의 대륙 잠식으로 난징 요리 중 구미풍으로 국제적인 발전을 이룩한 것이 상해요리이다.

＊ 홍사오로우

양쯔강 하류 일대에 모여 있는 도시에서 발달한 요리로 상해요리는 일찍이 따뜻한 기후와 풍부한 농산물, 갖가지 해산물의 집산지로 다양한 요리를 탄생시켰고, 특히 이 지방의 특산물인 장유를 써서 만드는 요리는 매우 독특하다.

상해요리는 간장이나 설탕으로 달콤하게 맛을 내며, 기름이 많고 진한 것이 특징이다. 대표적인 요리로 돼지고기에 진간장을 써서 만드는 홍사오로우가 유명하고, 한 마리 생선을 가지고 머리부터 꼬리까지 조리와 양념을 달리해서 맛을 내는 생선요리도 일품이다.

(4) 광동요리

광동 지방은 아열대이고 생산물이 풍부하여 예부터 식재광주(食在廣州, 광동요리가 '천하제일'이라는 뜻)라 할 정도였다. 청에 이르러서는 중국과 해외 각국을 연결하는 교역의 중심지였으며, 육상과 해상을 연결하는 중요한 무역의 집산지이기도 했다. 특히 해외의 진귀한 화물이 대부분 광주를 통하여 내륙으로 유입되는 데다, 외국인들의 왕래가 빈번하여 중국과 다른 외국문화를 가장 먼저 접하는 곳도 광주였기 때문에 식생활문화에도 이런 요인들은 지대한 영향을 끼쳤다. 주강의 삼각주가 해안선과 접해 있기 때문에 해산물이 풍부하며, 남부에 위치하는 관계로 설탕의 재배가 가능하여 설탕을 조리에 많이 사용지만 달지 않을 정도로 조미한다. 또 도교의 영향으로 음식 자체의 맛 또는 자연의 맛을 최대로 보유하기 위해 대부분 음식을 강한 불에서 기름으로 볶아내거나 증기로 찌는 방법을 사용하고 있으며, 맛이 부드럽고 담백하여, 기름지지만 느끼하지 않은 것이 특징이다. 광동요리의 특징은 먹을 수 있는 모든 재료를 이용하여 조리하므로, 중국음식의 대표적인 위치를 차지하고 있다. 한편, 서구 요리의 영향을 받아 쇠고기, 서양 야채, 토마토 케첩, 우스터 소스 등 서양 요리의 재료와 조미료를 받아들인 요리도 있다. 광동요리의 대표적인 것으로는 구운 돼지고기, 상어 지느러미가 있으며 그 밖에 개, 뱀, 고양이, 곤충 등 네 발 달린 동물은 무엇이든 요리하여 먹었다.

* 딤섬

◦ **역사로 보는 요리 탕수육**

중국에는 탕수육이라는 요리는 없다. 대신 새콤달콤한
이라는 뜻의 '탕추' 소스로 만든 다양한 요리가 있다.
이 '탕추' 소스는 중국 전역에서 발달했는데 청나라 말
기 최고의 권력자였던 서태후도 탕추요리를 좋아했다
는 것으로 보아 그 역사가 오래되었음을 알 수 있다.
이미 탕수육은 서양인들에 의해 만들어지게 되었다는
것으로 알려져 있는데 이 탕수육은 파인애플이 들어간
탕수육을 일컫는다. 이렇게 탕수육에 파인애플이 들어

＊탕수육

가게 된 것은 중국이 영국과의 아편전쟁 이후 홍콩 등으로 영국인이 몰려들자 요리사들
이 파인애플을 넣은 탕추소스를 개발하면서 시작되었다. 그렇다면 새콤달콤한 탕추 소
스에 파인애플까지 넣은 이유는 무엇 때문이었을까? 19세기 파인애플은 최고급 과일이
었다. 이 시대의 파인애플은 아무나 먹을 수 없는 과일로 돈 많은 부자들만 먹을 수 있는
과일이었다. 그것도 중국인들은 쉽게 먹지 못하고 서양인들이나 먹을 수 있는 그런 과일
이었던 것이다. 그 때문에 요리사들은 파인애플을 넣어 탕수육을 최고급 요리로 발전시
킨 것이다. 이후 젓가락질을 잘 못하는 영국인들이 포크로도 잘 집어 먹을 수 있게 튀김
을 작게 하고 파인애플까지 들어간 탕추 소스를 부어 냄으로써 우리가 알고 있는 탕수육
으로 완성되었다.
결국 우리가 알고 있는 탕수육은 서양인의 입맛에 맞춰 파인애플 탕수육을 개발했다는,
아편전쟁 패배라는 근대 중국의 아픈 역사의 측면으로 볼 수 있다.

4. 대표적인 음식

1) 중국의 차

중국인은 하루도 차(茶) 없이는 못 사는 민족이다. 벌써 4천 년의 역사를 가지
며, 어느 공공장소에 가더라도 찻잎만 있으면 언제든지 차를 마실 수 있도록 끓
는 물이 준비되어 있다. 중국인의 가정집에 방문하면 가장 먼저 나오는 것이 차

이다. 그것도 차에 관한 일체를 아예 세트로 마련해 둔 집도 많다. 중국인들이 차를 즐기는 까닭은 생활의 여유를 추구하기 위해서이다.

중국 차의 종류는 수천 가지가 넘는다. 그러다 보니 차에 대한 명칭도 다양하게 나오고 있다. 차의 이름은 차를 채취하는 시기나 방법·색깔·형태·지명 등에 따라 제각기 다르다. 중국의 차는 크게 홍차·녹차·오룡차·백차·화차·긴압차 등의 6가지로 나눌 수 있으며, 일반적으로 역사가 가장 길고, 생산량이 가장 많으며, 품종이 다양한 것이 녹차이다. 대개 강소, 절강 일대에서는 맛이 좋고 더위를 덜 수 있는 녹차를 많이 마시는데, 용정차와 파편차가 가장 인기가 있다. 특히 용정차는 중국차 중에서 가장 으뜸으로 치는 차이다. 홍차는 국내 총생산의 1/4을 차지하며, 수출량은 총 수출량의 1/2을 차지한다. 오룡차는 홍차처럼 향기가 짙으며, 녹차처럼 맛이 산뜻하다. 백차는 은빛의 찬 물색이 우아하고 담백하며, 쓸개와 위에 좋다. 화차는 중국의 독특한 차로서 향편차라고도 한다. 생화를 가지고 찻잎을 훈제한 것이 화차이다. 긴압차는 보통 큰 찻잎이나 차나무 가지로 먼저 흑차, 홍차 또는 화차를 만든 다음, 그것을 원료로 하여 다시 만드는 것으로 보이와 육보가 긴압차 중의 명품이다. 대개 북경, 천진과 동북 일대에서는 화차를 제일 좋아하고, 복건과 관동에서는 오룡차와 파편차가 가장 인기가 있으며, 복건과 관동에서는 오룡차를 진품으로 치며, 다른 지방보다 '품차'하는 정취를 즐긴다.

＊차밭

＊보이차

＊중국차

2) 중국의 술

중국에서는 지방마다 한두 개의 특산주가 있을 정도로 술의 종류가 매우 많을 뿐 아니라 알코올 도수가 보통 40~60°로 매우 독한 것으로 유명하다. 그래서 술에 관한 고사도 많이 있으며 술을 노래하는 시인들도 많은 편이다. 그러나 중국인들은 술에 취해 실수하는 것을 몹시 싫어한다. 그들은 작은 술잔임에도 단숨에 들이켜는 법이 없다. 여러 번으로 나눠 마시는 것이 일반적이며, 술을 통하여 대화를 이끌어내고, 삶의 애환을 풀어가는 도구로 인식하고 있다.

중국인은 술잔이 다 비기 전에 술을 첨잔하며, 잔을 돌리지 않는다. 건배를 외치며 술을 권해 올 때는 한번에 다 들이켜는 건배의 의미로 중도에 내려놓으면 실례가 되며, 술이 약한 사람의 경우 음주 전 양해를 구해 놓는 것이 좋다.

중국의 술은 크게 다섯 가지로 나눌 수 있는데, 증류주인 백주, 양조주인 황주, 한방약을 이용한 노주, 과일 등을 이용한 과실주, 그리고 맥주 등이 있다.

(1) 백주

백주란 한국의 청주처럼 백색의 투명한 술을 통틀어서 부르는 말이다. 곡류나 잡곡류를 원료로 해서 만드는 증류주로서 알코올도수가 보통 40° 이상으로 매우 독하다. 대표주로는 마오타이주 · 분주 · 오곡액 · 고량주(배갈) 등이 있다.

* 마오타이주

(2) 황주

황주는 일종의 저알코올술로 일반적으로 15~20°로 황색이며, 윤기가 있다 해서 그 이름이 붙여졌다. 황주는 한국의 탁주에 해당하지만 탁주만큼 흐르지는 않으며, 그다지 독하지도 않다. 황주는 곡물을 원료로 해서 전용 누룩과 주약을 첨가하여 당화 · 발효 · 숙성의 과정을 거쳐 마지막에 압축해서 만들어진다. 대표주로는 소흥주를 꼽을 수 있는데, 소흥주는 중국의 황주 중에서 가장 오랜 역사를 지닌 명주이다.

(3) 노주

노주는 미주라고도 하는데, 약주라고 할 수 있다. 술에다 각종 식물이나 약재를 넣고 함께 증류시켜 독특한 맛과 향을 내게 한 술이다. 대표주로는 죽엽청주와 오가피주가 있다. 그중 죽엽청주는 음주 후 나타나는 두통 등의 부작용을 전혀 느낄 수 없으며, 기를 충족시킬 뿐만 아니라 혈액을 순화시키는 작용을 한다고 알려져 있다.

(4) 과실주

대표적으로 포도주가 있는데, 사마천의 『사기』에 따르면 중국의 서북지방에서 포도를 재배하여 술을 담갔다는 기록이 있어 포도주의 역사는 최소한 2200년이 넘는다. 대표주로는 산동연대의 홍포도주와 청도의 백포도주가 유명하다.

(5) 맥주

맥주는 중국에서 가장 많은 종류를 자랑하는 술로 각 지방마다 고유 브랜드를 가진 것이 많다. 그중에서 청도맥주가 가장 유명한데, 독일과 기술제휴하여 만든 것이다. 그 외에 북경ㆍ상해ㆍ서안 등지에 각각의 브랜드를 가진 맥주들이 있다.

5. 식사예절

① 쌀밥과 요리를 함께 먹지만 탕류는 반드시 제일 나중에 먹는다. 요리가 많을 경우에는 요리를 먼저 먹고 후에 주식을 먹으며 맨 나중에 탕을 먹는다.
② 수저의 사용이 엄격히 구분되어 있어 숟가락은 탕을 먹을 때만 사용하고 요

리나 쌀밥, 면류를 먹을 때는 젓가락을 사용하며 탕을 먹고 난 다음에는 반드시 숟가락을 엎어 놓는다.

③ 개인 접시에 덜어 담는 요리가 남아도 실례가 되므로 처음부터 적당히 덜어 먹어야 한다.

④ 중국에서는 밥이나 면류, 탕류를 먹을 때 고개를 숙이지 않으며 필요시 그릇을 받쳐 들고 먹는다.

⑤ 특별한 경우를 제외하고는 이미 사용하는 밥그릇 이외에 또 다른 밥그릇을 사용하지 않는다.

⑥ 수저로 빈 밥그릇을 두드리지 않는다. 빈 밥그릇을 두들기면 거지팔자가 될 수 있다고 생각하기 때문이다.

⑦ 밥그릇을 식탁 위에 엎어놓거나 밥 위에 젓가락을 꽂아놓지 않는다.

⑧ 술주전자나 찻주전자의 주둥이가 사람 쪽을 향하지 않도록 한다.

⑨ 중국의 상차림은 둥근 테이블에 흰 식탁보를 덮고 한 식탁에 8명 정도로 구성되는 것이 일반적이며, 요리는 한 식탁에 큰 접시 하나를 중앙에 놓고 개인접시를 준비하여 덜어 먹는다. 좌석배치는 주빈을 가장 안쪽인 상석에 배치하고 주인은 입구 쪽에 앉는다.

제 **2** 장

일본의 식문화

1. 환경적 개요

일본은 아시아 대륙의 동쪽 끝에 자리 잡고 있는 섬나라로서, 홋카이도, 혼슈, 시코쿠, 규슈의 네 개의 큰 섬으로 나누어지며, 이들 주변에 수천 개의 작은 섬이 밀집해 있다. 수도는 도쿄이며, 총면적은 377,873㎢, 민족은 대륙계와 남방계 및 북방계(아이누족)가 혼합하여 이루어졌으며, 대륙계가 주종을 이루고 있으나 현재는 거의 이들 간의 구분이 어렵다. 일본의 경우 산악지대가 국토의 80%를 차지하고, 국토의 15%만이 경작지로 이용되고 있으나 태평양의 영향으로 기후가 대체로 온난하며 강우량이 많고 연중 비교적 고루 분포되어 있어 쌀이 많이 생산되고 채소도 연중 공급된다. 이외에 지리적인 특성으로 지진이 많고, 화산의 활동이 활발하며, 온천이 많은 것이 특징이다. 특히 남지나해를 거쳐 대한해협을 통해 동해로 흘러 들어오는 쿠로시오난류(黑潮)와 북쪽으로부터 남서쪽으로 흘러 내려오는 크릴해류(海流)가 일본 근해에서 만나 세계 최대의 어장을 형성하고 있으며, 나라 전체가 어장으로 둘러싸여 있어서 사계절 내내 신선한 어류가 공급되고 있다.

일본에서 가장 넓게 퍼져 있는 종교는 샤머니즘의 영향을 크게 받은 것으로 보이는 토착신앙인 신도(神道)신앙과 6세기경 중국과 한국을 통해 들어온 불교신앙이다. 이러한 두 가지 신앙체계가 일본인의 일상생활 양식을 지배하고 있으며 주종교인 불교는 일본의 식문화에 크게 영향을 미쳐 육식문화가 미발달하게 되었다. 또한 한국과 중국 문화가 쉽게 전래되어 유교문화, 한자 사용, 오행문화를 지니고 있을 뿐만 아니라 중국문화에 유입되어 있던 중앙아시아, 동유럽문화 요소까지 들어왔으며 남방계문화 요소의 북상과 동시에 북방계문화 요소를 남하시키는 통로가 되어 양계 문화가 모두 혼합되어 있다. 이러한 문화적 조건이 음식문화 형성에도 큰 영향을 미쳤다.

2. 식문화의 변천사

나라시대(800년 전후)는 중앙집권시대로 귀족과 서민의 생활 차이가 커졌으며, 귀족사회의 경우 생활양식이 당나라풍으로 바뀌면서 음식문화에도 영향을 미쳤다. 유제품과 콩이나 팥을 이용한 떡이 출현하였다. 헤이안시대(1000년대 전후)는 일본요리의 기본이 형성된 시기로 중국과의 직접 왕래가 없어지고 우리나라의 문화를 받아들여 일본 특유의 문화를 형성하였다. 불교의 영향으로 살생과 동물의 고기를 금지하였다.

그 후 시대인 가마쿠라시대(1200년대 전후) 무사(武士)사회가 확립되어 전시음식의 발달과 불교가 더욱 퍼져 쇼진(精進)요리가 형성되었다. 일본에서는 동물의 고기를 공개적으로 널리 먹기 시작한 것은 지금으로부터 100여 년 전인 메이지연대에 이르러서이며, 따라서 이에 상응하는 콩소비의 문화가 정착하게 되었다.

무로마치시대(1400년대 이후)는 무사들이 귀족풍습에 물들어 사치스러워지고 선과 다를 즐기며 혼젠요리가 정식으로 손님접대용 요리로 확립되었다. 일본요리의 주가 되는 가이세키요리(懷石料理, 차를 내놓기 전에 차를 맛있게 음미하기 위해 발전한 음식)가 등장하기 시작하였다. 이 시기 후반인 아즈치, 모모야마시대부터 전국시대 말기부터는 대외무역이 활발해졌는데, 주로 포르투갈과 에스파냐 그리고 네덜란드가 중심이었다. 이때 들어온 포르투갈의 서구 식품인 설탕과 이를 넣은 과자는 일본 음식문화에 많은 영향을 미쳤다. 임진왜란 이후에도 조선이나 명과의 교역은 끊임없이 이루어졌으며, 외국과의 교역으로 새로운 작물이 일본 땅에 새로 전해지게 되었다. 대표적인 수입작물은 수박과 호박 그리고 옥수수, 고추, 고구마 등을 들 수 있다. 또한 무로마치시대에 시작된 다도를 완성한 차의 생활화에 따른 가이세키요리(懷石料理)가 확립되고 남만요리(파와 쇠고기·닭고기·생선들을 섞어서 조린 요리)의 도래 등이 일본요리를 발전시켰다.

에도시대(1700~1800년대)는 무사계층의 함락과 상인층의 세력이 증가함으로써 민중문화가 일어났다. 서민들 사이에 가이세키요리(會席料理)가 등장하기 시작했으며, 종래의 음식문화를 집대성하고 새로이 중국과 서구의 것을 받아들여 일식을 완성시켰다. 메이지시대 이후에는 일식과 양식의 혼합시기로 메이지유신에 의해 봉건체제가 무너지고 서구문물을 적극 수용하면서 스키야키가 유행하고, 양주나 서양요리가 보급되는 등의 음식문화에도 변화가 생겼다. 식품과 더불어 요리법도 수입되어 이들이 일본의 전통요리와 융합하여 일본의 독특한 요리문화가 확립되었다. 또한 우육(牛肉), 유제품, 빵, 커피 등이 널리 보급되고 식용되었다.

이후 1964년 도쿄 올림픽으로 일본 음식은 세계에 알려지게 되었는데 처음 일본 음식은 날생선을 먹는 요리로 세계에서 외면받았으나 일본 정부의 적극적인 개입으로 50년에 걸쳐서 세계 진출에 나선 결과 현재는 세계적으로도 인정받는 요리가 되었다.

3. 음식문화의 특징

음식문화의 일반적인 특징

(1) 생선의 생식

물고기의 생식은 에스키모와 북구의 일부 지역 외에는 거의 찾아보기 힘들지만, 일식이라면 생선회를 떠올릴 만큼 일본사람들은 날 생선을 즐겨 먹는다.

(2) 주식과 부식의 구분 : 쌀, 콩, 수산물

주식과 부식의 구분이 뚜렷하다. 주식은 쌀밥이며 쌀 다음으로 콩이 많이 사용되는데, 국으로 널리 이용하는 일본된장(miso)의 주원료가 바로 콩이다. 또한 대두, 밀, 소금을 원료로 한 간장이 널리 사용되어 소금이 거의 필요 없을 정도이며, 낫토나 두부요리가 다양하게 발달하였다. 부식으로는 수산물의 역할이 중요한데, 세계 3대 어장을 갖고 있어 수산물이 풍부하기 때문이다. 채소 또한 많이 먹는데, 기본적으로 재료의 본맛을 최대한 살리는 것을 중요시하기 때문에 향신료를 진하게 쓰지 않는다.

(3) 육식문화의 미발달

경작지가 충분하지 않아 곡물을 동물에게 먹일 만한 여유가 없었으며, 이외에 종교적 · 정치적인 이유로 육식의 문화가 발달하지 못하였다.

(4) 음식의 아름다움

일본음식은 눈으로 보는 음식이라 할 정도로 예술적인 기교를 많이 도입하고 있다. 음식의 모양과 색의 조합, 식기의 모양과 색은 물론 재질, 그리고 담는 모양과 담을 때도 공간의 미를 고려한다. 식기의 경우 기본적으로 1인분씩 따로 쓰며 도자기, 칠기 등의 변화가 많아 요리의 내용이나 배합을 계절에 따라 조화시킴으로써 요리상의 공간적 아름다움을 살리는 것이 일본요리의 특징이다.

(5) 모방문화

일본 문화가 모방문화라고는 하지만 일단 자기 나라에 도입되면 일본화가 빠르게 진행되어 수입한 문화를 새롭게 창조하는 재능이 있다. 빵의 경우 일본에 빵이 처음 소개된 것은 1543년 포르투갈 사람에 의해서이다. 그 뒤 19세기 중엽부터 빵이 군용식량으로 가치가 있다고 인정되어 빵이 성행하기 시작했으며, 1869년에 동경에 기무라 안뻬이라는 사람이 문영당(文英堂)이라는 작은 빵집을 내면서 빵 속에 팥(앙꼬)을 넣고 팔아 '앙꼬빵'이라는 명물을 낳게 되었다. 지금도 기무라야는 동경의 은좌(銀座)에 자리 잡고 있으며 일본식 빵을 제조하는 유명 빵집으로 많은 관광객이 찾아드는 관광명소가 되었다.

＊ 기무라야

＊ 렌카테이

일본요리 상차림의 특징

(1) 혼젠요리(본선요리, 本膳料理)

관혼상제 등의 의식 때 대접하기 위하여 차리는 정식 상차림으로 격식을 차려야 할 중요한 연회나 혼례요리 외에는 별로 사용하지 않지만, 현재까지 그 상차림법이 전해내려 오고 있다. 화려하고 예술적인 요리를 중심으로 차리며, 상은 주로 검은색으로 다섯 개를 차리는 것이 일반적이나 삼색의 상을 쓰기도 한다. 상에 따라 올리는 음식이 다르며 같은 맛과 같은 종류의 요리를 내지 않는 등 규칙이 까다롭고 복잡하다. 상차림은 국물의 숫자와 요리의 숫자에 따라 구분하는데 1즙 1채, 1즙 2채, 1즙 3채, 1즙 5채 외에도 2즙 5채, 2즙 7채, 3즙 7채, 3즙 9채 등 여러 가지가 있다. 결혼 상차림의 경우 다섯 개의 호화로운 상차림에 3즙 7채를 내며, 가정에서의 행사의 경우 즉, 생일이나 입학, 졸업식 등은 1즙 3채와 2즙 7채가 가장 많이 사용되고 있다. 혼젠요리의 경우 상(膳)을 내는 방법과 먹는 방법에 형식이 있으며, 그의 예절과 방법을 매우 중요시한다. 이후 어려운 예절과 방식에서 변형된 새로운 스타일의 가이세키(懷石料理)가 개발되게 되었다.

(2) 쇼징요리(정진요리, 精進料理)

육류를 쓰지 않는 요리를 말하며, 본래는 불교의 종교적인 전통에 따라 절을 중심으로 발달한 사찰음식으로 자극성이 없는 조리법을 쓴다. 미식(美食)을 멀리하고, 엄격한 법을 지키며, 동물성을 피하고, 채식을 주재료로 이용한다. 즉 어패류를 사용하지 않는 요리를 정진요리라고 부르게 되었으며, 법회나 그 외의 불교행사에 이용되었다.

(3) 가이세키요리(회석요리, 懷石料理)

다도에서 나온 요리로 차를 들기 전에 내는 요리를 말하며 차를 마시기 전에 적당히 배를 채워 차의 맛을 돋우는 요리이다. 따라서 사치스럽거나 화려하지 않고, 양보다는 질을 중시하며, 재료 자체의 상태를 그대로 살려서 요리하고, 계절식품을 이용하며, 담는 법과 색채의 조화를 중요

* 말차와 모찌

시하였다. 오늘날의 일본요리는 가이세키요리로부터 계절감각과 친절한 접대태도, 식사장소의 실내분위기까지 염두에 두는 전통을 물려받았다.

(4) 가이세키요리(회석요리, 會席料理)

가이세키요리는 연회요리를 의미하며, 혼젠요리를 약식으로 개선하여 만든 요리라 할 수 있고, 식단은 술안주를 위주로 한다. 복잡하고 규칙이 까다로운 혼젠요리의 형식을 빌려왔지만, 요리가 일정하게 있는 것은 아니고 계절에 많이 나는 것으로 요리하며, 일반인이 간편하게 이용할 수 있도록 한 요리이다. 오늘날에는 결혼피로연, 공식연회 등에서 가장 많이 쓰이는 손님접대용 상차림이다. 그리고 혼젠요리처럼 맑은국과 생선회를 먼저 내고 요리를 내는 것이 특징이며, 코스식으로 전개되면서 밥은 처음에 나오지 않고 마지막에 나온다. 요즘에 와서는 일본식 전통료칸에서 연회용 요리를 내는 것이 가이세키 형식을 계승한 것이다. 음식이 나오는 순서는 전채 · 국(스이모노) · 회(사시미) · 구이(야키모노) · 조림(니모노) · 밥이나 면류 · 후식 순이다. 가이세키요리를 대접할 때에는 손님의 취향에 맞춘 계절감 있는 메뉴를 구성해야 하고, 동일재료는 중복시키지 않는 것이 일반적이다.

4. 대표적인 음식

1) 사시미와 스시

사시미나 생선초밥은 일본인에게는 가장 세련되고 대표적인 전통요리이며, 사시미는 싱싱한 어육을 잘라 와사비 간장에 찍어 먹는 것이고, 생선초밥도 뭉친밥 위에 와사비를 살짝 바르고 사시미를 얹어 놓은 것이다. 이는 전혀 열을 가하

＊ 스시와 사시미

지 않은 극히 단순한 요리이다. 중국 음식문화의 가장 큰 특징 중 하나인 숙식문화에서 보면 이는 요리라 볼 수 있을지 의문이나, 일본인들은 전통적으로 식품을 자연에 가까운 상태로 먹는 것이 최상이라고 생각하여 '요리를 하지 않는 것이야말로 요리의 이상'이라고 하는 역설적인 요리관을 갖고 있다.

이러한 의미에서 사시미는 일본요리를 대표하는 가장 전형적인 요리이다. 일본인들이 생선요리를 평가할 때의 기준은 소스나 요리기술보다는 생선의 신선도이다. 신선한 생선일 때에는 최소한의 요리기술인 자르는 것만으로 족하며, 이렇게 요리된 것이 바로 '사시미'이다. 요리법 자체가 단순하기 때문에 결국 생선을 어떻게 잘라서 아름답게 담느냐에 따라 요리사의 솜씨가 결정된다. 그래서 일본은 유독 요리용 칼이 발달하였는데, 이것은 사시미 음식문화와 관계가 깊다. 사시미의 경우, 생선의 맛을 돋워주는 간장과 와사비 정도만을 살짝 묻혀 먹는 것이 일반적이다. 그리고 곁들여 나온 저민 생강을 1~2점 집어 먹는다. 이것은 입가심용이라 할 수 있는데, 특히 다른 종류의 회를 먹을 때 앞서 맛본 생선의 맛과 섞이지 않도록 하기 위해서 일종의 입안 청소를 하는 것이다. 회를 접시에 담을 때에는 시각적으로도 아름답게 하고, 생선의 맛을 돋우기 위해 부재료를 곁들인다. 대개 무를 얇게 돌려깎아서 가늘게 채썬 것을 '갠'이라고 하는데, 여기에 색을 더하기 위해 오이나 당근으로 모양을 낸 것을 곁들이기도 한다.

스시는 초밥을 만드는 재료와 만드는 방법에 따라 종류가 다양하다. 스시의 종류를 대별하면 생선초밥, 김초밥, 그리고 덮밥이 있으며, 주먹밥도 있다. 김초밥이나 주먹밥은 먹기 간단하기 때문에 편의점에서도 많이 판매되고 있다. 본래의 스시는 어패류를 보관할 목적으로 쌀이나 조와 같은 곡물로 밥을 지어 속에 담가 자연 발효시켜 여기서 생긴 유산으로 부패를 멈추게 한 보존 저장법의 하나였다. 스시를 한자로 '鮨(지)'라고 쓰는데, 이는 원래 젓갈이라는 뜻이다. 우리나라에서 생선젓을 식해라고 부르는 지역이 있는데, 바로 이것이 일본의 본래 스시와 같은 것이다. 그러니까 스시는 술안주나 반찬으로 생선만을 먹는 것이었다. 지금도 일본 시가현의 붕어초밥이나 기후현 근방의 은어초밥 같은 것은 '나레즈시' 또는 '구사리즈시'라 하여 스시의 옛 모습을 보여준다.

오늘날의 생선초밥이 등장하게 된 것은 1810년경이다. 에도의 한 초밥집에서 시작된 즉석초밥은 와사비를 넣고 새우나 중치, 전어를 재료로 개발한 것으로 와사비는 본래 해독제로 쓰인 것인데, 그 매콤한 맛과 향기가 스시의 맛을 더욱 두드러지게 해주는 역할을 한다.

2) 덴뿌라(Tempura)

일본의 대표적인 튀김요리로 어패류에 밀가루를 입혀 튀긴 것으로 서양의 조리법에 영향을 받아 시작된 것으로 보고 있다. 예전의 덴뿌라는 밀가루를 잔뜩 입혀 냄비에서 연기가 날 정도로 튀겼으나 오늘날에는 밀가루를 살짝 입혀 샐러드유에서 생선튀김만이 아닌 야채튀김도 함께 내어 놓는 것이 일반화되었다. 덴뿌라는 스시나 스키야키와 더불어 국제어로 통할 수 있는 일본의 대표적인 요리의 하나가 되었다.

3) 스키야키

스키야키는 소고기, 닭 등에 파, 두부 등을 넣고 끓이는 냄비요리로 일본의 대표적인 고기 요리로 세계백과사전에도 나올 정도로 보편화되어 있으나 사실 그 역사는 길지 않다. '스키야키'라는 이름으로 불린 것은 1918년경으로 이전에는 규나베라 했다. 육식이 발달하지 않았던 일본에서 규나베(소고기 전골)가 개발된 것은 명치유신(1868)이 일어나기 불과 몇 년 전이었다. 1862년 요코하마의 한 선

술집 주인이 앞으로 많은 사람들이 소고기를 먹게 될 것이라는 생각에 시작되었으나 처음에는 그다지 인기가 있는 것은 아니었다. 명치시대가 되면서 일본인의 식생활이 크게 바뀌면서 그동안 기피했던 소고기의 수요가 급격히 늘어나기 시작했다.

＊스키야키

4) 면류

면류에도 여러 종류가 있으며 차게 한 것과 뜨거운 것이 있으며 면의 굵기도 다양하다. 주로 면을 두 가지 방법으로 먹는데 하나는 가케(kake)이며, 또 하나는 모리(mori)이다. 가케는 국물이 있게 만든 국수이며, 모리는 차게 한 것이나 뜨거운 것을 대나무 소쿠리에 담아 맛간장 국물에 적셔 가며 먹는 면이다. 보편적으로 메밀국수를 모리식으로 먹는데 이 중 소바는 새해 전날 밤 일본사람들은 밤참으로 '소바'라고 하는 메밀국수를 먹는데, 이것은 새해에도 건강하고 무병장수를 기원하는 의미가 담겨 있다. 가족들이 고다스라는 덮개를 씌운 테이블 모양의 전기난로 주위에 둘러앉아 제야의 종소리를 들으며 먹는 메밀국수는 별미 중의 별미로 아주 인기 있는 음식이다.

5) 일본의 차

일본의 차문화는 중국과 한국을 거쳐 유입되면서 그들만의 독특한 다도의 세계로 변형되었다. 약용으로도 마시고, 부처님에게 공양물로도 올리거나, 참선(參禪)하는 스님들의 정신을 맑게 하는 음료로 쓰였다는 점에 있어서는 한중일이 공통적으로 이용되었으나, 중세 이후 일본에서의 차는 직업적으로 차를 다루는 다케노 조오(武野紹鴎, 1502~1555), 센노리큐(千利休, 1522~1591) 등의 다인(茶人)이 나타나면서, 여러 가지 법도를 정하게 되었다.

다회를 여는 데에는 7가지 방식이 있다. 직업적인 다인(茶人)들에 의하여 차를 마시는 때와 장소, 그리고 알맞은 절차가 일일이 정하여졌으며 이를 다사(茶事)라고 하였다. 이로부터 차의 정신과 불교의 선(禪)의 결합을 통해서 정신 수양의 경지를 이룰 수 있다고 한 것, 즉 다선일미(茶禪一味) 사상이 성립되었다. 여기에 더하여 엄격하고 다양한 격식과 절차가 확립되고, 이를 뒷받침하는 세련된 미의식이 갖추어져서 다도는 일본적인 문화로 자리매김하게 되었다.

차를 마시며 이야기 나누는 것을 다회(茶會)라고 하며, 다실(茶室)과 다구(茶具)를 갖추고, 스승과 제자 혹은 벗을 초대하여 계절이나 장소에 구애됨이 없이 풍류를 즐기며 다회를 열었다. 일본 다도에서 쓰이는 차는 크게 두 가지로 나뉘는데, 찻잎을 작게 썰어서 말린 잎을 열탕에 우려 마시는 전차(煎茶)와 찻잎을 가루 내어 열탕에 풀어 마시는 말차(抹茶)가 있다. 보통 일본의 다도를 논할 때는 말차(抹茶)를 쓰는 다회(茶會)를 일컫는다.

5. 식사예절

① 식사하기 전에 반드시 잘 먹겠다는 인사를 한다.
② 밥그릇, 국그릇, 조림그릇 순으로 뚜껑을 열어 상의 왼편에 놓는다.
③ 숟가락을 사용하지 않고 젓가락만 사용하여 먹는다.
④ 양손으로 밥그릇을 들어 왼손 위에 올려놓고 오른손으로는 젓가락을 집는다.
⑤ 국을 먹을 경우 국물에 젓가락을 적시고 국물로 입을 축이고 나서 밥을 한입 먹고 난 후 밥과 반찬을 번갈아 먹으면 된다.

⑥ 젓가락을 놓을 때는 자기의 어깨와 평행이 되게 가로로 놓는다.

⑦ 공동의 음식은 전용 젓가락으로 덜어 먹어야 한다.

⑧ 생선은 머리 쪽의 등살에서부터 꼬리 쪽으로 먹는다.

⑨ 달걀찜은 젓가락으로 젓지 않고 앞에서부터 떼어 먹고 뜨거울 때에는 그릇 밑의 종지를 받쳐 들고 먹는다.

⑩ 밥공기는 작은 공기를 이용하기 때문에 더 먹고 싶을 때는 공기를 비우지 않고 조금 남기며, 깨끗이 비우는 것은 다 먹었음을 의미한다.

제 **3** 장

인도의 식문화

1. 환경적 개요

인도는 중동아시아와 동남아시아를 잇는 중간에 위치하고 있어 동서로는 인더스강 유역에서 갠지스강까지, 남북으로는 히말라야에서 케이프 코모린까지의 광대한 영토를 지닌 나라이다. 총면적은 한반도의 약 15배 정도이며, 남북의 길이가 길기 때문에 지역에 따라 상당한 기후의 차이를 보인다. 전반적으로는 몬순기후로 연중 비교적 덥고, 5~10월에는 연평균 강수량이 많은 지역으로 벼를 많이 재배하고 있다. 인도 내부에는 공식적으로 13개의 언어가 쓰이고 비공식적으로 300여 개의 부족 언어가 있어 공용어로 영어를 쓸 만큼 부족 간에 문화적 영향을 받고 있으나, 이는 다양한 음식문화를 갖게 된 배경이 될 수도 있다.

인도는 4대 문명 발상지의 한 곳이기 때문에 기원전 1800년에 이르기까지 화려한 번성시대를 누렸으나, 약 4000년 전 유라시아 스텝지역으로부터 유목민인 아리안족이 침입하여 인도의 지배계층을 이루면서 인도의 음식문화에 크게 영향을 끼치게 되었다. 또한 많은 인종·언어·종교와 계급제도인 카스트 제도는 인도의 식문화에 큰 영향을 미치고 있다.

2. 식문화의 변천사

기원전 2500년 인더스 문명 시대에 인도인들은 주요 곡물인 밀과 보리를 절구에 빻아 빵으로 구워 먹고 쌀과 기장, 사탕수수, 다양한 야채와 다양한 콩류를 먹어왔다. 인도의 고대인들은 소고기, 물소고기, 양고기 등 육식을 아주 즐겨 했다는 것을 화석을 통해 알 수 있다. 그 후 기원전 1500년 인도에 들어온 아리아인들은 그 영향권을 넓혀 현재 인도의 식습관을 토대를 만들었다. 처음에는 보리를 먹었으나 점차 쌀을 중시했으며, 밀 역시 점차 중시되는 곡물 중 하나였다. 이때에도 소, 물소, 양 등의 다양한 고기를 먹었으며 수많은 야채와 과일을 먹었음을 문학작품을 통해 알 수 있다. 이 시기에는 우유 기름인 기이로 요리를 하기도 했으며 향신료의 이용도 점점 다양해져 갔다. 아리아인들과 함께 나타나는 인도 음식의 주요 변화는 유제품의 비중이 커진 것인데 소와는 떼려야 뗄 수 없는 베다 문화의 한 부분이었기에 자연스러운 부분이라고 할 수 있다. 유제품으로는 우유와 다히(응유), 기이, 버터 등이 있었다. 이렇듯 인더스문명 시대와 베다 시대에 육식은 아주 보편적이었으나, 이후 브라만교가 성행하자 점차 살생을 금하고, 채식주의를 격려하기 시작했다. 그러나 채식을 선호하고 소고기 육식을 혐오하게 된 까닭은 종교적인 이유 외에도 아리아인들이 농경사회로 정착하면서 소의 확보는 필수적이 되었고, 소는 인도인들에게 많은 경제적 이익을 가져다주었기 때문이다. 그렇다고 육식이 완전히 사라진 것은 아니었으며, 무사계급이나 계층이 낮은 사람들인 경우 육식을 했다.

4세기경 브라만교와 불교, 그리고 인도의 토착 종교가 결합된 힌두교가 굽타왕조의 국교가 되면서 식품을 정·부정으로 엄격하게 구분하기 시작했다.

중세에 이슬람 세력이 인도에 도래하자 새로운 음식문화가 탄생되었다. 이슬람의 음식문화와 힌두교의 음식이 혼합된 것으로, 다소 엄격했던 힌두인들의 식사 분위기가 세련되어졌고, 궁중의 식사예절이 개인이나 집단의 식사법에 영향을 미쳤다. 이슬람의 영향으로 견과, 건포도, 향신료 등이 첨가되어 인도 음식에 영양이 더해지고 맛도 풍부해졌다. 무슬림들은 인도 음식의 내용과 형태에 많은 영향을 미치면서 아리아인들이 만들어 놓은 토대 위에서 형성된 인도의 음식문화를 더욱 다양하고 풍요롭게 하였다.

3. 음식문화의 특징

오늘날의 인도인들에게 가장 기본이 되는 음식은 북서지방에서는 짜빠띠 또는 로티라는 밀빵과 밥을, 쌀의 주요 재배지인 동부와 남부에서는 밥을 주식으로 한다. 또한 다양한 콩류로 만든 콩 수프인 달은 인도인들에게 주요한 단백질 공급원이다. 이렇듯 대부분의 인도인들은 곡물과 콩류로부터 단백질을 섭취하고 있다. 인도인은 대부분 하루 2회 식사를 하며, 중간에 간식을 많이 먹는다. 아침식사로는 지역에 따라 밥이나 로티를 먹는다. 저녁에는 음식의 질감과 맛의 조화를 이룬 식사를 하며 밥 또는 짜빠띠와 한두 가지 야채로 만든 요리로 식사를 한다. 후식으로는 과일보다 우유, 콩류, 밀가루를 재료로 한 단맛이 강한 과자류를 선호하는데 이는 더운 나라에서 에너지를 보충하기 위함이다. 인도에서는 식사와 간식이 뚜렷하게 구분되는데 인도말로 티핀(tiffin)이라 하면 식사와 구분된 간식으로 아침식사 전이나 후, 그리고 오후에 커피나 차를 과일이나 과자와 같이 먹는 것을 말한다. 특이한 것은 먹는 음식의 가짓수나 양이 아무리 많다 해도 밥이나 로티가 없으면 식사가 될 수 없기 때문에 식사와 구별한다. 고기로는 닭, 양, 염소, 돼지, 소고기를 먹지만 닭고기를 가장 선호하며, 대부분의 힌두교도들과 무슬림들은 서로의 종교적인 정서를 존중하여 돼지고기와 소고기는 기피한다.

음식문화의 일반적인 특징

(1) 인도의 음식문화는 마살라(Masala, 향신료) 문화

마살라는 여러 향신료를 적절히 배합한 것으로 우리의 간장·된장처럼 맛을 내는 것이다. 주로 식물에서 추출된 향신료로 그 종류가 아주 다양하다. 인도요리에서는 재료에 열을 가하고 나서 심황, 후추, 정향, 육계피, 계피, 양귀비씨, 고수풀, 육두구, 회향풀씨, 커민, 고추 등 25개의 향신료를 기본으로 한 종합 향신료인 이 마살라를 넣어 향기를 내고 맛을 내는 것이다. 반찬에서 스낵까지 인도 음식의 대부분은 이 마살라를 빼놓고는 상상할 수 없기 때문에 인도요리는 독특한 '마살라 문화'라고 할 수 있다.

◦ 인도의 향신료

① Saffron 사프란

세계에서 제일 비싼 향신료이다. 꽃 한 송이에서 채취할 수 있는 양이 적고 채취하는 모든 과정이 수작업으로 진행되기 때문이다. 사프란은 강한 노란색으로 독특한 향과 쓴맛, 단맛을 낸다.

② Amchur 암추르

그린 망고를 수확해 과육을 햇볕에 말려 만든 인도의 향신료다. '망고가루'라고도 불리며 새콤한 향미 덕분에 동남아시아에서 인기가 높고 음식에 신맛을 내거나 고기의 육질을 연하게 할 때 사용된다.

③ Long black pepper 롱 블랙 페퍼

아시아에서 주로 사용하는 향신료다. 피클이나 오래 조리하는 요리를 할 때 사용한다. 달콤하고 고소한 향이 나며 첫 맛은 후추와 비슷하지만 뒷맛은 넛멕과 시나몬처럼 맵싸한 진한 향과 함께 혀가 얼얼할 정도로 자극이 강하다. 곱게 갈아 후추 대용으로 사용하기도 한다.

④ Curry leaves 카레잎

집집마다 적어도 한 그루의 카레나무를 키우며, 잎을 따서 매일 사용할 정
도로 중요하고 자주 사용하는 향신료. 월계수잎과 비슷한 모양으로 밝
은 녹색을 띠며 감귤처럼 향긋한 향이 난다.

⑤ Coriander 코리앤더

세계 각국에서 폭넓게 사용하나 특유의 향 때문에 호불호가 강하게 나뉜
다. 잎부터 뿌리까지 모든 부분이 식용 가능하며 각각 다른 맛을 낸다. 잎
은 얼얼한 향을 가지고 있고, 말린 씨는 달콤하고 매운 감귤 맛과 향을 낸
다. 동남아시아 지역에서는 생으로 많이 사용하며 서양에서는 씨앗을 많
이 사용하여 요리한다.

⑥ Cardamon 카르다몬

소두구라고도 불리는데 생강과에 속하는 열매를 건조한 것으로 블랙 카
르다몬과 그린 카르다몬으로 나뉜다. 예로부터 인도에서는 향신료와 의
약품으로 사용되었다. 맛은 생강처럼 맵고 약간 쓰지만 끝에 살짝 단맛이
난다. 인도에서는 카레와 인도의 전통 차인 차이에 빼놓을 수 없는 재료로
맵싸한 맛을 낸다.

⑦ Ginger 생강

세계에서 가장 널리 알려진 향신료 중 하나로 매콤한 맛과 톡 쏘는 상쾌한
나무향이 특징이다. 2000년 전 중국에서 처음 약초로 알려졌으며 육류나
생선의 비린내를 없애는 데 주로 쓰인다. 빵과 케이크, 비스킷, 잼 등 디저
트 요리에 사용하기도 한다.

⑧ Tamarind 타마린드

인도의 많은 종류의 카레와 처트니 등에 들어가며 피클과 병조림으로 만
든다. 잘 익은 타마린드는 곶감과 비슷한 색과 맛이 나지만 과실의 새콤달
콤함을 느낄 수 있다.

⑨ Nutmeg & Mace 넛멕 & 메이스

육두구 나무에는 살구처럼 생긴 열매가 열리는데 열매의
씨가 넛멕이고, 씨를 감싸는 껍질이 메이스다. 넛멕과 메이
스는 비슷한 향과 맛이 나는데, 메이스가 넛멕보다 자극적

이지만 단맛, 쓴맛이 덜하며 부드럽고 강한 향이 난다. 넛멕은 주로 달콤한 요리에 쓰이는 반면 메이스는 고기, 생선요리의 냄새를 없애고 풍미를 더하기 위해 쓰인다.

⑩ Cinnamon 시나몬

후추, 클로브와 함께 세계 3대 향신료이다. 나무에서 새로 나온 가지의 연한 껍질을 말려서 만드는데, 전 세계적으로 그 종류가 매우 다양하다. 청량감이라고 표현하는 특유의 향과 달콤함에 동서양의 모든 요리에 사용된다.

⑪ Mustard 머스터드

주로 머스터드 씨를 후추처럼 갈아서 다양한 재료에 넣어 양념으로 이용한다.

⑫ Bay leaf 월계수 잎

건조된 상태로 사용하며 스튜나 수프, 육수, 소스 등에 다양하게 이용된다.

⑬ Cumin 커민

약간 씁쓸한 맛을 가지고 있고, 육류, 수프, 치즈, 소시지, 파이, 달걀요리 등에 사용하며, 특히 인도 커리의 재료가 된다.

⑭ Allspice 올스파이스

후추알과 비슷하게 생겼지만 주름이 없고 크기가 조금 더 크다. 정향, 계피, 육두구의 향이 모두 난다 하여 올스파이스라는 이름이 붙게 되었다. 유럽에서도 다양하게 사용되지만 서인도제도와 아메리카 열대지방이 원산지이다.

⑮ Fennel 회향

커리의 부향제로도 인기가 많으며 생선의 비린내, 육류의 느끼함과 누린내를 없애고 맛을 돋우어준다. 열매는 달콤한 맛과 향기가 난다.

⑯ Poppy seed 양귀비 씨앗

양귀비 나무의 열매 속에 들어 있는 씨앗으로 미성숙한 캡슐은 아편의 원료가 되기도 한다. 페이스트리, 쿠키, 케이크 롤 등에 넣기도 하고, 샐러드유, 국수 등에도 이용된다.

⑰ Tumeric 강황

생강과 식물의 뿌리로서, 독특한 향과 순한 단맛, 쓴맛을 가지며, 노란색
을 띤다. 커리파우더의 주재료가 되며, 머스터드 제품의 색과 맛을 내는 데
도 중요하게 이용된다. 육류, 달걀요리, 생선, 샐러드 드레싱, 피클 등에 다
양하게 사용된다. 인도가 원산지이며, 아이티, 자메이카, 페루 등에서 생
산되며 음식뿐만 아니라 염료로 이용하기도 한다.

(2) 힌두교와 카스트제도

인도에서 채식주의자는 인도 전체 인구의 25~30%이고, 이들은 대부분 힌두
교도로 육류를 일체 먹지 않는다. 그러나 채식주의는 힌두교의 일부 독실한 브
라만에게 한정되어 있었으며, 오늘날 채식주의가 광범위하게 보급된 것은 중세
에 있었던 정치적 상황이 사회, 종교적인 요인과 결합한 결과라고 할 수 있다.

채식주의자가 아닌 사람들은 이슬람교도 · 시크교도 · 그리스도교도들이다.
또한 육식 습관 속에서도 식육하는 대상의 종류에 따라 카스트의 의례적 위계
가 있음을 볼 수 있다. 다음에 설명될 정 · 부정의 개념은 음식뿐 아니라 카스트
제도에서도 최상단의 브라만은 정을, 최하단 불가촉 천민은 부정을 상징한다.

정 · 부정의 관념과 카스트를 토대로 음식의 위계화가 이루어지는 것으로 카
스트의 위계가 음식의 위계가 되는 것이다. 카스트에 따른 음식의 위계화에 일
치되게 브라만은 보통 채식을 하며 수드라 계층 중 가장 천한 불가촉 천민은 소
고기를 포함한 모든 고기를 먹고, 중간에 위치한 카스트들은 육식을 할 경우 대
부분 닭고기, 염소, 양고기는 먹고 소고기와 돼지고기는 기피한다. 현재 인도에
서는 무정란의 계란을 생산해 내는데, 이는 무정란이기 때문에 채식주의자도 먹
을 수 있다고 생각하여, '에그테리안'이라는 말이 있을 정도로 계란은 먹는 채식
주의자가 인도에 많다.

◦ 채식주의자의 분류

베지테리언		세미베지테리언	
비건	유제품과 동물의 알을 포함한 모든 종류의 동물성 음식을 먹지 않는 경우	페스코 베지테리언	유제품, 동물의 알, 동물성 해산물까지 먹는 경우
락토베지테리언	유제품은 먹는 경우	폴로베지테리언	유제품, 동물의 알, 동물성 해산물, 조류의 고기까지는 먹는 경우
오보베지테리언	동물의 알은 먹는 경우		
락토오보베지테리언	유제품과 동물의 알은 먹는 경우	플렉시테리언	평소에는 비건, 상황에 따라 육식도 하는 경우

세계에서 제일 비싼 향신료이다. 꽃 한 송이에서 채취할 수 있는 양이 적고 채취하는 모든 과정이 수작업으로 진행되기 때문이다. 사프란은 강한 노란색으로 독특한 향과 쓴맛, 단맛을 낸다.

▪ 비건(vegan)

가장 적극적인 의미의 채식주의자로서 어떠한 목적으로도 동물을 먹거나 학대하거나 오용하는 것을 반대하는 사람들을 일컫는다. 다양한 이유로 인해 동물성 제품의 섭취는 물론, 사용도 하지 않는 사람들로 육식은 물론 유제품, 동물의 알, 꿀까지도 먹지 않는다. 가죽제품, 양모, 오리털, 동물 화학실험을 하는 제품 등도 사용하지 않는다.

▪ 프루테리언(fruitarian, 열매주의자)

식물 중에서 과일 등 자연이 스스로 주는 것만 먹는 경우로 과일과 견과류의 열매와 씨앗 등 식물에게 해를 끼치지 않는 부분만 먹는 사람들을 말한다. 그중에서도 다 익어 땅에 떨어진 열매만 먹는 경우도 있다. 때문에 감자와 시금치 등은 먹지 않는다.

▪ 프리건(freegan)

'free'와 'vegan'의 합성어로 물질주의, 세계화, 대기업 등에 반대하는 환경운동가 들을 일컫는다. 의식주에 대한 씀씀이를 최대한 줄이고 재활용을 통해 생활한다. 봉사단체 활동을 통해 시작되었으며 대부분 대학을 졸업한 중산층의 사람들이 많다.

(3) 정·부정의 음식문화

보통 인도의 음식 재료들은 곡물, 콩류, 채소류, 과일, 양념 및 향신료, 유제품과 알코올 음료로 구분할 수 있다. 그러나 인도에는 정·부정을 토대로 한 음식 재료의 의례적인 분류를 안느(Anma)와 팔라(Phala)로 나눈다. 쌀, 보리, 밀, 콩류 등 농사를 지어 생산되는 것은 안느에 속하고, 야생곡류, 야채, 과일 등 경작하지 않고 스스로 자라는 것은 팔라에 속한다. 인도인들은 인간의 손이 가지 않은 것일수록 정한 음식이므로 팔라는 정한 것으로 보고 길한 의식에 사용한다.

인도의 음식문화에서 우유나 유제품이 갖는 의례적인 중요성은 다른 문화의 시각에서는 매우 독특한 특징으로 부정한 것을 정하게 할 수 있는 성스러운 것으로 우유, 다히, 기이가 음식재료로서 정화를 가능하게 하는 기능을 갖고 있다고 보고 이들은 많이 사용한다.

(4) 불이 없어도 요리가 가능한 음식문화

전통적인 힌두 요리체계의 토대는 4가지 요소, 즉 불, 기이, 안느와 팔라가 갖는 의례적인 중요성에 있다. 요리방식의 경우 불을 사용하지 않는 경우와 사용하는 경우로 크게 나뉜다. 불을 사용하지 않고 물이나 손을 써서 하는 경우와 유제품을 이용하여 만드는 요리가 있으며, 공기와 태양으로 요리하는 경우도 있다. 즉, 야채나 설익은 과일을 태양열을 이용하여 피클을 만들거나 보관의 목적으로 야채를 햇볕에 건조하는 경우이다.

그러나 불을 사용하는 것이 더 관례적인 요리이며, 불을 사용하는 경우 기이의 사용여부에 따라 까짜와 빡까의 음식이 된다. 이는 다음에 좀 더 자세히 설명하겠다.

(5) 까짜와 빡까의 음식문화

음식을 만드는 방법에 따라 까짜와 빡까로 나뉘는데, 사전적인 의미로 보면 까짜는 '설익은', 빡까는 '익은'이라는 뜻이지만 요리법의 분류에서 보았듯이 둘 다

잘 익은 음식이다. 이는 사전적인 의미를 초월하여 기이를 사용하지 않고 만든 불안전한 음식을 까짜라고 말하고, 이것들이 들어간 것은 완전한 식품, 즉 빡까가 되는 것이다. 까짜에 해당하는 것은 밥과 콩으로 만든 달, 짜빠띠나 로티와 같이 매끼마다 요리해서 일상적으로 먹는 것들이다. 특히 까짜 음식을 만들 때는 엄격한 규칙을 적용하여 음식이 오염되지 않도록 더욱 조심해야 한다. 빡까에는 우유로 만든 음식이나 우유로 만든 기이(ghi)라는 기름을 이용한 음식을 말한다. 대표적인 음식은 기름에 튀긴 빵인 뿌리, 쌀죽을 다히와 섞은 찌우라, 우유로 만든 여러 종류의 단 과자와 같은 것들이 대표적인 빡까 음식이다. 그러나 엄격한 의미에서 빡까 음식은 음식 재료에 기이가 가장 먼저 접촉한 것이어야 한다. 인도에서는 불에 익힌 음식을 정한 것으로 보지 않고 우유나 기이가 들어간 음식을 정한 것으로 여기는 것도 흥미롭다.

그러나 실질적인 이유는 일상적인 음식이 아닌 빡까 음식에 먼저 기름을 사용하여 음식의 맛을 좋게 하는 한편 더운 지방에서 음식이 쉽게 상하는 것을 피하기 위한 방법의 하나로 위생적으로 필요한 방법이 음식문화로 뿌리내린 것이 아닐까 한다.

(6) 술에 대한 태도

베다 시대에는 사람을 취하게 하는 음료와 신주(神酒), 소마아 같은 술이 있었다. 불교에서는 음주를 5가지 주요한 죄의 하나로 여겼지만 심하게 반대하지는 않았다. 그러나 힌두교도 점차 술을 금하고 간디와 같은 지도자가 엄격하게 금주를 가르쳤기 때문에 금주법, 금주의 날, 금주지역 등이 정해지게 되었다. 따라서 인도 여행 중에 술을 마시려면 허가증이 필요하다. 현재 금주법이 실시되고 있는 주로는 구자라트주가 있다. 허가증은 현지의 4대 도시 관광국에서 간단하게 발부해 준다. 그 밖의 주에서도 드라이데이(dry day, 금주일)가 있는데, 델리의 경우 매월 1일과 7일, 뭄바이의 경우 매월 1일과 10일이 금주일이다.

지역음식의 특징

인도는 위도상 북쪽 냉대기후의 히말라야 산맥 아래 카시미르 계곡에서부터 남방의 열대까지 다양한 토질과 기후조건을 가지고 있다. 이러한 상이한 지리적인 환경의 차이에 종족·종교 간의 차이로 식문화는 독특한 지방색을 갖게 되었다.

(1) 북부음식

북인도지역의 음식은 16세기에 번영한 무굴식 왕국의 영향으로 화려하다. 북서지방은 밀이 주요 작물이기도 하고, 오랜 기간 이슬람의 지배하에 있어서 이슬람 음식의 영향을 많이 받아 빵을 많이 먹는다. 고기 요리의 비율이 높고 기이와 요구르트, 크림과 견과류

＊북부음식

를 많이 사용한다. 육류의 경우 돼지고기를 제외한 다양한 고기를 사용하며, 주로 향신료를 넣어 걸쭉하게 끓이거나 강한 불로 약간의 소스와 함께 재빨리 볶아내는 방식과, 소스에 절인 고기를 탄두르 오븐에 구워내는 방법으로 요리한다. 북부요리는 맛이 비교적 농후하고 부드러워 세계적으로 널리 퍼져 있다. 또한 오늘날 북부 인도에서 주요 단백질 공급원이 되고 있는 콩 수프인 달과 그 밖의 콩류의 요리방식, 유제품이 차지하는 비중과 다양한 사용, 그리고 요리할 때 기이를 가장 선호하는 것, 다양한 향신료를 사용하고 과일이나 과일 주스에 향신료를 넣거나 뿌리는 것, 단과자류를 많이 만들어 먹는 등의 고대 인도에서 형성된 식습관이 아직도 남아 있다.

(2) 남부음식

전통적으로 힌두교가 많아 남부지역은 소고기를 먹지 않으며, 불교의 영향으로 육류 섭취 자체가 적다. 중부의 대평원지대에서는 쌀농사가 잘되어 주식은 빵보다는 쌀이 되며, 밥에 곁들이는 다른 음식인 콩과 야채는 맵고 짠 강한 맛을 지니며 향신료를 다양하게

* 남부음식

사용하여 자극적이다. 특히 마늘과 칠리를 많이 이용하며, 코코넛 기름과 코코넛 밀크, 크림 등을 애용한다.

4. 대표적인 음식

1) 인도의 주식

(1) 달(dhal)

부드럽게 삶은 콩에 마살라를 가미한 수프로 콩의 종류에 따라 맛과 모양이 달라진다. 밥과 차파티에 달을 섞어 먹는 것이 식사의 기본이다.

(2) 빵

인도의 주식은 쌀과 빵이며, 특히 북부에서 빵을 많이 먹는다. 로티는 인도 빵의 총칭으로 짜빠띠, 난, 파라타, 푸리 등으로 나뉜다. 짜빠띠는 밀기울이 든 밀가루로 만든 발효가 안 된 빵이다. 이 빵에 커리소스를 찍어 먹거나 달소스와 함

께 먹는다. 파라타와 푸리는 파라타의 경우 짜빠띠를 기이로 구운 것이고, 푸리
는 기름에 튀긴 것이다. 우리나라에 널리 알려진 난의 경우 정제한 하얀 밀가루
로 발효시켜 구운 빵이다. 난은 반죽을 탄두르라는 화덕 안쪽 벽면에 잎사귀 모
양으로 넓게 늘여 붙여서 구운 빵으로 탄나와라고도 한다.

(3) 밥(쌀로 만든 요리)

인도 남부에서는 주로 쌀을 먹는데, 쌀은 맨밥으로도 먹지만, 대개 밥을 할 때
향신료를 넣어 맛을 낸다. 평상시에는 커민씨를 넣어 만든 커민라이스를 먹지
만 결혼식을 할 때는 사프란 같은 고급 향신료를 넣어 만든 비리야니와 같은 화
려한 음식이 나온다. 풀라우는 향신료를 알맞게 섞어서 지은 밥으로 우리나라의
볶음밥과 비슷하다.

＊ 달과 밥

＊ 짜빠띠

2) 커리

우리가 흔히 말하는 커리는 '카리(kari, 여러 종류의 향신료를 넣어 만든 스튜)'
에서 온 것으로 한 가지 재료가 아니라 여러 종류의 향신료가 혼합되어 음식에
따라 적절한 맛을 내도록 배합한 양념이다. 향신료 몇 가지를 일정한 비율로 혼
합하여 실 밧따라고 알려진 돌판과 돌공으로 매끼마다 신선하게 갈아서 기이 또
는 식물성 기름에 튀겨 각각 맛, 향, 색깔, 기능이 다른 다양한 커리를 만든다. 인

제3장 인도의 사문화

도에서는 커리를 만들 때 고기와 채소 중 한 가지
만 사용하는 것이 보통이다. 커리는 종류가 수십
종이며, 보통 15~16종의 향신료를 사용하는 것이
특징이다. 기본이 되는 향신료는 심황과 고추로
심황의 경우 노란색을 띠며 이로 인해 인도의 음
식은 노란색을 띠는 것이 많다. 고기를 이용하는
커리의 주재료는 양고기와 닭고기이다.

* 커리

3) 탄두리치킨

큰 항아리처럼 생긴 탄두르를 이용하여 하루 정도 요구르트에 절인 닭을 여러
가지 향신료에 재웠다가 쇠꼬챙이에 꿰어 굽는 인도 북부요리이다. 탄두리 양념
은 맵고 자극적인 맛이 강하고 특징적으로 주황색 색소를 넣어 붉은빛이 나는 특
징이 있다. 인도에서 닭을 쓸 때는 항상 껍질을 모두 제거하여 사용한다.

4) 사모사

사모사는 얇은 반원형의 페이스트리 반죽에 다진 고기나 감자와 같은 야채로
속을 채운 뒤 삼각형으로 접어 튀긴 요리이다. 고기나 야채를 채워 마든 사모사
의 경우 주식으로 쓰고, 바나나나 사과 등의 과일을 달콤하게 조려 만들면 후식
으로 즐길 수도 있다.

5) 후식

인도인들은 후식으로 달콤한 음식을 즐기며, 대표적으로 인도식 도넛을 튀긴
후 시럽에 재운 굴랍 자문이 유명하다.

6) 음료

(1) 짜이(chay)

짜이는 인도의 차(茶)를 말하며, 인도는 세계 최대의 차 생산지로도 유명하다. 인도의 홍차 산지는 다르질링(Darjeeling)으로, 다르질링에서 나는 차는 '홍차의 샴페인'이라고 불릴 만큼 고급에 속한다. 이 밖에도 아삼(Assam, 인도가 원산지인 홍차로 짙은 향과 맛이 난다), 시킴(Sikkim), 닐기리(Nilgiri) 등이 있

* 짜이

다. 인도의 차는 홍차에 카르다몬이나 생강을 넣고 물을 부어 끓인 다음 우유와 설탕을 넣어 마시는 것이 인도 국민차 '짜이'로 인도의 대표적인 음료이다. 지역에 따라 마살라를 첨가하기도 한다. 인도인들은 단것을 매우 좋아하기 때문에 설탕을 많이 넣어 너무 달게 마시지만, 그들은 이 짜이를 마시며 하루 노동의 피로를 푼다. 달고 자극적인 맛이 나는 게 특징이다.

(2) 남인도의 커피

커피를 생산하는 남쪽에서는 짜이와 함께 값이 싼 대중적인 차로 커피를 들 수 있다. 양손에 잡은 컵에서 컵으로 커피를 이동시키는 동작을 몇 번 반복하면 설탕과 우유가 잘 섞이고 거품이 있는 뜨거운 커피가 만들어진다.

(3) 라씨(lassi)

고급스런 인도 대중음료이며 요구르트에 설탕과 얼음을 넣어 휘저은 단맛과 쌘맛을 내는 경우도 있고, 과일을 함께 갈아 만드는 수스도 있다.

(4) 코코넛 주스

코코넛의 윗부분을 칼로 잘라 빨대를 꽂아 즙을 마시는데 뒷맛이 고소하다.

5. 식사예절

인도인들은 근본적으로 음식을 만드는 것은 오염되는 과정이라 생각한다. 인간의 손이 갈수록 음식은 부정해지기 때문이다. 기본적으로 힌두 가정의 부엌은 아주 정한 지역으로 성스러운 곳이다. 음식을 만드는 사람은 부엌에 들어가기 전에 반드시 샤워하고 바느질하지 않은 옷을 입어야 한다. 높은 카스트들은 자신들보다 낮은 카스트에게서 음식을 받을 수 없으므로 가장 높고 정한 브라만이 모든 계층을 충족시켜 줄 수 있어 요리사로는 브라만이 가장 선호된다.

① 인도에서 힌두교도는 식사 때 낮은 의자를 사용하거나 바닥에 앉으며 좌석 배치에 있어서도 규칙이 있다. 오른쪽에 주인이 앉고 그 왼쪽으로부터 연령순서로 앉고 노인과 소년, 소녀는 조금 떨어져 앉고, 성인이 된 여자는 남자와 함께 식사를 할 수 없고 남자의 시중을 든다.

② 식사 전에는 반드시 물로 양손을 씻고 음식을 먹을 때 사용되는 도구도 정해져 있는데 오염을 막기 위해 접시 대신 바나나 등 큰 나뭇잎을 일회용 접시로 사용한다. 숟가락과 포크도 부정한 것일 수 있으므로 기피하고 대부분 손가락으로 집어 먹는데 오른손만 사용한다. 음식이 뜨거울 경우에는 나무젓가락을 사용하기도 한다. 또한 반드시 각자 자신의 그릇에 음식을 담아 먹는다.

③ 오른쪽으로 식사를 하고 물을 마실 때 컵을 입에 대지 않고 물을 입안에 부어 넣는다.

④ 식사 후에는 물로 양치한 후 물을 뱉어버린다.

⑤ 식사 중에 이야기하는 것을 무례하게 여기므로 식사가 끝나면 손을 씻고 양치한 후에 이야기를 시작한다.

제 **4** 장

터키의 식문화

1. 환경적 개요

터키가 위치한 지역은 히타이트 시대부터 오스만 제국 700년을 거쳐 오늘날에 이르기까지 오랜 정복자와 피정복자의 역사를 가지며, 수백 년간 유럽과 아시아의 교차로로서 동서양의 문화가 공존하고, 이슬람과 기독교가 만난 곳으로 문화의 혼합이 가장 잘 드러난 곳이다. 서아시아국가로서 삼면이 바다로 둘러싸여 있고, 동시에 사계절이 공존하는 풍부한 자연조건을 가진 나라로 수도는 앙카라이다. 총면적은 779,452㎢로 한반도의 3.5배이며, 지리적으로 유럽 대륙과 아시아 대륙 사이에 위치한 터키는 에게해, 지중해, 마르마라해, 흑해를 접하고 있으며, 전형적인 지중해성 기후다. 또한 안티토로스산맥 남쪽에의 평야와 이스켄데룬만에 면한 아다나 평야는 하천이 산맥으로부터 운반해 온 퇴적 토양으로 토지가 매우 비옥하여 농업이 국내 총생산의 20%가 넘는 농업 국가이다. 해안평야는 에게해 및 마르마라해 연안 이외에는 협소하다. 흑해 연안의 적은 한서의 차는 차나무·레몬·오렌지 등이 잘 자라게 한다. 바프라 평야는 특히 비옥하며 시노프 동쪽 흑해 연안지대는 잎담배 산지로 유명하다. 흑해 연안의 서쪽은 겨울에, 동쪽은 가을에 비가 많다. 아나톨리아의 서부와 남부 평야는 지중해성기후로 겨울에는 온난다우하고 여름은 고온건조하여 벼농사가 잘 된다.

터키 민족의 발상지는 알타이산맥 서쪽과 우랄산맥 남동쪽으로 추정되며, 8세기 중엽 당나라에 밀려 서쪽으로 이동하게 되었다. 이러한 과정 속에서 무슬림 아랍인과 이란인들과 접촉하게 되고, 이슬람을 받아들여 이슬람 신앙의 보호와 진보를 위해 정열을 쏟았다. 따라서 종교는 인구의 99%가 이슬람교도이나 종교와 정치가 분리되어 다른 이슬람 국가에 비해 종교적 규율 적용이 엄격하지 않은 편이며, 근대화됨에 따라 이스탄불과 남부지역은 이슬람권 국가라기보다 서구의 개방적이고 자유분방한 분위기에 오히려 가깝다고 할 수 있다. 터키인들은 가장의 권위를 존중하고 친족과 가족의 유대관계를 중시하며, 손님접대를 매우 극진하게 하는 풍습이 있다. 특히 우리나라와 언어, 풍습이 많이 비슷하며 터키 국민은 한국 전쟁 시 참전의 인연으로 한국을 형제의 나라라고 생각하고 있다.

2. 식문화의 변천사

터키인들의 식생활 양식은 다른 민족과 마찬가지로 자신들이 처한 자연환경과 사회 환경에 대응하고, 적응하면서 발전해 왔다. 중앙아시아 지역에 거주하면서 터키인들은 유목민으로 이동과 보관이 편리한 영양가 높은 식품을 개발하였다. 유목민적인 식습관으로 볼 수 있는 것은 날채소를 즐긴다거나, 불에 구운 음식을 좋아하는 점을 대표적으로 들 수 있다. 채소를 날것으로 먹으면 음식하는 시간도 단축되고 채소의 영양가도 그대로 섭취할 수 있는 장점이 있다. 또한 불에 구운 음식의 경우 유목생활로 인해 육류는 풍족했으나 물은 구하기 어려웠던 점에서 비롯된 것이 아닐까 한다.

그러나 이슬람을 받아들인 후에는 유목민의 전통적 식습관에 이슬람 규율이 요구하는 식관습으로 점차 변화되어, 터키인들의 간단한 식습관과 절차도 까다롭고 복잡하게 변해 갔다. 또한 3개의 대륙을 지배한 오스만 제국의 영향으로 근대화와 함께 서양과의 관계가 증대되자 유럽의 식습관도 받아들여졌는데, 특히 오스만 제국의 700여 년에 이르는 영토 확장시기에 유럽 · 페르시아 · 발칸 · 북부 아프리카 등의 문화를 흡수하여 음식 종류가 다양해졌다. 이처럼 터키인의 식습관은 유목민적, 이슬람적, 서구적 요소가 혼재된 식문화라고 볼 수 있다.

이러한 터키의 음식은 중앙아시아 유목민들의 소박한 요리와 중동지방의 풍요로운 야채 및 과일 그리고 육류와 해산물로 섬세한 요리로부터 만들어진 터키의 모든 요리는 몇 세기에 걸쳐 축적되어 있어 중국 · 프랑스 요리와 함께 세계 3대 요리로 꼽히고 있다.

3. 음식문화의 특징

도시의 터키인들은 빵, 과일, 커피 등의 유럽식 아침식사를 하고, 농촌에서는 투명한 차와 빵, 잼, 올리브, 염소치즈 등으로 하루를 시작한다. 점심이나 저녁의 경우 때로는 전통적인 식사를 하기도 하는데 이는 손님을 환대할 때나 명절에 준비되며 코스요리이다. 첫 번째 코스인 전채(meze)의 경우 다양한 종류의 야채 안에 각종 고기류나 생선, 견과류 등을 넣어 익힌 돌마사나 찬 야채요리, 빵, 올리브, 소금 뿌린 너트 등이 나오며, 두 번째 코스요리로는 다양한 소를 넣은 페이스트리에 소스를 곁들이는 것으로 소에는 치즈, 고기, 쌀, 야채 등을 사용하고 다음 코스로 고기인 케밥요리나 올리브유를 뿌린 찬 야채요리가 나온다. 마지막 코스는 우유를 넣은 쌀 푸딩, 페이스트리, 다양한 계절 과일과 터키식 커피가 제공된다.

음식문화의 일반적인 특징

(1) 음식의 종류가 다양하고, 식재료가 풍부하다

터키에는 여러 나라의 영향을 받은 다양한 음식들이 있는데, 필라브와 요구르트는 페르시아(이란)가 기원이며, 바크라바 등의 페이스트리와 레몬 소스는 그리스의 영향을 받은 음식이다. 또한 납작한 아랍식 빵이나 콩으로 만든 진한 수프는 이집트와 북아프리카 지방에서 전해졌고 층층이 쌓인 채소 캐서롤은 루마니아에서, 벗겨지기 쉬운 얇은 조각의 부푼 페이스트리를 겹겹이 쌓고 그 속을 고기나 치즈로 채운 보렉이나 루쿰이라는 음식은 터키 고유의 음식으로 알려져 있다.

지리적으로 영토의 대부분인 고원과 산맥에서는 유목이 이루어지고, 에게해와 마르마라해와 흑해에는 해산물이 풍부하다. 따라서 대표음식을 꼽을 수 없을만큼 음식이 종류가 많고 사용되는 재료 또한 다양하다.

(2) 유목문화와 농경문화가 혼재되어 있다

육류와 요구르트 및 버터를 많이 섭취하는 것은 유목문화의 특징을 보여주는 것으로 발효시킨 유제품, 치즈 등은 식단에 기본적으로 들어가는 식품이며 요구르트는 수프와 각종 소스로 이용되거나 물에 희석하여 소금을 타서 청량음료처럼 마시기도 한다. 다양한 종류의 치즈는 요리에 많이 사용되고 그대로 빵이나 올리브와 함께 먹기도 한다.

곡물과 야채가 주재료로 사용되는 것은 농경문화의 특징을 잘 나타내주는 것이라 하겠다. 특히 터키는 고대부터 밀, 보리, 과일, 채소를 포함한 농작물이 많이 생산되는데 이들에게 있어서 곡물이 갖는 중요성은 일반 식사를 보면 잘 알수 있다. 이에 가장 대표적인 음식이 다양한 곡식과 야채 및 고기를 넣고 끓이는 터키 수프 '초르바'인데, 터키인의 간단한 아침영양식으로 많이 이용된다. 아라

비아풍의 납작한 빵인 피데는 식사 전반에 걸쳐 음식이자 접시, 그리고 식기로도 사용되며, 매 식사에는 최소한 한 가지의 불가(bulgar)나 필라브를 먹으며 후식으로는 다양한 페이스트리가 나온다. 특히 쌀은 필라브의 주된 재료로 너트, 건포도, 향신료를 넣어 함께 조리한 것을 선호하고, 쌀에 우유를 넣고 익히다가 감미료를 넣어 후식으로 먹기도 한다.

(3) 종교적인 영향을 많이 받았다

터키는 종교 자유의 국가이지만 인구의 약 99%는 이슬람교도이다. 이슬람은 돼지고기를 불결하다고 하여 먹지 않기 때문에 터키에서 돼지고기는 찾아보기 힘들다. 또한 육류는 특별한 종교의식을 거친 고기만을 먹는다. 술의 경우 종교상의 이유로 잘 먹지 않지만, 음주를 절대 금하는 여타의 이슬람국가와는 달리 음주를 어느 정도 허용하는 특징이 있다. 이처럼 터키 음식문화는 종교적인 영향을 많이 받으며 변화해 왔다.

○ 할랄과 하람

이슬람의 경전인 『코란』에는 이슬람인들에게 허용된 음식 할랄과 금지된 음식 하람이 규정되어 있다. 할랄은 성스러운 음식이라는 뜻으로 이슬람식의 도살의식을 거쳐 도살한 초식 동물의 고기를 의미한다.

하람은 이슬람인으로서 먹어서는 안 되는 부정한 음식으로 이슬람식 도살의식을 거치지 않고 잡은 모든 고기와, 돼지고기, 피, 육식동물의 고기, 양서류나 파충류, 메뚜기를 제외한 벌레, 사람을 취하게 만드는 술과 마약, 담배 등도 모두 하람에 포함된다. 하람 식품은 먹는 것뿐 아니라 매매하는 것이나, 비이슬람인들을 위해 조리하는 것 또한 금지되어 있다.

즉 할랄(Halal)은 아랍어로 '허용된' 의미로 반대의 개념이 하람(haram)이다. 최근 전 세계 인구의 4분의 1인 18억 명 이상이 이슬람인구이고 이들은 거의 대부분 종교적인 신념에 따라 할랄푸드 인증을 받은 음식을 섭취해야 함은 물론 이슬람 신도가 아닌 사람들조차 신뢰할 음식이라는 인식에 따라 시장은 점차 확대되고 있다.

○ **라마단**

이슬람인들은 1년 중 라마단 기간 한 달은 해가 떠 있는 시간 동안 금식한다. 이슬람인들은 라마단 기간 동안 금식하는 것이 인내와 희생 그리고 겸손을 실행하는 방법이라고 믿는다. 이 기간은 이슬람의 율법에 의해 낮 동안은 물을 포함하여 아무것도 입술을 통과할 수 없으며 인생을 즐기기 위한 용도의 사치품을 누리는 것이나 담배나 도박, 섹스까지 금지되어 있다. 해가 진 이후부터 다음날 해 뜨기 전까지는 음식을 먹을 수 있다. 이때는 보통 일출 한 시간 전에 렌틸수프로 아침 식사를 하며, 일몰 후에는 금식을 멈추고 식사로 맨 먼저 대추야자를 입에서 녹여가면서 먹는다. 이후에는 요구르트와 우유로 식사를 한다. 이때의 식사는 가정에서 행하기보다는 공공장소에 모여 진행되는 경우가 많아 이슬람의 각 도시에서 시청 앞이나 광장, 회당 앞에 큰 천막을 치고 누구나 저녁을 먹을 수 있도록 무료급식을 시행한다. 대추야자와 렌틸수프로 구성된 간단한 음식이지만 라마단 기간 내내 제공되며 이는 부유한 사람들이 기부한 음식이다.

4. 대표적인 음식

1) 케밥

케밥은 원래 고대 터키와 그리스에서 시작된 요리이나, 현재는 유럽을 비롯한 호주 · 일본 · 미국 등 여러 나라에서 사랑받는 음식이 되었다. 케밥은 전용 로스터를 이용해 쇠고기나 돼지고기, 닭고기를 바비큐식으로 즉석에서 구운 각종 샐러드와 함께 넓고 얇은 빵에 얹어 말아 먹는 특징이 있으며, 그 종류만도 300여 가지에 이른다.

(1) 도네르 케밥

도네르 케밥은 고기에 약간의 양념을 한 후 수직으로 여러 개를 끼워 기둥처럼 세워진 자그만 숯불화덕 옆에서 회전시키면서 겉부터 익히는 것이다. 고기들을 세워두고 조금씩 익히기 때문에 요리되는 과정에서 동물의 기름이 아래로 흘러 내리게 된다. 이것을 잘라 썰어 동그랗고 납작한 빵 속에 넣어 먹는다.

(2) 쉬시 케밥

쉬시 케밥은 가장 전통적인 케밥요리로서 양고기나 소고기 등을 엄지 손가락만 하게 잘라 꼬챙이나 봉에 끼 워 쇠꼬챙이에 끼워 숯불에 굽는 것이다.

(3) 이쉬켄데르 케밥

이쉬켄데르 케밥은 도네르 케밥에 요구르트와 토마토 소스를 첨가한 케밥이다.

2) 필라브(pilav)

터키에서는 밥종류를 필라브라고 한다. 터키의 필라브는 쌀 혹은 불구르(bul-gur, 밀을 볶아서 말린 것)를 주재료로 하여 만드는데, 필라브는 쌀이나 불구르에 닭고기 · 간 · 땅콩 · 건포도 등을 넣고 육수를 부어 만든다. 터키에서는 아무 재료도 섞지 않고 물로만 만드는 밥은 소화능력이 없는 환자들의 음식으로 생각한다. 쌀과 함께 필라브의 주재료로 사용되는 불구르는 터키의 고유 곡물로 에크멕 다음으로 시골식탁에 자주 오르는 주요 식품이다. 필라브 만들기는 요리사 자격을 가르는 기준이 될 정도로 까다롭다. 터키의 필라브는 재료의 종류에 따라 물을 빨아들이는 정도가 다르고, 밥알이 서로 떨어져야 잘 지어진 필라브로 여기기 때문에 필라브 만들기는 경험과 숙달을 필요로 한다.

3) 빵

밀이 풍부하게 생산되는 터키에서는 빵 가격이 저렴하여 어디서든 빵을 쉽고 저렴하게 구하여 먹을 수 있다. 터키인들의 주식은 빵이며, 이것을 먹지 않으면 식사를 하지 않은 것으로 여길 정도로 중요한 식품이다. 빵의 종류는 크게 에크멕과 피데 2가지로 나눌 수 있다.

(1) 에크멕(ekmek)

터키인들이 주식으로 먹는 빵은 겉은 약간 딱딱하고 속은 부드러운 것으로 에크멕이라고 하는데 프랑스의 바게트와 비슷한 형태이다. 일반적으로 터키에서는 식사 때 맞추어 금방 구운 따뜻한 에크멕을 사기 위해 에크멕공장 혹은 에크멕가게에서 장사진을 치며 기다리는 터키인의 모습을 쉽게 볼 수 있다. 이것은 밀가루와 약간의 소금 및 이스트만으로 반죽하여 오븐에 구워낸 것으로, 그 맛이 매우 담백하여 다른 음식들과 먹기에 적당하다. 영양섭취를 목적으로 하기보다는 포만감을 주기 위함이며 에크멕은 터키인에게 있어 신성한 식품으로 인식되어 먹다 남은 에크멕조각도 함부로 버리지 않는다.

(2) 피데(pide)

피데는 단순히 밀가루만 사용하여 만든 넓적하고 둥근 빵 위에 고기, 토마토, 계란, 마늘, 양파, 고춧가루 등을 넣어 굽는 것으로, 개인 식성에 따라 가감하여 먹는다. 피자와 비슷한 모양이나 치즈를 사용하지 않아 담백하다.

(3) 시미트(simit)

시미트는 도넛과 같은 고리모양의 빵과자로서 맛이 약간 짭짤하며, 깨가 붙어 있어 맛이 고소하다. 선착장이나 기차역 앞에서 팔고 길을 걸어가면서도 자연스레 먹을 수 있는 빵이다.

(4) 포아차(pogaça)

포아차는 간단하게 먹을 수 있는 간식용 빵으로, 주로 요구르트와 치즈가 들어 있다.

(5) 보렉(bröek)

보렉은 밀가루 반죽을 이용한 음식으로 치즈나 계란, 각종 야채, 간 고기 등이 들어 있는 얇은 페이스트리를 오븐에 구워내거나 기름에 튀겨내는 방법으로 만든다. 보렉에도 여러 유형이 있는데, 밀가루 반죽을 적당히 떼어 반죽 안에 여러 가지 재료를 넣어 만드는 보렉, 반죽을 밀대로 넓고 얇게 펴서 만두피처럼 만들어 여러 가지 재료를 넣어 만드는 보렉 등이 있다. 터키에서 보렉은 식사 때뿐만 아니라 차 마실 때 차와 함께 내는 것으로 다양한 형태의 보렉이 있다.

4) 파스트르마(pastrma)

터키인이 좋아하는 전통음식 중 하나인 파스트르마는 소고기나 양고기에 후춧가루와 체맨 등의 향신료를 뿌려 소금에 절인 후 햇볕에 말린 식품이다. 한국음식 중 육포와 유사한 맛인 파스트르마는 장기간 보관이 쉽고 운반하기에 편리해 유목이동생활을 하던 시기에 유용한 식품이었다.

5) 유제품

터키인들은 요구르트나 식초를 음식에 뿌려 먹는 시큼한 맛의 음식을 즐겼다. 특히 요구르트는 아주 오래전부터 중앙아시아 유목민들의 주요 먹거리 중 하나인 유산균 발효유이다. 요구르트의 어원은 터키어의 '반죽하다'라는 의미에서 파생되었다. 요구르트는 우유에 종균을 넣어 약 8시간 정도 온도를 유지하면서 발효시켜 만드는 것으로 걸쭉하면서 시큼한 맛을 낸다. 요구르트는 음식과 함께 먹기도 하고 수프를 비롯한 여러 음식을 만들 때 사용하기도 한다. 이 밖에 동물의 젖을 이용해 만든 치즈와 아이란과 크림 등도 유목민의 식습관을 보여주는 즐겨 먹는 음식 중 하나이다.

6) 쾨프테(kyofte)

쾨프테는 다진 고기에 여러 가지 양념과 다진 야채 등 여러 가지 식재료를 섞어 적당한 형태로 만든 다음 구운 요리이다. 터키는 일반적으로 굽는 요리가 발달해 있는데, 쾨프테도 이에 속하며, 물녹말과 고추기름을 넣어 맵고 걸쭉하게 만들어 먹기도 한다.

7) 초르바(corbasi)

밀가루를 주원료로 시금치, 호박, 무, 당근, 양파, 마늘, 가지 등의 다양한 채소와 함께 만든 수프를 초르바라 한다. 메인 요리 전에 먹게 되는 수프인 멜줌 초르바는 녹두를 갈아 만드는 녹두죽과 비슷한 음식이다.

8) 괴즐레메(goezleme)

밀가루 반죽을 얇게 펴서 그 안에 치즈와 시금치, 감자 등을 넣고 둥근 프라이팬에 구워내는 간식이다.

9) 돌마(dolmasi)

속을 채운 음식을 모두 돌마라고 부르는데, 포도나무 잎, 양배추 잎, 피망, 가지, 호박 등의 야채 안에 각종 양념을 한 쌀이나 고기, 야채, 견과류, 파스타를 넣어 만든 음식으로 그 종류가 수십 가지에 이르며, 전채로 이용하기도 한다.

10) 후식

(1) 타틀르

타틀르란 설탕을 많이 넣어 만든 식품으로 보통 식사에서 맨 마지막에 제공되는 후식으로 이용된다.

(2) 호사프(hosaf)

말린 과일을 설탕물에 끓여 만든 것으로, 포도 호사프, 자두 호사프, 버찌 호사프 등이 있으며, 호사프란 한 계절에만 나는 과일을 장기간 보관하기 위해 먹기 좋게 썰어서 말린 후 설탕물을 넣고 끓인 일종의 저장식품이다.

(3) 아이스크림

터키의 아이스크림인 돈두르마(don-durma)는 염소의 젖을 이용해서 만드는 아이스크림으로 죽죽 늘어나는 성질을 가져 찰떡 아이스크림이라고도 하는데 맛이 부드럽고 산뜻하다. 또한 하드 아이스크림인 '카흐라만 마라쉬'가 유명한데 카흐라만 마라쉬라는 도시가 바로 이 아이스크림의 원산지이다. 이 아이스크림의 역사는 300년 전이며, 'Ararat'라는 산에서 방목한 염소 젖을 원료로 하여 '살렙'이라는 난 송류의 식물뿌리를 넣어 만든 것이다. 특징

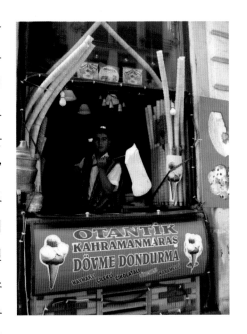

은 아주 딱딱해서 칼로 잘라서 먹어야 한다는 것이다.

11) 음료

① 카흐베(kahve)

카흐베는 터키어로 커피를 말한다. 터키인에게 커피는 빼놓을 수 없는 식품 중에 하나이며, 커피의 중요성은 결혼서약에서 남편이 아내에게 커피를 공급하겠다고 맹세하는 것을 보아도 알 수 있다. 카흐베는 제즈베라는 뚜껑이 없는 커피 주전자에 원두커피와 물과 설탕을 함께 넣고 약한 불로 저어가면서 오래 끓이며, 기호에 따라 우유에 카흐베와 설탕을 넣어 끓이기도 하고, 카르다몬이라는 향신료를 커피를 갈 때 첨가하기도 한다. 카흐베가 끓으면 거품이 올라오는데, 그때 그 거품을 커피 잔에 따른다. 이 과정을 세 번 정도 반복하는데, 거품이 많아야 잘 끓인 커피다. 터키커피는 설탕과 함께 끓이므로 단맛에 따라 종류가 구분되며, 차 스푼이 따로 제공되지 않는다. 마시는 방법은 커피와 함께 나오는 물로 입을 한번 헹군 다음 조금씩 천천히 마신다.

* 카흐베 전통방식

* 카흐베

② 차이(cay)

터키어로 차를 차이라고 하며, 육류를 주식으로 하는 유목민에게 차는 비타민 공급원으로 매우 중요한 식품이다. 차를 낼 때 정교하고 작은 투명한 유리잔을 사용하는데, 이는 차의 고유한 검붉은색을 선명하게 보여줄 수 있을 뿐만 아니라 차의 온도를 오랫동안 유지하는 데도 효과적이기 때문이다. 맛은 홍차와 비슷한데 끓이는 시간과 첨가 향신료에 따라 여러 가지 맛이 난다. 터키에서 차는 인간관계를 이루는 수단이 되는데, 찻집은 남자들의 전용공간으로 여자들의 출입은 거의 없다.

③ 술

유목민들은 우유나 말의 젖을 발효시켜 술을 만들어 마셨는데, 유목민에게 있어 술은 식품이자 영양음료로 애용될 뿐만 아니라, 제사 때 빠지지 않는 성물로 사용되었다. 오래전 유목생활에 있어 술은 터키인들에게는 오랜 전통이었으나 이슬람 수용과 함께 음주문화도 변하였다.

④ 음료

음료로는 요구르트를 희석하여 소금을 탄 음료인 에이란(ayran)을 즐기고, 맥주, 와인, 발효된 건포도를 증류하여 만든 라키(raki)는 어느 지역에서나 즐겨 마신다. 열성적 이슬람교도들도 맥주나 라키만은 주저하지 않고 마신다.

5. 식사예절

터키의 식사예절은 10세기 말부터 이슬람을 집단적으로 받아들이기 전에는 유목민적 특성이 뚜렷하여 유목민인 성인 남성의 경우 관례로 칼을 소지하였지만 식사 중에는 칼을 꺼내 보이는 행위를 금지시켰고 단정히 앉도록 요구했다. 이후 이슬람이 요청하는 기도 행위를 하기 시작했던 것으로 보인다. 터키어에 '손님환대(misafirperver)라는 용어가 단독적으로 사용될 정도로 터키인들은 손님접대를 중요하게 여긴다. 특히 11세기 터키인들의 손님 접대는 가히 최고 수준으로 예부터 터키인들은 손님이 오면 집과 식기 등을 깨끗이 정돈해 두고, 방에 방석을 깔아두며, 먹을 것과 마실 것을 최상급으로 준비해 놓고, 식사가 끝나면 과일이나 건과물을 대접한다. 평소에는 소식을 미덕으로 여기나 손님 접대 시에는 풍요로운 식사를 하는 것을 미덕으로 여긴다. 초대를 받아 준비된 음식을 다 먹으려면 상당한 인내가 필요하며, 먹을 양을 조절해 가며 먹어야 한다. 또한 손님이 돌아갈 때는 마음이 담긴 선물도 마련해 준다.

① 터키인들은 밤에 음식을 즐기고 대화를 나누면서 식사하는 것을 즐긴다. 따라서 식사 중에 사망자나 환자에 대해서 언급하지 않는다.

② 음식에 코를 대고 냄새를 맡지 말아야 하고, 음식을 식히기 위해 입으로 불지 않는다.

③ 숟가락이나 포크를 빵 위에 놓지 않고, 상대방 앞에 있는 빵의 조각을 먹지 않는다. 또한 음식을 건네받을 때 왼손을 사용하지 말아야 한다.

④ 대접받은 음식은 맛있고 즐겁게 먹어야 하고 상대방의 기분을 상하게 만들지 말아야 한다는 마음이 강하며 터키에서는 음식을 가려 먹거나 음식에 대한 불평을 좋지 않게 여긴다. 음식을 남기지 않고 맛있게 먹는 것을 좋아하여 소식의 미덕을 강조하는 격언들이 많다. 음식을 마련한 사람에게 감사의 표시로 "엘리니제 사을륵"(Elinize saglik, 그대의 손에 건강이 깃들기를) 즉, "맛있게 먹었습니다."란 표현을 빠뜨려서는 안 된다.

제 **5** 장

베트남의 식문화

1. 환경적 개요

　베트남은 인도차이나라 불리었던 지역으로 북쪽 국경으로는 중국과 접하고 있고 서쪽으로는 캄보디아와 라오스를 국경으로 접하고 있으며 남북으로 길다. 지리적으로 가늘고 긴 국토의 모양을 가진 베트남은 요리에 있어서 지역적 차이가 상당하다. 베트남은 비옥한 레드강 유역과 메콩강 삼각지를 소유하고 있다. 베트남은 국토의 3/4은 산지로 되어 있고, 기후는 북부와 서부는 고원지대로 겨울에는 서늘하고 약간 추우며, 기온이 영하로 내려가는 경우도 있다. 베트남은 적도 선상의 평야지대에서부터 고산지대나 고원과 평원 지대에 이르기까지 다양한 기후와 지형을 갖고 있기 때문에 많은 동물들의 서식에 매우 적합한 지역이다. 남쪽은 연중 무더운 날씨로 가장 추운 12월도 22~30℃를 유지하는 열대성 기후이므로 벼를 일 년에 3~4번 재배할 수 있고 벼 재배가 매우 발달되어서 현재 세계 최대의 쌀 수출국이다. 국경의 반이 바다와 접해 있어 2,200종의 어류, 300여 종의 게, 300여 종의 패류 및 80종의 새우 등이 풍부하여 어업이 발달하였다. 이러한 환경으로 발효한 생선소스인 느억맘(nouc mam)과 쌀은 베트남 음식에서 빠지지 않는다.

2. 식문화의 변천사

베트남은 동남아에서 차지하는 지리적인 위치 때문에 역사적으로 오래전부터 수많은 인종이 이동하고 여러 주요 문화가 교류하는 통로 역할을 하였으며, 외세의 침입도 자주 받아 전쟁이 끊이지 않았다. 특히 중국, 인도, 프랑스 등의 영향을 받아 아시아와 유럽의 음식이 조화를 이루는 특유의 전통 음식문화를 갖게 되었다. 베트남은 BC 111년부터 중국에 거의 1000년 가까이 통치를 받았기 때문에 그 영향을 가장 많이 받아 베트남의 많은 사회적 통념은 유교적 사상에 입각해 있으며, 종교적으로는 도교와 불교가 도입되었다. 식문화에서는 식사 시 젓가락을 사용하는 것이라든지 기름으로 볶는 조리법이라든가 면류의 이용, 된장과 같은 장류를 사용하고, 두부, 쌀을 주식으로 하는 등의 영향을 받았다. 이후 중국으로부터 독립하여 베트남 왕국이 수립되었으나 1860년경 프랑스에 의해 다시 식민지화되었고 프랑스의 영향을 강하게 받아 종교적으로는 가톨릭, 그리고 음식문화와 언어까지 프랑스풍이 유행하였다. 특히 상류사회에서 프랑스풍의 생활양식을 많이 도입하였다. 국물을 만들기 위해 쇠고기를 볶는 소테(saute)와 시머링(simmering)기술이 요리에 적용되었고, 아스파라거스, 아보카도, 안티초크, 버터, 와인, 커피, 바게트 등이 전해졌다. 그럼에도 불구하고 베트남의 음식문화에는 아직도 중국의 영향이 남아 있어 식품의 가치체계는 음양의 조화를 많이 고려하고 있다.

베트남 전쟁 전의 사이공시는 동양의 파리라고 할 정도로 도시의 풍경이 파리를 많이 닮아 있었다. 1945년 이후 베트남은 남과 북의 분단국가로 있다가 1965년부터 1975년까지 남북 간의 전쟁으로 공산화되었고 그 후 1992년에 경제적 개방과 더불어 정부에서 개방정책을 세우기 시작하였다.

3. 음식문화의 특징

어느 사회나 마찬가지이나 베트남은 특히 식사의 질에 있어 경제적인 조건이 많이 반영되어 있다. 따라서 경제력에 따라 식사의 횟수가 달라지는데 보통 2회 내지 3회를 한다. 베트남의 전통적인 아침식사는 밥, 국 또는 베트남식 국수와 프랑스식 빵, 육류와 땅콩을 잘게 다져서 삶은 고구마에 뿌린 요리를 먹는다. 점심과 저녁에는 밥과 생선이나 육류, 채소, 고깃국을 먹으나 가정에 따라 프랑스식으로 빵과 육류나 새우를 주식으로 하는 경우도 있다. 베트남에서는 해산물을 좋아하지만 이에 못지않게 닭고기, 소고기, 돼지고기와 각종 야채로 된 요리들도 즐겨 먹는다. 육류 중에는 돼지고기를 제일 선호한다. 포도주 또는 맥주를 식사 때 같이 마시는 경우가 있으며, 남자들은 주로 맥주를 마시고 여자나 아이들은 탄산음료를 마신다.

음식문화의 일반적인 특징

(1) 먹는 일이 모든 행동에 우선한다

베트남 속담에 '먹는 것이 있어야 도(道)를 노할 수 있다'는 말이 있다. 즉, 물질적인 여유가 있어야 정신적인 문제를 논할 수 있다는 말이며, 또 '하늘이 벌을 내릴 일이 있어도 식사 때는 피한다'라는 속담처럼 하늘도 감히 먹는 권리를 침범하지 못한다고 생각한다. 이처럼 베트남인들은 먹는 일이 모든 행동에 우선한다고 본다.

(2) 주식과 부식의 구별이 뚜렷하다

베트남인들은 오래전부터 농업과 어렵을 생활수단으로 삼아 그들의 주된 식품

제5장 베트남의 사회문화

은 쌀과 생선이다. 주식은 쌀이며, 베트남 음식문화는 쌀과 면의 문화라 할 수 있다. 특히 면 가운데서 퍼(pho)라고 부르는 쌀로 만든 면은 베트남의 대표적 쌀국수이다. 쌀의 종류에는 찹쌀과 멥쌀이 있으며, 멥쌀을 가공하여 국수, 반짱(banh tang, 라이스페이퍼) 등을 만들고, 찹쌀의 경우 차, 과자, 만두피나 각종 떡 등을 만드는 등 쌀가루를 이용한 가공식품을 많이 사용한다.

(3) 다양한 과일과 야채

베트남인들의 식사에서 밥 다음으로 중요한 것이 과일과 야채이며 베트남은 지역적으로 과일과 야채의 종류가 다양하고 많이 생산된다. 베트남인들이 식사에서 야채에 관한 이야기를 할 때 빼놓을 수 없는 두 가지 특별한 식품은 자(라)우 무옹(옹채)과 가지이다. 또한 야채소금저림과 가지소금저림 역시 베트남의 독특한 식품으로 베트남인들의 기호와 입맛에 맞아 서민들의 사랑을 받고 있으며, 이들은 우리나라의 김치와 비슷하다.

(4) 베트남의 주된 양념은 장류이다

베트남의 장류에는 콩으로 만든 콩소스와 생선소스인 느억맘이 많이 쓰이는데, 특히 느억맘은 베트남 요리에서 매우 중요한 기본 양념이다.

(5) 동물성 식품의 섭취

베트남인들의 식생활 구조에서 동물로부터 얻는 식품 가운데 첫째를 차지하는 식품은 해산물이다. 이는 베트남의 지정학적 위치상 바다와 강이 생활의 근거이기 때문이라고 볼 수 있다. 다음으로 육류인데, 돼지고기를 주로 즐기며, 오리, 닭, 그리고 비둘기 요리도 유명하다. 비단뱀, 코브라, 큰 도마뱀(이구아나)뿐만 아니라 담비 등도 식용하는 것이 특이하다.

(6) 외래문화의 차이점

중국음식과 비슷한 요리가 많지만 중국음식보다 기름을 적게 쓰고, 사용되는 향신료가 태국음식과 비슷하지만 태국음식보다 매운맛이 적고 덜 자극적이다. 또한 과거 서구 목초문화에서 크게 애용된 동물의 젖을 베트남인들은 동물의 배설물로 여겨 어떠한 형태로도 식용한 적이 없다.

지역적 특징

(1) 북부음식

봄, 가을은 아주 짧고 겨울은 한국의 늦가을과 아주 비슷한 산악지대인 북부지역은 쌀이 풍부하고 겨울 동안 온대성 채소가 생산된다. 음식의 전체적인 특징은 수도 하노이를 중심으로 중국의 영향을 가장 많이 받았으며, 짠맛이 강한 편이고 남부보다 음식이 달지 않으며 담백하다. 채소와 과일의 품질이 좋으며, 전쟁의 영향으로 조리법이 단순하고 직선적이다. 즉, 불을 사용하지 않고 조리하는 음식이 많고 밥을 많이 먹기 위해 찍어먹는 디핑소스가 발달해 있다. 대표음식으로 쌀국수가 있는데, 라임주스와 후추를 많이 넣어 국물 맛이 새콤하면서 맵다.

(2) 중부음식

계절에 따른 온도차가 거의 없는 시원한 중부지역은 한때 베트남의 수도였던 후에를 중심으로 매운맛이 강하다. 이는 후추보다 칠리를 더 많이 사용하여 음식이 자극적이고 무겁기 때문이다. 가지, 멜론, 호박, 아스파라거스, 망고, 파인애플 등 다양한 작물이 생산되고 야생조류와 민물고기, 조개류도 풍부하다. 이러한 다양한 재료로 간단한 음식부터 격식을 갖춘 궁중요리들이 전해 내려오고 있으며, 대표음식으로 '후에'요리가 있다. 중부지역의 쌀국수는 육수가 진하고 붉은 칠리고추로 연하게 색을 내는 것이 특징이다.

(3) 남부음식

남부지역 역시 일 년 내내 온도의 변화가 거의 없이 30℃를 웃도는 베트남 제일의 곡창지대이며, 바다와 메콩강에서 다양한 종류의 생선을 얻을 수 있다. 베트남의 수도 호찌민을 중심으로 남부음식은 중국과 인도, 프랑스의 영향을 많이 받았다. 음식의 맛은 대체로 달게 요리된 것이 특징이다. 특히 인도와 프랑스의 영향을 많이 받은 것으로 보인다.

4. 대표적인 식품과 음식

1) 퍼(pho, 쌀국수)

퍼는 고기를 우려낸 국물에 쌀국수를 만 것으로 맵고 새콤한 맛이 나는 베트남의 대표적인 국수이다. 소뼈를 우려낸 국물에 쇠고기를 넣은 퍼보, 닭 삶은 국물에 닭고기를 넣은 퍼가, 돼지고기는 퍼헤오라고 한다. 고추나 칠리 페이스트로 만든 양념장을 넣어 새콤달콤한 맛을 즐기며, 고명으로는 생숙주와 고수, 민트 등을 써서 향이 좋다. 각 지역마다 퍼의 맛은 다르나 북부지방의 퍼가 전통이라고 할 수 있다.

◦ **쌀국수의 역사**

우리가 알고 있는 쌀국수는 20세기에 하노이와 그 주변에서부터 시작되었다. 하지만 여러 가지 기록에 의하면 쌀국수는 1910년 이전부터 존재했다는 것을 알 수 있다.

베트남이 프랑스의 지배를 받던 당시 고향의 스테이크를 그리워하던 프랑스인들은 남은 소고기 뼈 등을 베트남 정육점에 전달하기 시작했다. 당시 베트남인들은 고기 파는 것에 익숙하지 않았으며 고기 맛에도 익숙하지 않았지만 정육점은 국수를 파는 노점상들에게 소고기 뼈 등을 팔기 시작했다. 이것은 노점상들 입장에서는 참신한 재료로 새로운 시도를 할 수 있는 좋은 기회가 되었다.

쌀국수가 인기를 얻기 전에는 하노이의 노점상들은 물소 고기와 쌀 버미첼리로 만든 xáo trâu를 팔았다. 하지만 새로운 재료가 생기면서 노점상들은 버미첼리를 납작한 쌀국수로 대체하고 물소고기는 얇게 썬 소고기로 대체했는데 이런 새로운 요리를 처음에는 중국 사람들이 좋아하였다고 한다. 당시에는 음식 이름이 ngưu nhục phấn이었는데 시간이 지나면서 베트남인을 포함한 다른 사람들에게도 퍼지기 시작했다. 이후 Old Quarter의 상점에서는 전문점을 열기 시작했고, Nam Dinh 스타일의 ngưu nhục phấn이 1925년 하노이에 나타나기 시작했다.

시간이 지나면서 요리의 이름이 점점 짧아졌다고 결국은 phở로 단축되어 마침내 한마디로 자리 잡았다. Phở는 1930년경 베트남어 사전에 실렸으며, 얇게 썰어진 쇠고기와 국수가 특징인 수프로 정의하고 있다.

수프는 1950년 북부지방에서 이주한 사람들과 함께 사이공에 정착했는데 새롭게 이주한 하노이 사람들에 대한 공포로 남부 사람들은 더욱 단순한 형태의 쌀국수를 단맛이 나는 국물과 태국 바질, 칠리 소스, 숙주 등을 첨가하며 보강해 온 것이 현재 우리가 사랑하는 쌀국수의 형태라고 할 수 있다.

2) 껌(com, 안남미)과 쏘이(xoi, 찹쌀밥)

껌은 밥과 함께 나오거나 밥을 요리한 것으로, 쌀(안남미)을 껌이라 하고 흰밥을 껌짱(com trang)이라고 부른다. 흰밥에 생선조림, 계란, 야채, 국이 같이 나오는 베트남 정식인 껌판(com phan)과 아침식사로 즐겨 먹는 덮밥류가 있다. 찹쌀밥은 쏘이라 하는데, 고기, 갖은양념, 멸치 볶은 것, 소시지, 야채 혹은 갖은양념을 얹어서 즉석에서 파는 경우가 많다.

3) 짜조(cha gio, 튀김만두)

짜조는 베트남식 스프링롤이며, 우리
나라의 튀김만두와 비슷하다. 잘게 다진
돼지고기, 게살, 버섯, 가느다란 국수인
베르미첼(당면), 야채 등을 쌀종이에 싸
서 껍질이 노랗게 될 때까지 기름에 튀겨
느억맘에 찍어 먹는다. 입맛에 따라 느억
짱(칠리소스)에 찍어 먹기도 한다. 저녁
시간에 손님을 대접하거나 가족행사, 설
날에 사용되던 음식이다.

4) 고이꾸온(goi cuon, 쌈요리)

숙주, 닭고기, 부추, 향채, 쇠고기, 삶은 새우 등을 라이스페이퍼에 말아서 생
선소스에 찍어 먹는 음식이다. 짜조와 달리 튀기지 않고 생으로 먹는 샐러드롤
이며, 땅콩소스나 느억맘에 찍어 먹는다. 고이쿠온은 베트남에서 아침식사로 즐
기는 음식이다.

5) 반미(banh mi)

프랑스식 바게트처럼 겉은 딱딱하고 모양도 비슷하지만 쌀과 밀가루로 만든
것이 특징이다. 그대로 먹기도 하고 빵 안에 햄, 고기, 야채, 양념을 넣어 먹기도
하며, 아침식사용으로 애용된다.

6) 고이센(goi sen)

베트남식 샐러드로 각종 야채를 특유의 소스와 섞어서 먹는다. 새우, 고기, 야채, 연꽃줄기, 레몬그라스 등을 버무려 땅콩을 위에 듬뿍 뿌려 먹는 음식이다.

7) 라우제(lau de, 궁중전골요리)

베트남의 전통 궁중요리로 양고기에 감초, 계피, 대추, 인삼, 음양곽, 육두구 등 14가지의 한약재를 넣고 푹 고아 육수를 내어 이 국물에 미나리, 상추, 쑥갓, 청경채, 버섯류, 숙주나물 등 10여 종류의 채소를 즉석에서 넣어 데친 뒤 쌀종이에 싸서 소스에 찍어 먹는다. 베트남에서는 술안주로 자주 먹는다.

8) 조미료

(1) 느억맘(nuoc mam, 생선간장)

베트남 요리에서 매우 중요한 기본양념이며, 모든 베트남 요리에 들어간다고 보면 된다. 생선에 소금을 넣고 발효시킨 장류로 젓갈 발효음식이다. 우리나라의 생선젓갈과 비슷하며 조미료로 사용되기도 하고 디핑소스를 만드는 데 사용되기도 한다.

(2) 콩소스

베트남에서 재배되는 콩에는 여러 종류가 있다. 그중 대두로는 두부, 기름, 콩나물, 간장 등을 만드는데 특히 간장 만드는 방법을 살펴보면 볶아서 빻은 콩을 끓여 얻은 액체를 항아리에 담아 7일간 넣어둔다. 이 기간 동안 멥쌀과 찹쌀을 섞어 기름에 약간 튀긴 다음 오래도록 뭉근한 불로 끓인다. 그런 다음 밖에 저장하면 곰팡이가 피는데, 이렇게 발효된 효소는 쌀녹말을 당화시키고 당화된 쌀죽을 먼저 만든 콩액과 반반 섞어 발효시킨 후 소금을 넣고 오랫동안 보관 가능하도록 만든 것이 간장콩이다. 이는 간장과 그 위에 떠 있는 찌꺼기 부분인 된장을 모두 포함한다. 이 간장은 느억맘만큼 짜지 않지만 질소 함유량은 거의 비슷하다.

9) 식음료

(1) 과일주스

베트남에서는 수많은 과일에서 짜낸 즙으로 만든 음료수를 맛볼 수 있으며, 과일즙으로 가장 많이 애용하는 과일은 레몬과 오렌지, 파인애플이 있다. 이외에도 코코넛, 바나나, 파파야 등으로 만든 과일즙이 있다.

(2) 느억짜(nuoc tra)

베트남 전통차를 끓인 물로 기름기가 많은 음식을 먹을 때 좋다. 느억짜에 얼음을 넣어 먹는 짜다는 더위를 식히고 갈증 해소에 좋다.

(3) 느억 미아(nuoc mia)

사탕수수를 롤러에 넣어 즙을 짜낸 후 얼음을 첨가해서 마시는 음료이다.

(4) 베트남 커피 '카페'

베트남은 커피 생산국으로 수출품의 중요한 부분을 차지하고 있다. 어디에서나 쉽게 커피를 마실 수 있으며, 프랑스의 영향으로 카페오레를 마시기도 한다. 베트남 커피는 진하고 연유를 넣어 마시는 것이 특징이며, 얼음을 넣은 냉커피인 카페스어다를 즐겨 마신다.

＊ 카페

(5) 쩨(che)

단팥, 콩, 쌀 등의 다양한 고식을 넣어 먹는 음료로서 베트남 학생들의 간식으로 많이 이용된다. 단팥죽처럼 따뜻하게 먹는 것, 과일이 들어간 것 등 그 종류는 여러 가지가 있다.

(6) 맥주(bia)

베트남산 맥주는 지방마다 대표적 브랜드가 있을 정도로 종류가 매우 다양하며 그중 비아 사이공, 비아 하노이가 가장 유명하다. 슈퍼마켓, 시장이나 식당에서도 판매하며 길거리에서 마실 수 있는 생맥주 비아흐이(bia hoi)는 베트남만의 독특한 정취를 느끼게 한다. 그 외에 코코넛 주스를 비롯하여 여러 가지 과일 주스도 많이 즐긴다.

(7) 차

차는 승려들에 의하여 오래전부터 사랑받았으나 언제부터 마시기 시작했는지는 알려지지 않고 있다. 베트남인들은 푸른 찻잎이나 말린 찻잎으로 차를 만들기도 하지만 많은 경우 여러 가지 꽃을 저며 향기 내는 차를 만든다. 차에 저며 넣는 꽃으로 연꽃, 재스민 꽃, 아글라이아, 국화 등이 있는데, 연꽃을 저며 넣은 차를 가장 선호한다.

5. 식사예절

① 베트남인들의 식습관은 공동생활의 특징을 잘 나타내 주는데, 커다란 그릇에 담아 식탁 위에 놓고 함께 먹는다. 밥통에서 각자 자신의 밥공기에 밥을 퍼 담은 후 밥그릇을 입가에 갖다 대고 젓가락으로 밥을 입안으로 밀어넣는다. 따라서 밥그릇은 항상 손바닥 위에 올려놓게 된다.

② 밥을 먹기 전에 상 위의 종이로 수저를 닦고 나서 먹기 시작한다.

③ 쌀국수를 먹을 때 젓가락과 숟가락을 모두 사용한다.

④ 국수그릇을 들어 올리거나 그릇을 입에 대고 국물을 마시지 않는다.

⑤ 젓가락으로 밥, 육류, 생선, 채소 등을 먹으며 숟가락은 국을 먹을 때만 사용한다. 자신의 먹던 젓가락으로 음식을 집어서 상대방 밥그릇에 얹어주는 경우가 있는데, 비위생적으로 느껴질 수 있으나, 이는 상대방에 대한 친절의 표현이다.

⑥ 식사 도중 식탁 위에 숟가락을 놓을 때는 반드시 엎어 둔다. 밥을 다 먹으면 젓가락을 밥그릇 위에 가지런히 얹어 놓는다. 밥그릇에 아직 밥이 있을 때 젓가락을 밥에 꽂아두는 것은 매우 불쾌하게 여기므로 유의해야 한다.

⑦ 찬물은 거의 마시지 않고 전통적으로 뜨거운 차 마시기를 좋아하는데, 차는 한꺼번에 마시지 않고 조금씩 음미하면서 마셔야 한다.

⑧ 술을 마실 때 베트남인들은 상대방에게 술잔을 돌리는 경우가 없다. 하지만 맥주나 순한 술을 즐기는 베트남인들은 상대방의 잔이 비지 않게 계속 채워주는 것을 잊지 않는다.

제 **6** 장

태국의 식문화

1. 환경적 개요

인도차이나반도의 중앙에 위치한 태국(Kingdom of Thiland)은 다양한 지형
과 토양으로 이루어진 나라이며, 국토의 면적이 513,115㎢로 한반도의 2.3배이
다. 동쪽은 라오스, 캄보디아, 서쪽은 미얀마, 북쪽은 중국에 각각 접해 있으며,
수도는 방콕이다. 아열대기후의 태국은 덥고 비가 많아 질 좋은 쌀이 많이 생산
되는 세계적인 곡창지대이며, 열대과일과 향신료가 풍부한 나라이다. 내륙의 강
과 운하에는 1년 내내 민물고기가 흔하고, 반도모양인 남부지역은 삼면이 바다
와 접해 있어서 각종 해산물이 풍부하다. 또한 동남아시아에서 유일하게 외세의
침범을 당하지 않고 독립국가로서 존재한 안정된 국가로 태국인들은 오랜 역사
속에서 자유와 평화 그리고 풍요를 누리면서 살아왔다. 이러한 자연환경과 사회
환경은 맛좋고 영양가 높은 양질의 음식을 다양하게 개발하여 먹을 수 있었다.

2. 식문화의 변천사

태국의 국민은 타이족이 중심이 되지만 역사적으로 이민족의 동화와 통합을 거듭한 복합민족국가라 할 수 있으며, 이러한 이질적 문화요소들이 융합되어 오늘날의 전통문화를 형성한 것이라 할 수 있다. 따라서 태국의 음식문화 역시 복합적인 성격을 띠고 있다. 특히 인도·중국과 활발한 문화교류를 하였고 이 과정에 두 나라 음식문화의 영향을 많이 받았다.

태국은 전통 불교국으로 찬란한 문화유산을 바탕으로 일찍부터 관광대국으로 발전하였다. 이는 오늘날 태국 음식문화가 발달하게 된 요인 중의 하나로, 음식을 중요한 관광자원의 일부로 인식하여 전통 태국음식 외에도 맛있고 다양한 종류의 음식개발을 활발히 하고 있다. 이에 대표적인 음식은 '시(sea)푸드'로 각종 해산물에 향신료를 첨가하여 다양한 방법으로 조리한 해산물 요리이다. 특히 왕새우를 재료로 조리한 '똠얌꿍'은 전 세계에 널리 알려진 태국의 전통요리이다.

3. 음식문화의 특징

태국인들은 하루 세 끼의 식사를 하지만 먹는 양은 비교적 적은 편인데 이는 불교의 영향으로 생각되며, 대신 열대성 과일과 떡류 등의 간식을 좋아한다. 식사는 주식과 부식인 반찬으로 구성되어 있고, 쌀을 주식으로 하며 음식을 상에 한꺼번에 차려 먹는다. 태국의 북부지방에서는 찹쌀이 많이 생산되어 이를 주식으로 하는데 대나무로 짠 바리에 찰밥을 담아 나뭇가지나 그늘진 곳에 걸어놓고 하루 종일 드나들면서 배가 고플 때 수시로 손으로 뜯어 먹는다. 대체로 고소하고, 맵고 신맛이 나며, 음식 자체는 짜거나 맵지 않고, 양념이나 소스가 맵거나 짜다. 또한 생선·닭고기·채소가 주재료이며, 기름을 적게 사용한다. 특히 태국인들은 생선을 가장 좋아하는데, 태국인들의 단백질 섭취량의 50% 이상이 각종 물고기에서 비롯된다고 한다. 이외에 단백질 식품으로는 계란과 오리알이 있는데 계란보다는 오리알을 더 선호한다.

아침식사로는 보편적으로 죽을 먹지만 태국식으로 조리한 커리밥을 먹기도 하며, 점심에는 밥과 여러 종류의 반찬을 먹는다. 저녁식사는 하루 중 가장 중심이 되는 식사로 밥에 생선구이나 찜, 그리고 각종 '깽'요리를 먹는다. 향신료를 화강암 돌절구에 찌어 '깽'요리를 만드는데 향신료의 가감에 따라 음식의 종류가 달라진다.

시각적인 면을 중요하게 여기고, 음식에 향기가 있으며, 단맛·신맛 및 톡 쏘는 매운맛의 복합적인 맛이 있다. 코코넛 밀크와 마늘, 생강, 곳, 칠리가루, 라임, 박하 등의 향신료를 많이 사용하며, 어장문화가 발달하였다. 태국사람들은 돼지고기를 쇠고기보다 더 좋아하며, 돼지고기의 가격이 쇠고기보다 약 40%가량 비싸다. 닭고기와 오리고기도 선호하는 육류이다.

음식문화의 일반적인 특징

(1) 풍요로운 음식문화

태국은 타이족의 이동과정에서 이민족과의 동화와 통합을 거듭하면서 이질적 문화요소들을 융합해 오늘날 하나의 전통문화가 형성되었고, 여기에 자연환경과 사회환경적 요인이 더하여 오늘날의 풍요로운 음식문화가 발달하였다. 이는 태국의 궁중음식이 다른 나라와는 달리 일반 서민들의 음식과 별반 차이가 없다는 사실과 태국의 많은 남성들이 손수 음식을 만들어 먹는 것을 낙으로 삼는 식습관을 보아도 오랜 세월 태국이 풍요와 평화를 누려왔다는 것을 알 수 있다.

(2) 어장문화의 발달

우리나라를 비롯한 동북아시아 지역은 대두장(大豆醬)문화권인데 반해 태국을 비롯한 동남아시아 지역은 어장(漁場)문화권이라고 할 수 있다. 이는 태국의 기후가 고온다습하기 때문으로 보이는데, 이러한 기후에서는 콩이 발효되기 전에 부패하기 때문이다. 태국에는 '남플라'라고 하는 생선 원료로 만든 간장이 있는데, 이는 생선과 소금을 적당한 비율로 섞어 오랫동안 발효시킨 생선액젓으로 우리나라의 멸치액젓과 비슷하다.

(3) 식생활에 미치는 불교의 영향

태국 국민의 95%는 불교신자여서 불교는 태국 국민의 일상생활에 큰 영향을 미치며, 식생활 전반에 걸쳐 불교적 의미가 많이 담겨 있다. 예전부터 살생을 금하여 동물은 식용이라기보다 농사나 수송용으로 생각했으며, 현재는 식용을 하나 작은 토막으로 나누어 판매하고 요리할 때에도 작은 조각으로 잘라 먹을 때 나이프와 포크가 필요하지 않다.

불자들은 일상적으로 매일 아침에 탁발 승려를 위한 공양음식을 준비한다. 승려들은 하루 2식만 하고 정오가 지나면 일체 공양을 할 수 없다. 따라서 오후에는 물과 엽차만을 마시며 수도에 정진한다.

(4) 주식 대체식품인 죽

멥쌀밥과 찹쌀밥을 주식으로 먹는 태국에서는 주식 대체식품으로 각종 죽 종류와 면, 만두, 카놈(떡) 등이 있다. 태국인들에게는 예로부터 죽이 구황식이었으나 절량기의 음식이라는 개념이 아닌 모든 일반 가정에서 기호식품이나 간식으로 먹는 음식으로 인식되어 있다.

(1) 북부음식

북부지역의 음식은 다른 지역의 음식보다 자극이 덜하며 온건한 맛을 낸다. 치앙마이를 중심으로 하는 북부지방은 토양이 척박하여 찹쌀경작을 주로 하므로 북부사람들은 찹쌀을 좋아한다. 특히 찹쌀을 대나무 시루에 찐 것으로 점성이 강하여 서로 엉켜 있는 꼬들꼬들한 밥을 좋아하며, 이를 손으로 조금씩 떼어내어 다른 소스나 국물에 찍어 먹는다. 이 지역의 커리는 보통 태국 중부나 남부 지방에서 널리 사용되는 코코넛 밀크를 넣지 않아 약간 묽고 간결하고 담백한 맛이 나는 경향이 있다. 민물고기로 담근 젓갈을 조미료로 사용하며 물고기를 선호하지 않고 신맛 나는 음식을 즐기지 않는다.

(2) 북동부음식

북부와 마찬가지로 동북부도 찹쌀이 주식이며, 건기에는 도마뱀, 개구리, 들쥐, 뱀 등을 태워 가루로 만들어 남플라에 넣어 먹기도 한다. 따라서 북동부음식을 먹으려면 모험심이 필요하다. 바다에서 멀리 떨어져 있기 때문에 물고기 음식은 주로 민물고기를 쓴다. 메기와 가물치가 대표적인 물고기이며 민물고기로 담근 젓갈을 조미료로 사용한다. 또한 요리에 칠리를 많이 사용하여 맵고 자극적인 것이 특징이다.

(3) 중남부음식

태국의 숭앙을 북에서 남으로 관통하는 짜오프라야강의 수리에 의하여 형성된 저지대 평야지대로 광활한 과수원, 논, 채소밭으로 형성되어 곡류의 주공급원이다. 방콕을 중심으로 한 중앙부는 멥쌀을 주식으로 하며, 코코넛 밀크와 고추, 허브 등을 사용한 걸쭉한 요리가 많다. 육류보다는 채소와 밥을 주식으로 하고 칠리, 고수, 코코넛유, 라임을 많이 사용하여 태국 특유의 강렬한 음식맛이 특징이며, 특히 톰얌이 유명하다. 조미료는 생선을 소금에 절여 우려낸 즙인 남플라를 사용한다.

4. 대표적인 음식

태국 음식은 5가지 기본적인 맛을 내는 조미료가 중요한데, 짠맛의 조미료로 가장 널리 사용되는 것은 남플라이며, 향미를 돋아주는 신맛의 경우는 라임주스를 주로 사용한다. 매운맛의 경우는 칠리를 주로 사용한다. 태국 음식의 종류를 구별하려면 몇 가지 이름을 알아두면 편리하다. 태국음식은 카오(khao, 쌀), 팟(phad, 볶음), 얌(yam, 고추, 남플라, 라임을 섞은 맵고 신 소스 혹은 샐러드), 깽(kaeng, 커리), 톰(tom, 수프) 등이다.

1) 쌀요리

(1) 카오팟(khao phad, 볶음밥)

가장 대중적인 음식으로 중국식 볶음밥이나 인도네시아의 나시고렝과 비슷하다. 보통 얇게 썬 오이와 함께 나오며, 일반적으로 매콤한 후추를 뿌려서 먹는다. 부재료로 새우, 오징어, 닭고기, 돼지고기, 달걀 등과 여러 가지 채소가 두루 쓰이며, 젓갈인 남플라로 맛을 낸다.

(2) 쌀국수

태국에서는 밀가루국수도 먹지만, 쌀가루로 만든 국수를 더 많이 먹는다. 쌀국수를 기름에 볶거나, 튀기거나, 국물에 말아서 먹는다. 팟타이(볶은 국수)는 새우, 숙주, 부추를 듬뿍 넣고 볶은 국수이다. 새우와 마늘 등을 볶다가 달걀을 풀어 넣은 다음 국수를 넣고

식초, 설탕, 남플라 등으로 맛을 내고, 마지막에 숙주와 부추 및 다진 땅콩 등을 넣어 섞는다.

2) 톰얌(tom yam)

얌(yam)을 넣어 끓인 맵고 신 수프를 톰얌이라고 하는데, 새우 수프는 톰얌꿍, 닭고기는 톰얌카라고 한다. 톰얌꿍은 태국에서 가장 인기있는 수프로 중국의 상어지느러미 수프, 프랑스의 부야베스(생선수프)와 함께 세계 3대 수프로 꼽힌다. 톰얌꿍은 신선로처럼

생긴 냄비나 도자기냄비에 담아 끓인다. 새우, 생선, 닭고기, 버섯 등이 들어가고, 레몬그라스, 월계수잎, 생강, 라임즙, 남플라, 고수, 고추 등의 향신료와 조미료로 맛을 낸다. 고추의 매운맛과 레몬그라스의 향기 및 라임즙의 신맛이 아주 상쾌하며, 어패류의 맛이 훌륭하게 조화를 이루어 섬세하면서도 깊은 맛을 낸다.

3) 샐러드

솜탐(som tam)은 태국의 대표적인 음식으로 땅콩을 넣은 그린파파야 샐러드

를 말하며, 얌(yam)은 태국사람들이 일상 식
생활에서 가장 즐겨 먹는 생채로, 향미채소가
많이 들어 있는 일종의 샐러드이다. 얌을 수프
에 넣은 것을 톰얌, 쇠고기를 얌으로 무친 샐
러드는 얌누아, 얌을 당면으로 무친 것은 얌
운센, 오징어를 넣은 것은 얌플라 무크이다.

4) 깽(kaeng)

'깽'은 주로 국물이 적은 커리와 같은 음식을 칭하고 '톰'은 주로 탕과 같은 국
물이 많은 음식을 지칭하지만, 꼭 그런 것은 아니다. 깽(커리)은 짧은 시간에 간
편하게 조리할 수 있어 아주 보편적인 음식의 하나로 보통 밥이나 국수에 얹어
서 먹는다. 커리는 해산물, 육류, 채소 등을 넣어 만들고, 재료나 향신료는 집집
마다 또는 식당마다 다르다.

○ **세계의 커리**

▪ **남아시아 커리**

인도 등 남아시아에서 "커리"는 흔히 생각하는 특정한 소스를 가리키는 고유명사가 아
닌, 각종 재료에 여러 가지 가루 향신료를 넣고 끓여 만든 음식을 일컫는 말이다. 그러므
로 '커리가루'라는 특정 소스는 없다. 남아시아에서는 인디카쌀로 지은 쌀밥이나 납작빵
인 난, 로티, 차파티 등을 커리와 곁들여 먹는다.
주로 한 가지 채소나 육류 등의 재료를 넣고 특별히 배합된 향신료를 넣어 만들기 때문에
그 종류가 많다. 게다가 다히(발효유)나 크림을 넣어 만든 부드러운 커리, 타마린드 혹은
마늘과 식초를 넣어 만드는 커리 등 소스의 맛과 색도 매우 다양하다.

▪ **동남아시아 커리**

동남아시아에서는 여러 향신료를 써서 만든 국물 음식을 "커리"라고 한다. 특히, 태국의
국물요리인 "깽"이나 캄보디아의 국물 요리인 "끄르엉"이 대표적인데, 가루 향신료를 배
합해 쓰는 남아시아식 커리와 달리, 신선한 향신채와 여러 가지 향신료를 빻아 만든 커리

페이스트를 베이스로 사용하여 만든다. 코코넛밀크를 넣어 부드러운 맛의 커리를 만들기도 한다.

사용되는 칠리 색에 따라 커리색이 달라져 커리의 이름이 붙여지기도 한다.

▪ 영국 치킨 커리

1772년 초대 인도 총독이기도 했던 워런 헤이스팅스가 향신료와 쌀을 영국에 소개하면서 커리가 알려지게 되었다. 이후 영국인들은 인도인들처럼 여러 가지 향신료를 배합해 쓰는 것이 어려웠기 때문에, C&B(크로스 앤 블랙웰)사에서 향신료를 영국인의 입맛에 맞게 배합해 만든 커리가루인 "C&B 커리 파우더"가 영국 가정에 보급되기 시작하였다. 국물 음식에 가까운 인도식 커리와 달리, 영국식 커리는 서양의 스튜와 같이 밀가루를 버터에 볶은 루를 사용하여 걸쭉한 형태를 띤다. 또한 채소와 콩 등을 주재료로 하는 인도식 커리와 달리, 영국의 커리는 쇠고기가 중심이 되는 경우가 많다. 이렇게 인도에서 시작된 커리는 탄두르에서 구운 닭고기(치킨 티카)를 영국식 부드러운 커리 소스에 끓여낸 치킨 티카 마살라가 탄생되면서 "영국을 대표하는 요리" 가운데 하나로 여겨지게 되었다.

▪ 일본, 일본식 카레

일본에서는 메이지 유신 무렵 가나가와현의 요코스카항에 정박해 있던 영국 왕립 해군 기지에서 먹던 "커리가루"를 사용해 만든 스튜 요리가 일본 제국 해군의 군대 식사로 도입되면서 알려지게 되었다. 이때 커리를 밥 위에 건더기와 함께 끼얹어 먹는 카레라이스가 만들어졌으며, 이후에 전역한 일본 군인들이 요코스카 군항 근처 및 고향에서 카레집을 차리면서, 카레가 일본 전국적으로 퍼져나가게 되었다. 요쇼쿠(일본식 양식)의 일종으로 여겨지며, 지금은 일본에서 가장 인기있는 요리이자 일본을 대표하는 요리로 자리잡게 되었다.

▪ 한국, 한국식 카레밥

한국에는 일제 강점기인 1920년대에 일본식 카레가 들어온 이후 1968년에 조흥화학식품사업부(현 오뚜기)에서 처음으로 카레가루를 생산·판매하였다. 먹는 방식이나 형태는 일본과 비슷하지만 한국에서 주로 볼 수 있는 카레는 다른 커리에 비해 울금의 함량이 높아 노란색을 띤다. 이렇게 노란색을 띠게 된 시기는 1990년대 즈음이며, 그 이전에는 일본과 비슷하게 갈색에 가까운 색을 띠었다.

5) 남찜

남찜은 태국 음식문화에서 빼놓을 수 없는 소스로, 이것이 태국 음식 맛의 다양성을 나타낸다. 음식의 종류에 따라 '남찜'을 사용하는 것이 다르며 종류만 해도 약 30가지가 있다.

6) 음료

(1) 물

태국에서 식수로 이용되는 정화된 물이나 끓인 물을 간단히 나암데움이라고 부른다. 그리고 태국인들이 마시는 물은 지역마다 다른데, 북부의 산악지대에 사는 민족들은 강물을 그대로 마시고, 평지에 사는 사람들은 주로 빗물을 마신다. 빗물을 식수로 사용할 때는 끓여서 식힌 다음 음료수로 사용한다.

(2) 쌩쏨

가장 태국적인 술로 옥수수와 사탕수수를 이용해서 만들었다. 알코올도수는 40도이며, 그대로 마시는 것이 아니라, 얼음을 잔뜩 넣고 물이나 소다수 내지는 콜라를 믹싱해서 마시는 것이 일반적이다.

5. 식사예절

태국의 재래식 식사방법은 음식을 반상 또는 대나무나 원목으로 만든 마룻바닥에 모두 차려 놓고 여럿이 둘러앉아 각자의 접시에 덜어 손으로 먹는 것이다. 그러나 서구문화가 유입되면서부터 점차 손으로 먹는 습관에서 숟가락이나 포크를 사용하는 식사습관으로 변했다.

① 일반적으로 밥 종류는 접시에 담아 숟가락과 포크를 사용하는 것이 보편적이고, 국물이 있는 국수를 먹을 때는 젓가락과 숟가락을 혼용해서 사용한다. 단, 포크의 용도는 음식을 스푼에 미는 것으로 포크에 입을 대는 것은 예의에 어긋난다.

② 다른 그릇에 담겨 있는 음식을 먹을 때는 '천끌랑'이라고 하는 중앙공동 스푼을 사용해서 각자의 그릇에 덜어온 다음 개인의 숟가락으로 먹는다. 이는 매우 위생적인 방법이라 할 수 있다.

③ 음식을 먹을 때 빨리 먹지 않도록 하고, 국물 있는 음식을 먹을 때는 마시지 말고 숟가락으로 떠서 먹는다.

PART 4

서양의 식생활문화

서양 식생활의 역사

음식의 역사는 인간이 생식에서 익혀먹는 시대로의 전환과 더불어 공동생활의 시작과 동시에 유래되었다. 그리고 점차 생활권이 확대되어 감에 따라 여행객이나 방문객 등의 음식 제공과 축제와 연회를 위한 음식을 만들면서 발전하였다. 즉 생존을 위한 음식에서 식생활이라는 개념으로의 산업형태로 발전하기 시작하였으며 이와 더불어 경제활동, 그리고 문화에 접목하여 각 나라별로 고유의 형태로 발전하기 시작하였다.

서양이라고 불리는 서유럽, 혹은 미주지역의 식생활문화의 역사는 BC 5세기경부터 생활문화를 기초로 발전해 왔다. 지역적 혹은 종교적 문화와 더불어 발전해 온 식생활문화는 서양의 개인적인 사고방식에 근거하여 동양의 그것과는 구별된다. 이처럼 다른 음식의 문화는 19세기에 들어서야 영국의 빅토리아 여왕시절에 완성되었고, 테이블 매너와 같이 형식적인 틀을 갖추게 된다. 테이블 매너란 요리를 맛있게 즐기기 위한 도구로서 그리고 상대방에게 폐를 끼치지 않으면서 적절한 방법으로 식사하는 매너라고 할 수 있다.

표 6   식생활의 변천사

창조사회(21C)	Art	예술
정보화 사회(20C)	Love, Like	식도락
산업화사회(후반기)	Selection	식생활의 선택
산업화사회(전반기)	Recognition	식생활의 인식
농경사회	Survival Food	생존을 위한 식사

자료 : 농수축신문, 1994 한국식품연감, p. 663.

한편, 서양의 음식문화는 막강한 권력을 누리던 로마제국이 멸망하면서 연회의 감소를 가져왔다. 중세시대의 식생활문화는 귀족들만의 특권이었고 사치스러운 연회에서는 마술사나 음유시인 등의 공연이 병행되어 연회의 참석자들은 향수가 담긴 물에 손을 씻고 소, 돼지, 양고기 등의 요리를 즐겼다. 이러한 문화와 더불어 한편에서는 수도원을 중심으로 보다 진보된 형태의 음식문화가 생겨나기 시작하였으며 빵 굽기, 포도주, 맥주 등과 같은 음식의 조리기술을 필요로 하는 계층의 충족을 통해 발전해 나가기 시작하였다. 미래에 Foodservice Guild에서 배출했던 조리사들이 수도원 출신이었다는 것이 이 같은 발전된 형태의 식생활문화를 대변한다. 테두리가 없는 모자는 조리사의 상징이었고 높은 모자는 조리장, 둥글고 흰 모자는 도제를 나타냈다. 또한 검은 모자도 등장하였는데, 이는 검은색이 중세시대에는 귀족을 상징하는 의미였기 때문에 조리사 중에서 검은색의 모자를 쓴 조리사는 책임자라는 의미였다.

▨ 넥타이의 유래

중세시대 사치스런 연회에서 비롯된 것이 요즈음 우리가 정장에 갖춰 매는 넥타이이다. 연회 참석자들이 손으로 음식을 집어먹는 풍습이 있었는데, 깨끗하고 화려한 색채로 장식한 손 닦는 턱받이용 냅킨에서 유래되었다고 한다.

▨ 맥주의 기원

이집트와 메소포타미아의 수메르인들이 최초로 마시기 시작하였는데, 이집트의 평민들만 맥주를 마시고 부자들은 포도주를 즐겨 마셨다. 메소포타미아의 수메르인들은 곡식수확량의 40% 정도를 맥주 제조에 이용하였으며, 이들에게 있어 맥주는 통화로도 이용되었다. 맥주는 '마시는 빵'이라고도 불렸는데 이것이 맥주의 기원이다. '맥주 빵'을 만들어 다양한 맛의 맥주를 제조하기 시작하였으나 보리 생산이 충분하지 않게 되어 맥주를 즐기지 못하자 이의 대용으로 대추술을 음용하였다.

▨ 최초의 부풀린 빵

고대 이집트인(기원전 3000년경)들은 밀의 생산이 풍부하여 제빵기술을 발전시킬 수 있었다. 이러한 중에 우연히 발효된 빵을 발견하고 이후엔 발효에 관여하는 미생물을 발달시켜 첨가하게 되어 효모를 이용하기 시작하였다. 효모는 맥주나 포도주로 얻어지거나, 전날 빵 반죽을 남겨 이용하였는데 효모로 만들어진 발효 빵은 부유층의 전유물로 인식되어 평민이 즐겨 먹을 수는 없었다.

제 **1** 장

프랑스의 식문화

1. 환경적 개요

일반적으로 예술과 패션으로 우리에게 잘 알려져 있지만 그 외에도 여러 가지 모습을 가진 나라이다. 뛰어난 과학기술, 스포츠, 패션 강국으로도 세계에서 위상을 높이고 있는 프랑스는 한편 전 세계에 만연된 미국문화로부터 가장 강하게 자국문화를 보호하고 있을 만큼 문화에 대한 자신감을 가진 나라이기도 하다.

요리 하면 프랑스를 떠올릴 만큼 프랑스 요리가 세계적 명성을 얻고 있는데 그만한 이유가 있다. 프랑스는 지중해, 대서양, 북해를 연결시켜 주는 위치에 있으며 유럽 문명의 교차로로 불린다. 이러한 입지조건은 프랑스를 다양한 민족들의 음식문화가 활발히 교류되는 장으로 만들었다. 또한 기름진 토양과 바다에서 생산되는 최고 품질의 식재료는 프랑스 요리의 튼튼한 밑바탕이 되고 있다.

2. 음식문화의 일반적 특징

카렘, 에스코피에 등 세계 각국의 조리 전문가들이 전범으로 살고 있는 걸출한 요리장을 배출한 나라도 프랑스이다. 프랑스는 식품과 포도주에 대해 위생 감독뿐 아니라 품질 감독까지 까다롭게 하는 나라이다. 프랑스에서는 훌륭한 요리사가 되기 위해 늦어도 16세 이전에 요리훈련을 시작하는 것이 보통이다. 프랑스인들의 요리와 포도주에 대한 열정은 대단하며 일상의 대화 속에서 음식에 대한 얘기를 즐겨 나눈다. 이러한 분위기는 프랑스를 미식가의 나라로 만들었고 프랑스 요리를 세계 최고의 위치에 올려놓았다. 프랑스식 정찬은 공식 만찬의 형식으로 세계적으로 통용되고 있으며, 프랑스 요리는 서구 고급 레스토랑 메뉴의 핵심을 구성하고 있다.

프랑스 요리 벨 에포크(프랑스에 있어 1871~1914년의 산업혁명에 의한 호경기시대)를 대표하는 미식가인 큐르논스키는 그의 편저 『프랑스 요리와 포도주』에서 프랑스 요리를 4가지로 분류하고 있다.

① **고전적 고급요리** : 수백 년 동안에 부호와 귀족들의 보호를 받으면서 돈과 시간에 구애되지 않고 발달한 요리이다. 이에는 재능 있는 요리사와 값비싼 재료가 필요하며, 과거의 숙수들이 이룩해 놓은 예술적인 요리이다. 글라스드 비앙드를 토대로 한 소스를 사용하는 요리도 포함된다.

② **가정요리** : 프랑스의 가정주부가 통상적으로 만드는 요리이다. 대표적인 것으로 포토푀(pot-au-feu : 고기와 채소를 푹 끓인 요리)가 있다.

③ **지방요리** : 프랑스 요리의 보고(寶庫)이며, 각 지방의 특산물을 살린 유명한 요리가 오랜 세월을 두고 개발되었다. 예를 들면 프랑스 남부지방의 부야베스(bouillabaisse) 등인데, 이것은 현재 고급 프랑스 요리로 간주되고 있다.

④ **즉흥요리** : 갓 잡은 물고기·들새 등을 즉석에서 조리해 먹는 요리로 정교하지는 못하다.

이후 20세기 들어 프랑스 요리는 새로운 요리의 시대를 맞이하게 된다. 클래식이 존재하지만 새로운 요리법인 분자요리가 그 뒤를 이어 탄생되면서 과거와 현재가 공존하는 요리의 시대를 맞이하게 되었다.

분자요리(Molecular Gastronomy)는 1988년 프랑스의 화학자 에르베 티스와 헝가리의 물리학자 니콜라스 쿠르티가 요리의 물리, 화학적 측면에 대한 국제 워크숍을 준비하던 중 이 분야에 적합한 이름을 짓는 과정에서 '분자 물리 요리학'(Molecular and Physical Gastronomy)이라는 이름으로 탄생되었다가 1998년 쿠르티가 사망한 뒤부터는 '분자요리학'이라는 이름으로 널리 퍼지게 되었다.

*분자요리

분자요리는 음식재료의 질감이나 조직을 물리, 화학적인 방법을 이용하여 분석한 후 전혀 어울리지 않을 것 같은 재료들을 조합시켜서 새로운 맛을 창조하는 요리법이다. 재료를 조리하는 과정에서 일어나는 분자의 물리, 화학적인 반응을 연구하고 음식을 새롭게 만드는 것으로 '음식을 분자단위까지 철저하게 연구하고 분석한다'고 하여 분자요리라는 이름이 붙었다. 주로 많이 쓰이는 공법으로는 액체질소를 이용한 공법(순간냉각), 수비드 공법, 식품첨가제 등을 조합하여 색다른 식감 등을 만들어내는 공법 등이 있으며 점점 더 확대되고 있다.

하지만 프랑스인들은 여전히 아침식사로 보통 빵에 잼을 발라 먹는다. 빵 종류도 다양한데 얇고 초승달 모양의 크루아상, 반으로 잘라 파이처럼 버터와 잼을 발라 먹는 바게트, 속에 초콜릿을 넣고 둘둘 말아 버터를 바른 초콜릿 빵, 그리고 달걀을 많이 넣은 둥글둥글한 모양의 브리오슈 등을 많이 먹는다.

 이런 빵들은 흔히 카페오레(우유를 넣은 커피) 또는 다른 차와 함께 먹을 수 있고, 어떤 카페에서는 포도주를 주기도 하는데, 포도주는 소화에 큰 도움을 준다.

◦ 프랑스의 대표 요리사

프랑스 요리의 창조자 카렘과 완성자 에스코피에

프랑스 요리가 프랑스 요리다워진 것은 19세기에 활동했던 앙토넴 카렘이 출현한 뒤부터이다. 나폴레옹 시절부터 시작해서 러시아 황제, 영국 왕세자, 로스차일드 가문에 봉사했던 요리사로, '왕의 요리사'라고 불리면서 요리사를 예술가의 반열에 올리는 역할을 하였다. 그는 요리사라는 직업을 예술가의 영역에까지 끌어올리겠다는 의욕을 가진 위대한 요리사이자 이론가였다.

* 카렘의 디저트

그 당시로서는 현대적인 요리를 개발하여 카렘은 현대 프랑스 요리의 창조자라고도 불린다. 그는 새로운 시대에 어울리는 새로운 요리를 만들 것을 주장하였다. 카렘 요리의 핵심은 단순함과 조화이다. 그는 기존의 것을 새로운 것과 조합한 다음 다시 체계적으로 재구성하였다. 또한 최초로 소스의 역할을 체계적으로 분석하였다. 카렘은 또한 자신의 요리세계를 여러 권의 책으로 남겨 이후 셰프들에게 큰 영향을 미치게 되었다.

카렘 이후 많은 요리사가 카렘의 방식을 계승하였는데, 이후 19세기 말 오트 퀴진을 완성한 사람은 바로 A. 에스코피에다.

카렘이 왕족과 귀족을 위해 요리한 반면, 에스코피에는 일반 시민이나 예술가와 교류하며 요리를 펼쳤다. 이는 가스트로노미의 주역이 일반시민으로까지 퍼져 있음을 보여주었다고 할 수 있다. 그는 "요리는 진화의 과정"이며, 진보는 도중에 멈추는 일이 없다고 생각했다. 때문에 그때까지 전해지던 고전적인 프랑스 요리와는 전혀 다른 새로운 요리를 선보였다.

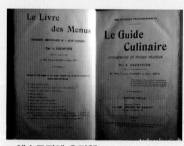

* 에스코피에 요리책

또한 에스코피에는 현대적인 주방 시스템을 확립하였다. 그는 주방을 다섯 개의 파트로 나누어 주방에서 요리사들이 팀으로 요리를 하게 한 것이다. 또한 레스토랑을 주방과 홀, 캐셔로 분리하여 빌지를 세 곳에서 관리하게 하는 현재의 레스토랑 모습을 확립한다.

수많은 업적 중에서도 에스코피에의 가장 큰 업적은 프랑스 요리를 집대성하였다는 데 있다. 그는 요리를 학문화시키고 고전을 단순화시켜 재구성하였다. 그가 쓴 『요리입문서(Le Guide Culinaire)』(1902)는 현재까지도 프랑스 요리를 하는 사람들의 교과서로 여겨지고 있다.

때문에 A. 에스코피에는 '프랑스 요리의 완성자'로 불리게 되었다.

◦ 프랑스의 고급요리 절차

① 오르되브르로 식욕을 돋운다.(서양식 식사에서 정해진 식사 메뉴 코스에 앞서 식욕을 돋우기 위하여 대접하는 소품의 음식. 원어명 hors-d'oeuvre, 영어로는 appetizer)

② 수프를 낸다.(정찬인 경우 꼭 맑은 수프 - 콩소메)

③ 전채요리

④ 생선요리

⑤ 육류요리(소스를 생선과 다르게 하여 변화를 준다.)

⑥ 소르베(sorbet : 양주가 든 얼음과자)

⑦ 로티(들새구이)

⑧ 채소요리

⑨ 디저트

⑩ 과일

⑪ 애프터 디너 커피

메뉴를 짤 때는 오르되브르에서 디저트까지 재료ㆍ빛깔ㆍ맛 등에 변화를 주면서 전체의 균형을 잡아야 한다. 또한 프랑스 전통요리는 적어도 세 가지 코스를 거친다. 먼저 앙트레와 전채요리로 수프, 달걀 프라이, 샐러드나 소시지 또는 햄을 얇게 썬 샤르퀴트리 등을 먹는다. 레플라(주코스)에는 소스를 얹은 생선이나 고기 요리를 먹으며, 여기에 감자나 밥, 파스타와 야채를 곁들여 먹는다. 마지막 코스로 치즈를 먹고 소르베(아이스크림 종류), 과일파이, 파티스리(과자류) 등을 디저트로 먹는다.

3. 대표적인 식품과 음식

▧ 오뇽 그라티네 수프

냄비국수와 같은 뜨거운 음식이다. 잘게 썬 양파를 기름에 볶은 다음 쇠고기를 넣고, 구운 빵조각을 띄운 후 치즈를 얹어서 끓인 것이다. 출출할 때 요깃거리로 적당하다.

▧ 달팽이

부르고뉴 특산의 달팽이를 데친 것에 마늘과 파슬리, 버터를 잔뜩 넣어 오븐에 구운 음식. 전채의 한 가지인데 찬 백포도주와 함께 먹으면 별미다. 1월에서 4월까지가 제철이지만 어느 레스토랑에서나 일 년 내내 보편적인 전채로 나온다.

▧ 생굴

오르되브르에 쓰임. 가을바람이 불기 시작하면 시내의 모든 음식점에 생굴이 등장한다. 생굴은 약간 비싼 전채이지만 우리 입맛에도 잘 맞는다. 크기는 대, 중, 소가 있는데, 작은 것일수록 비싸다. 한 접시에 보통 여섯 개인데 9~12개인 가게도 있다. 먹는 방식도 간단하여, 레몬을 굴 위에 짜서 포크로 찍어 먹는다.

▧ 해물 모둠

브르타뉴의 바다에서 나는 해물이 얼음 위에 듬뿍 올라 있는 호화로운 전채다.

굴, 조개, 소라, 게, 새우 등에 검은 빵과 버터가 곁들여 나온다. 1인분을 두 사람이 나누어 먹으면 적당한 양이다. 먹는 방식은 생굴과 같다.

▨ 푸아그라

푸아그라는 프랑스어로 '살찐 간(fat liver)'이라는 뜻이다. 이는 거위나 오리를 4~5개월 동안 운동을 시키지 않고 사료를 많이 먹여서 살이 찌도록 하여 간도 커지게 만든다. 이렇게 키워서 다 자란 거위의 간은 무게가 평균적으로 1.35kg이다. 오리보다는 거위의 간을 상품(上品)으로 취급한다. '파테 드 푸아그라'는 거위 간 80%에 돼지 간, 트뤼프, 달걀 등을 섞어 퓌레 형태로 만든 것을 말한다. '무스(퓌레) 드 푸아그라'는 거위 간 55% 이상을 포함한 것을 말한다. 프랑스 북동부의 알자스(Alsace)와 남부 페리고르(Perigord) 지방의 특산품이다. 가격이 매우 비싸 보통 오르되브르에 사용하거나 크리스마스 등의 명절에 먹는다. 지방 함량이 높아서 맛이 풍부하고 매우 부드럽다. 화이트와인의 일종인 소테른(Sauternes)과 맛이 잘 어울린다. 간을 그대로 굽기도 하고, 토스트 위에 얇게 바르거나 수프에 넣어서 먹는 등 다양한 요리법이 있다.

▨ 포도주

'포도주 없는 식사는 태양이 없는 날과 같다' '포도주는 신이 주신 음료, 물은 짐승의 음료' 프랑스 사람들의 포도주 예찬이다. 식당은 물론 가족 식사나 학교 식당서도 포도주는 빠지지 않는다. 초등학교 학생들에겐 포도주를 물에 타서 준다.

* 루아르 포도주

루아르강 중하류 포도밭은 전국의 5%, 포도주는 4%밖에 되지 않지만 품질이 좋다. 루아르강 북쪽 강변 부브레와 남쪽 강변 몽루이에서는 백포도주가 난다. 금빛으로 청량하달 만큼 신선하다. 하류 부르게이유와 시농은 비교적 맛이 가벼운 루비빛 적포도주를 생산한다.

* 보르도 포도주

생산량은 전체의 15%가량. 기품 있는 귀부인에 비유되는 깊은 맛의 붉은 포도주가 특히 이름 높다. 병은 어깨가 벌어진 당당한 모습으로 남성적인 것이 재미있다. 카베르네 소비뇽, 카베르네 프랑, 메를로, 말메종 포도를 몇 가지씩 섞어쓰고, 배합방법은 샤토에 따라 조금씩 다르다.

* 지롱드강

왼쪽, 넓고 완만한 구릉지가 메독 지역이다. 이곳 포도밭은 모래와 자갈로 덮여 있고, 그 아래로 규토 석회암 점토가 섞여 지력이 약하다. 그러나 물이 잘 빠져 포도가 자라는 데엔 좋다. 식도락가나 와인 애호가들이 꼭 맛보고 싶어 하는 최고급 와인의 고향이다.

* 코냑

원래는 지명이지만 이 지역에서 나는 브랜디를 코냑이라 한다. 이 지역에서 나는 신맛 강한 포도주를 2번 증류해서 떡갈나무통에서 적어도 2년간 숙성시킨다. 코냑박물관에 자료들을 전시해 놓았다. 헤네시 등 위스키로 많이 알고 있는 코냑은 구운 와인이다.

프랑스 사람들은 옛날부터 포도주의 맛을 감별하는 감정사가 있어서 그것을 마치 의식처럼 엄숙하게 시행한다. 은잔에 따른 포도주를 가만히 흔들어 그 색과 방향을 관찰하며 코로 냄새 맡고 다음에 입에 대고 서서히 맛보는 것이다. '포도주는 살아 있다'고 한다. 밭에서 딴 포도를 압착기로 짓눌러 큰 술통에 넣어서 넓은 땅굴 속이나 지하실에 저장해 놓고 그것이 양조되는 변화과정을 말하는 것이다.

술통을 관리하며 저장땅굴을 지키는 술 양조 기술자가 때를 맞추어 그 술통에서 떠낸 술의 맛을 보며 포도주가 양조되는 성장과정을 살핀다. 이렇게 하여 발효가 끝난 포도주는 경매에 붙여지는데 그것을 일종의 쇼로 꾸민 행사가 유명한 클로 드 부조(Le Clos de Vougeot)의 '술맛 감정 기사 집회'다.

디종에서 남쪽으로 좀 더 내려간 곳에 본(Beaune)라는 고도가 있다. 이곳은 옛날에 부르고뉴공들이 본거지로 삼았던 곳이다. 이곳에 있는 광대한 포도원의 한 귀퉁이에는 12세기에 지어진 양조장과 술 저장창고가 있고, 또 16세기에 건조된 성관이 한 덩어리가 되어 서 있는데, 이것이 시행되는 집회는 매년 11월 11일이 지난 토, 일, 월요일의 3일간으로 이 기간을 그들은 '영광의 3일(Les Trois Glorieuses)'이라 부르는데, 세계에서 내로라하는 술맛 식별꾼들이 모인다. 이 사람들을 '타트뱅의 기사'라 하고 이 기사들의 조직을 '타트뱅의 기사단(Confrerie des Chevaliers du Tate-vin)'이라고 부른다. 이 행사는 첫날인 토요일엔 클로드 부조의 술창고에서 술맛 감정 기사단 총회를 한다. 물론 성대한 연회가 베풀어진다. 부르고뉴 포도주의 판매 촉진을 도모하는 모임으로 이 기사단을 창립했다고 한다.

▨ 미슐랭가이드

100년 이상의 전통을 가지고 있는 프랑스의 음식전문 비평책자 『미슐랭가이드』가 음식문화에 있어 여전히 자리를 지키고 있는 것은 결코 우연이 아니다. 붉은 표지의 책자이기 때문에 르 기드 루즈라는 이름이 붙은 미슐랭가이드의 권위는 엄정성과 신뢰성에 바탕을 두고 있다. 미슐랭가이드는 매년 봄에 정보를 업데이트해 발간하는 식당 및 여행정보 가이드이고 무려 2천여 페이지에 육박하는 방대한 분량의 단행본임에도 불구하고 매년 50만 부씩 팔리는 초대형 베스트셀러이다. 책머리에 간단히 실려 있는 여행정보와 레스토랑 선정에 대한 조언을 빼면 그 방대한 분량은 전부 레스토랑과 호텔정보에 할애되어 있다.

이에 포함된 레스토랑 정보도 장황하지 않고 아주 간단하고 단순명료하다. "매우 가족적인 분위기에 랑드 지방의 특산요리가 제공되며 주인은 남서지방 출신이다. 식당 홀은 아주 시골스럽고 정겹다." 등등 간단한 비평들이지만 그 식당에 대한 특색만을 담고 있다. 물론 미슐랭가이드에서 제일 중요한 부분은 미슐랭 에

투와(별)이다. 매년 미슐랭가이드는 전국 레스토랑을 대상으로 요리의 맛, 분위기, 서비스 등을 종합적으로 심사해 우수한 레스토랑에 별을 부여하는데 별 하나의 권위가 굉장한 영향을 가진다.

◦ **미슐랭가이드의 별표 매김 기준**

★ - 똑같은 메뉴를 팔고 있는 여러 레스토랑 중 이 집이 최고라는 의미
★★ - 이 식당의 음식을 맛보기 위해 당신의 여행경로를 수정하라는 의미
★★★ - 최고의 레스토랑에만 주어지는 그야말로 최고의 레스토랑
참고로 5,661개의 호텔과 4,137개의 레스토랑(총 9798개 업소) 중 22개의 업소가 3개의 별을 받았고, 70개 업소는 두 개의 별을, 407개의 업소만 한 개의 별을 받아 총 499개 업소만이 미슐랭스타를 받았다.

---

4. 식사예절

보통 예약을 할 때는 예약하는 사람의 이름과 날짜, 시간을 비롯해 인원수, 모임의 목적, 연락처를 함께 남겨두는 것이 좋다. 연락처는 예약이 제대로 되어 있는지 확인할 때 필요하다. 레스토랑을 찾을 때는 다른 사람에게 불쾌감을 주지 않는 단정한 복장이 좋으며 운동복이나 반바지, 슬리퍼는 자제한다.

▨ 식사하기 전 예절

레스토랑에 도착하면 안내자를 따른다. 부피가 큰 소지품이나 모자, 가방, 외투 등은 코트 룸에 맡긴다. 여성의 핸드백은 등과 의자 사이에 둔다.

의자에 앉을 때는 허리를 편, 바른 자세로 앉는다. 다리를 포개거나 턱을 괴지 않는다. 테이블에 팔꿈치를 세우지 않는 것이 예의다.

식탁 위의 포크나 나이프 등으로 장난하지 않도록 한다. 음료수는 항상 오른쪽 위에 두고 식사 전에 너무 많은 음료수를 마시지 않는 것이 좋다. 레스토랑 내에서는 떠들거나 돌아다니지 않는다. 여성이 의자에 앉을 때는 남성이 도와주는 것이 기본적인 예의이다.

▨ 식사하는 동안의 예절

식사가 시작되면 냅킨을 무릎 위에 펼쳐 놓는다. 냅킨은 복장이 더러워지는 것을 막고 물이나 음식 오염물을 닦을 때 필요하다. 얼굴이나 목을 닦을 때 냅킨을 쓰는 것은 예의에 어긋난다. 자리에서 잠시 일어날 경우 냅킨은 의자 위에 둔다. 냅킨은 식사가 끝난 후에만 다시 식탁 위에 올린다.

식사 도구는 바깥쪽에서부터 사용하고 오른손에 나이프, 왼손에 포크를 쥔다. 포크는 좌측에서 우측으로 옮겨 잡아도 무방하다. 손에 쥔 나이프와 포크를 세워서는 안 된다. 나이프나 포크를 떨어뜨렸을 때는 직접 줍지 않고 레스토랑의 웨이터나 웨이터리스에게 얘기한다.

빵은 입속에 남아 있는 요리 맛을 씻어, 미각을 신선하게 하기 위해 준비된다. 왼쪽에 있는 빵 접시가 자신의 것이다. 빵을 먹을 때 수프나 우유, 커피 등에 적셔 먹는 것은 삼간다. 빵을 먹을 때는 나이프를 이용하지 않고 먹을 만큼 손으로 떼어 먹도록 한다. 버터는 빵을 빵 접시에 옮긴 다음 발라서 먹는다.

멀리 떨어져 있는 것이 필요할 때는 직접 가져다 쓰기보다 근처에 있는 사람으로부터 건네 달라고 한다. 다른 사람 앞으로 팔을 뻗거나, 나이프나 포크를 든 채로 특정 방향을 가리키는 것은 실례로 여겨진다. 손을 뻗으면 와인 잔 등을 건드리는 등 실수할 수도 있기 때문이다.

음식이 나오면 처음부터 소금이나 후추 등의 조미료를 가미하는 것보다는 일단 맛을 먼저 보고 필요에 따라 추가하는 것이 좋다. 식사가 끝났다고 접시를 움직이거나 포개지 않는다.

음식을 먹는 동안에는 소리가 나지 않도록 신경쓴다. 음식이 입안에 있을 때는 말하지 않고, 대화할 때는 공통된 화제로 조용히 진행한다. 식사는 상대방과 비슷한 속도로 맞춘다. 식사 동안에는 얼굴이나 머리를 가능한 한 만지지 않는다. 식사가 시작되면 끝날 때까지 양손을 큰 접시 옆에 가볍게 얹어 놓는 것이 좋다.

식사 후의 예절

식사가 끝나지 않았을 때는 포크와 나이프를 'ㅅ' 모양으로 놓는다. 식사 도중에는 사용하던 포크와 나이프를 테이블 위에 놓지 않도록 한다. 식사를 모두 마치면 포크와 나이프를 접시의 오른쪽 아래로 비스듬히 놓는다.

상대방이 아직 식사 중인 경우에는 기다린다. 사용한 냅킨은 아무렇게나 놓기보다 가지런히 접어서 식탁 위에 올려놓는 것이 예의다.

제 **2** 장

○

독일의 식문화

1. 환경적 개요

유럽이란 대륙의 특성상 여러 나라와 접해 있는데 북쪽으로 북해, 발트해에 접하고 동쪽으로는 폴란드, 체코, 남쪽으로는 오스트리아, 스위스, 서쪽으로는 프랑스, 룩셈부르크, 벨기에, 네덜란드와 접한다. 지형적인 특색은 북부지역의 평원이나 저지대, 중부지역의 고지대, 그리고 남부 알프스산맥의 3가지 큰 특징적 지형을 가지고 있다. 주요 국경은 스위스와 접한 라인강이 있으며 연중 온대기후이고, 연평균 기온은 9℃ 정도이다.

2. 음식문화의 일반적 특징

독일의 요리는 영양이 풍부하고 실질적인 것이 많지만 세련된 것은 찾아보기 어렵다. 독일은 동서남북으로 인접국가가 많기 때문에 그 영향을 받은 요리가 많아 독일요리의 종류도 대단히 많다. 제2차 세계대전 전의 독일 영토는 현재에 비해 훨씬 넓었으며 지금은 다른 나라 영토의 지방 이름이 붙은 요리도 독일요리로서 의젓이 남아 있다.

독일의 음식은 주변 국가인 이탈리아의 스파게티나 프랑스의 화려한 음식들에 비하여 특별히 훌륭하다거나 내세울 만한 음식은 없다. 이러한 이유는 크게 두 가지로 볼 수 있는데 독일의 불리한 지리적 위치와 독일 특유의 음식 변천사가 그것이다. 우선 독일은 일조량이 적고 산림지역이 많은 지리적인 여건으로 인해 고기 및 곡식이 부족하고, 해산물 또한 그리 풍부하지 못한 편이다. 그리고 독일은 역사적으로 16개 주들의 요리가 각기 서로 다르게 변화되어왔기 때문에 현재 전형적인 독일음식이나 국민음식은 찾아볼 수 없다. 이러한 연유로 독일인들은 과거부터 돼지고기, 소고기, 감자, 호밀 등을 즐겨 먹어 왔는데, 현대에 와서 독일인이 있는 자리에 꼭 빠지지 않는 음식이 있다면 바로 소시지와 감자, 그리고 맥주이다. 즉, 다양한 먹을거리의 부족으로 인해 이를 대신했던 음식들이 오늘날의 독일 음식문화의 특징을 만들어냈다고 말할 수 있다. '사람은 빵만 먹고 살수 없다. 반드시 소시지와 햄이 있어야 한다'라는 독일의 속담에서도 알 수 있듯이 소시지는 독일 사람들에게 빼놓을 수 없는 가장 기본적이고 중요한 음식이 되었으며, 이들 음식은 대부분의 독일 가정 식탁에서 하루도 빠지지 않고 오른다.

독일의 음식문화도 꾸미지 않은 자연의 맛을 중시하고 있다. 독일음식이라면 누구나 소시지와 푹 삶은 감자, 그리고 맥주를 떠올리게 되는데, 그 외의 요리들도 소박하고 자연적인 것이 특징이다. 또 삼림이 많고 예로부터 수렵에 능숙하여 육류요리를 즐긴다.

3. 대표적인 식품과 음식

독일요리는 경제적이면서 합리성을 띤 가정요리가 많고 옛날에는 라드(돼지기름)의 사용에 특징이 있었다고 한다.

독일요리라고 하면 우선 조치(찌개)를 들 수 있다. 고기를 라드로 잘 구운 다음 야채와 함께 천천히 삶는다. 또 고기를 덩이째로 와인·식초·맥주 등에 4~5일 간 담갔다가 이것을 라드로 굽고 다시 삶은 자우어브라텐(Sauerbraten) 등은 독일의 대표적인 요리라고 할 수 있다. 쇠고기나 돼지고기의 큰 덩이, 돼지의 다릿고기, 소의 혀 등을 소금에 절였다가 서서히 데친 후 그 국물로 양배추 등 야채를 삶아서 감자를 곁들여 먹는 요리는 연하고 산뜻한 맛이 난다.

독일 사람은 하루에 한 번은 반드시 소시지를 먹는데 각 지방에서는 수많은 소시지류가 생산되며, 옛날에는 한 지방에서도 푸주에 따라 독특한 맛을 냈다. 소금에 절인 고기로 만드는 요리나 소시지 등은 냉장고 등이 없던 시절에 생활의 지혜로 생긴 것으로서 문화가 발달한 오늘날에도 많은 사람들의 사랑을 받고 있다.

이 밖에도 사슴·멧돼지·산토끼·들새류의 요리가 많은데, 이들 고기는 냄새를 제거하기 위하여 1주일 정도 와인에 담갔다가 베이컨을 집어넣고 여러 가지 양념을 쳐 자우어크림으로 삶는 등, 절차가 복잡하지만 지금도 사람들에게 애호되고 있다. 이것은 옛날 성주들이 수렵으로 잡은 짐승을 요리하여 축연을 벌인 데에서 비롯된 것이라 한다.

한편 북해나 발트해에 면하는 지방에서는 어패류 요리를 좋아한다. 가자미나 청어가 많이 사용되며 뱀장어의 훈제도 기호식품 중의 하나이다. 바다가 없는 중·남부지방에서는 대개 하천이나 호수에서 잡은 생선을 먹는다. 계절에 따라 나오는 야채나 콩류에 고기를 곁들여 삶는 냄비요리를 아인토프(Eintopf)라 하는데 매우 인기가 있으며 이 요리에는 주로 소·돼지·양고기를 사용한다. 가을이 되면 버섯요리를 즐기며, 또한 감자는 독일 사람에게 없어서는 안 되는 식료품으로, 대부분은 고기나 생선요리에 곁들여지지만 그 밖에 과자도 만든다.

라이베쿠헨(Reibekuchen)은 감자를 갈아서 물기를 짜내고 달걀을 섞어 라드로 팬케이크처럼 구워내어 사과잼을 얹어 먹는다. 또 삶은 감자를 으깨서 밀가루와 달걀을 섞어 반죽하고 그 속에 브랜디를 먹인 각설탕이 든 자두나 살구를 넣어 단자를 만들어서 열탕에 푹 삶아낸 다음 가루설탕과 향신료 시나몬을 뿌려서 먹는 플라우멘클뢰세(Flaumenklösse)라는 과자도 있다.

　제2차 세계대전 이전에 독일 사람들은 하루에 5차례가량 식사시간을 가졌다. 아침 6~7시경 제1아침으로 커피와 함께 롤빵에다 잼이나 벌꿀을 발라 먹고, 10시경이 되면 흑빵에 베이컨 에그나 소시지를 얹어 먹는데 이것을 제2아침이라 불렀다. 일터로 나가는 사람이나 학교에 가는 아이들은 제2아침으로 샌드위치를 가지고 갔다. 낮에는 고기나 생선요리를 듬뿍 먹고, 오후 3시경에는 커피와 과자를 먹는다. 독일과자는 단맛이 적고 산뜻하므로 누구라도 2~3개를 먹을 수 있다. 저녁에는 각종 독일 빵에 얇게 썬 소시지·생선훈제·샐러드 등을 얹은 오븐샌드위치를 각자 만들어 먹는다. 오늘날에는 하루 3차례 식사를 하나, 자라나는 아이들은 지금도 제2아침으로 샌드위치를 가지고 학교에 가고 오후 3시의 간식으로 과자를 먹는다.

　전통적으로 독일인들은 돼지고기, 소시지를 많이 먹고, 감자를 제외한 야채 섭취는 적고, 물 대신 맥주를 많이 마시며, 음식 맛은 형편없는데 시고, 짜고, 게다가 달기까지 한 것으로 알려져 있다. 한마디로 독일 음식은 주변 국가들에 비해서 훌륭하거나 특별한 것이 없다는 이야기도 된다. 유럽이라는 지리적인 특성상 주변 국가들의 음식이 자연스럽게 유입되는 것이 이상한 것은 아닐 것이다. 그러므로 독특함이 없다는 것보다는 '유럽의 음식'이라는 단어 속에 독일의 음식도 포함될 수 있을 것이다. 하지만 프랑스에 비하면 세계적인 명성에서 크게 뒤떨어지는 편이다. 독일 음식이 화려하거나 그 명성이 다른 국가보다 낮은 이유는 지리적인 상황이 크게 작용했다고 볼 수 있다. 독일은 바다와 육지에서 풍부한 해산물과 고기 그리고 많은 곡식이 자라는 지역이 아니다. 이탈리아와 프랑스의 풍부한 일조량이 없고, 산림지역이 많아 다양한 먹을거리가 부족했다. 독일인들은 과거부터 감자, 밀, 돼지고기, 소고기 등을 즐겨 먹었다. 맥주를 만든 이유도 물이 좋지 않아 그냥 마시기가 어려워 만든 음식이라는 것이 이를 증명한다. 그러나 독일은 음식을 대표하는 것이 있는데 그것은 소시지와 맥주이다. 소시지와 햄 그리고 맥주는 그 명성이나 맛에서 세계적으로 유명하다. 대표적인 패스트푸드인 햄버거(hamburger)는 그 유래가 제2차 세계대전이 종료된 후 점령군 미군이 함부르크(Hamburg)에서 빵 사이에 소시지를 끼워 먹던 것에서 유래된 것으로 미군이 미국으로 건너오면서 대중들에게 널리 퍼뜨려 대중적인 음식이 되었다. 또한 햄도 독일인들이 즐겨 먹는 음식이다.

독일인의 대중적인 돼지고기 요리로는 포크촙(Porkchop, 독일어로는 Schwein-skotelett)과 오븐에 구운 돼지고기(Schweinebraten)가 있다. 이외에 돼지 넓적다리를 오븐에 구운 슈바이네학세, 식초와 소금 그리고 향료와 함께 삶은 아이스바인(Eisbein)도 대중적인 음식이다. 독일은 각 지역에서 소시지를 생산하여 지역색이 있다. 종류만도 천 종이 넘는다. 대표적인 것으로는 뉘른베르크 소시지, 물에 삶아 먹는 복(Bock) 소시지, 소 간소시지, 그릴 판에 구워 먹는 크라카우어 소시지 등이 있다. 한국에서 유명한 프랑크소시지는 독일의 프랑크푸르트(Frankfurt)라는 도시이름에서 유래되었다.

독일인들이 육류 중 돼지고기를 많이 먹지만, 선호하는 육류는 소고기이다. 대중적인 소고기 요리로는 로스트비프(Rinderbraten)가 있다. 유럽과 미주 지역의 사람들은 모두 소고기를 많이 먹지만, 독일식 로스트비프의 특징은 소스에 있다. 이 요리의 명칭은 얹은 소스에 따라 결정된다. 독일 음식의 맛은 소스에 의해 좌우되며, 이 소스를 음미할 줄 알아야만 음식의 진수를 알 수 있다.

독일인들은 아침에 주로 빵과 커피를 마시고 점심은 간단하게 그리고 저녁은 푸짐하게 먹는 편이다. 바쁜 아침, 일과시간의 점심보다는 시간적 여유가 많은 저녁을 잘 먹는 것은 당연한 것이 아닌가 한다. 아침에 주로 먹는 빵으로는 주먹만 한 브뢰첸(Broechen)이 있는데, 프랑스의 바게트처럼 겉은 딱딱하지만, 밀가루, 효모와 물 이외에는 다른 첨가물이 들어가지 않는다.

독일식 케이크는 쿠헨(Kuchen)이라고 한다. 하지만 오후 3시쯤 커피나 차와 함께 먹는 쿠헨은 비만의 주범으로 불리기도 한다.

독일인들은 다른 유럽인들과 같이 치즈의 소비가 많다. 빵에 치즈를 발라 먹는 것은 대중적이다. 독일의 치즈가 유럽에서 특별한 위치를 차지하고 있다고 말하기는 어렵다.

4. 식사예절

(1) 식탁예절

독일에서는 식사할 때 소리를 내지 않고 음식을 먹는 것이 식사예절이다. 입을 다물고 조용조용하게 음식을 먹는다. 그래서 이에 익숙지 않은 한국인들은 약간 고통을 겪는다. 특히 뜨거운 커피, 홍차 등을 후루룩 소리와 함께 마시면 상대방의 표정이 바뀌는 것을 볼 수 있다. 나아가 식사 후에 "꺼억! 잘 먹었다." 하면서 트림을 하는 것은 금기이다. 반면에 우리와 달리 식사 중이든 식사 후든 코를 푸는 것은 아주 당연하게 받아들여진다.

고기를 먹을 때 우리는 사전에 모두 토막을 내서 먹는데, 독일인들은 대개 그때그때 잘라서 먹는다.

(2) 식당에서 포도주를 시킬 때의 요령

메뉴에서 포도주를 선택해서 주문한다. 웨이터는 포도주를 가져와서 주문한 사람에게 첫잔을 따른다. 이때 주문한 사람은 술을 마셔보고 맛이 좋으면 "좋군요!"(Gut!)라고 해야 한다. 그렇지 않을 경우 웨이터는 술이 손님의 마음에 들지 않는 것으로 받아들이고 다른 술로 바꾸어주어야 하기 때문이다. 웨이터가 포도주를 따를 때 동석한 다른 손님들은 잔에 적정량이 찰 경우 "고맙습니다!"(Danke!)라고 말하면 웨이터는 따르기를 멈춘다.

(3) 독일인들의 식사

① **아침식사** : 대개 무가당빵(Broetchen)에 버터, 마가린을 바르고 그 위에 꿀, 과일 잼을 바르거나 햄이나 슬라이스 치즈를 올려서 먹는다. 커피, 우유, 주스 등을 곁들여 먹는다. 특히 삶은 계란이 아침식단에서 빠지는 경우는 별로 없다. 삶은 계란을 먹는 방식이 독특한데, 계란형 용기에 계란을 세워 놓고 티스푼으로 계란의 윗부분을 쳐서 분리시킨 뒤 소금을 뿌려가면서 티스푼으로 파먹는다.

② **점심식사** : 밀로 만든 하얀 빵은 영양가가 없다고 하여 각종 잡곡을 넣은 빵을 먹는다. 이 빵에 소시지, 햄, 치즈 등을 곁들여 먹기 때문에, 찬 음식(Kaltes Essen)을 먹는다.

③ **저녁식사** : 우리는 아침식사를 든든히 해야 한다고 생각하는데, 독일인들은 저녁식사를 푸짐하게 한다. 불에 조리한 음식을 먹기 때문에 이를 따뜻한 음식(Warmes Essen)이라고 한다. 육류로 된 주요리에 감자, 쌀, 국수 그리고 야채샐러드 등으로 식사가 구성된다.

제 **3** 장

영국의 식문화

1. 환경적 개요

(1) 자연적 환경

국토는 유럽 대륙의 서쪽 북대서양에 위치한 섬으로 중심부는 대브리튼 섬이며 잉글랜드, 웨일스, 스코틀랜드로 나뉘어 있으며, 북아일랜드는 영국령에 속해 있다.

① 기후

여름에 선선하고 겨울에 따뜻한 전형적인 대륙 서해안의 해양성 기후로 대서양에 면한 북부 및 서부 산지에는 강수량이 많고, 동쪽 저지로 갈수록 강수량이 적어 동서의 차이가 심하다.

② 식생활

경작지는 국토의 80% 정도 되며, 주요 경작물은 보리, 밀, 사탕무 등이고, 1차 산업 종사자들이 적어 식량은 거의 수입에 의존하고 있다. 근해에는 대륙붕이 퍼져 있어 청어를 비롯하여 대구, 연어 등의 어업이 활발하여 어패류를 이용한 식문화가 발달되어 있다.

(2) 사회적 환경

① 인종

앵글로색슨족이 주류이나 켈트족의 후예와 소수민족인 아이리쉬족, 영연방에서 이주해 온 유색인종이 거주하며 공용어는 영어이고, 종교는 대다수가 성공회, 나머지가 개신교와 가톨릭을 믿고 있다.

② 역사

- 1C 로마의 침공 : 귀리, 아마, 과일나무, 포도 , 허브 등 유입. 포도주와 식초 생산

- 5~6C 앵글로 색슨족이 켈트족을 정복 : 향신료 대량 유입(로즈메리, 타임, 마늘, 사프란, 박하 등). 푸딩 조리 시작. 스코틀랜드의 특산물인 하기스 개발. 햄에 간을 하기 시작

- 9C 바이킹 침략 : 앞선 농경기술 유입. 낙농제품의 저장법, 훈제 및 육가공 기술 유입

- 11C 프랑스 노르만족 침입 : 다양한 육식문화 유입. 달걀요리 발달. 향신료를 이용한 어류요리 발달. 굴 소비량 증가

- 14C : 향신료, 채소 위주의 에일, 아몬드 우유 등을 요리에 사용. 작은 과자류가 발달하여 케이크화함. 청어, 랍스터, 게 등을 비롯한 해산물 다량 섭취하며, 수프를 많이 먹고 채소 피클이 대중화됨. 건어물 생산, 설탕, 바닐라 등 유입

- 16C 흰 빵 제조 : 여러 곡류와 섞어서 빵 제조 시작. 차 문화의 대중화

- 18C : 인도 음식문화 유입

2. 음식문화의 특징

'자연스러움'을 강조하여 음식 자체의 맛과 향을 중요시하므로 남부 이하의 유럽 여러 나라들에서와 같이 향신료를 많이 쓰지 않고, 육류는 알맞게 잘라 가볍게 양념한 후 주로 굽거나 지져서 조리하며 우스터소스를 고기 위에 뿌려 먹는다.

또한 육류, 어류, 과일, 채소 등 여러 재료로 만들어질 수 있으며 단것, 짭짤한 것 등 다양한 파이류를 즐기고, 차와 같이 먹는 푸딩, 커스터드, 파이 등이 발달되었다.

(1) 잉글리시 브렉퍼스트

영국은 하루 식사 중 아침과 티타임을 매우 중시하는 나라이므로 과일주스, 시리얼, 베이컨과 달걀 혹은 소시지와 달걀프라이, 훈제 청어와 토마토 등 많은 음식을 먹는다. 또한 목축업이 성하므로 낙농제품 역시 발달되어 달걀은 그들의 아침상에서 빼놓을 수 없는 식품이었으며 크림의 종류도 매우 많다. 차와 어울리는 베이킹파우더를 사용하여 만든 비스킷 종류인 스콘에 지방이 매우 많은 크림(devonshire)이나 약간 발효된 크림 혹은 농후 크림, 혹은 마멀레이드나 잼 등을 발라 먹는다.

◦ **정식으로 차려지는 영국식 아침식사 코스**

제1코스 : 오렌지 주스, 자몽 반쪽, 큰 잔으로 커피나 차, 둘 다 우유와 함께 제공
제2코스 : 우유에 넣은 콘플레이크, 오트밀이나 수프
제3코스 : 메인코스로서 달걀과 베이컨 혹은 스크램블드에그, 토마토, 버섯, 소시지 등을
          곁들이기도 한다.
제4코스 : 훈제 청어나 양의 콩팥으로 만든 요리 등
제5코스 : 토스트와 마멀레이드, 잼 등

◦ **영국의 빵**

영국의 빵은 주로 베이킹 소다를 이용하여 부풀리므로 공정이 간단하며, 빵이나 케이크,
쿠키, 크래커 등을 통칭하여 '비스킷'이라는 단어를 사용한다.
- 잉글랜드 : 크럼펫(Crumpets), 핫 크로스 번(Hot Cross Buns), 라디 케이크(Lardy
  Cake)
- 스코틀랜드 : 스카치 브레드(Scotch Bread)
- 스코틀랜드식의 쇼트브레드(short bread)
- 아일랜드 : 소다빵과 감자빵이 대표적이다.
- 화이트 소다 브레드(White Soda Bread), 포테이토 브레드(Potato Bread)
- 웨일스 : '바라 브리스(Bara Brith)'
- '웰쉬 핫 브레드(Welsh Hot Bread)'

(2) 감자의 발달

기후가 적합하지 않아 프랑스나 남유럽의 여러 나라처럼 달고 맛있는 과일은
별로 생산되지 않고, 서늘한 기후로 인하여 감자농사가 발달하였다. 감자는 스
튜와 파이(shepherd's or sottage pie), 팬케이크, 튀김, 으깬 감자 등으로 다양
하게 이용된다.

(3) 마시는 것을 즐기는 나라

"차 문화와 Pub"으로 알 수 있듯이 틈만 나면 "홍차"를 들이켜고 퇴근 후면 Pub에 들러 맥주 한잔하는 것을 좋아한다. 오후 4시엔 하던 일을 모두 멈추고 30분 정도를 tea break로 철저히 지킨다. 영국에서 차문화가 번성하게 된 요인은 인도 식민지배 시절 산지와의 원활한 수급에 기인한다. 영국에서는 실론티나 아삼, 다르질링, 닐기리 등의 인도산 차를 주로 마신다.

음식문화의 지역별 특징

(1) 잉글랜드 요리

영국의 온난한 기후, 섬이라는 지리적 특성과 역사에 의하여 형성된 잉글랜드 요리는 역사적으로 보면, 다른 유럽 국가들 그리고 대영제국 시기에 북아메리카, 중국, 인도로부터, 또한 제2차 세계대전 이후 이민자로부터 수입된 재료와 방식에 의한 상호작용으로 형성되었다. 고대에 기원을 둔 빵이나 치즈, 굽거나 은근한 불로 끓인 고기, 사냥감으로 만든 파이(game pie), 민물고기, 바닷물고기 등이 아메리카에서 건너온 감자, 토마토, 칠리나 인도에서 온 향신료와 스파이스, 중국요리 기법인 팬 볶음 등과 어울려 완성되었다. 프랑스 요리나 이탈리아 요리 또한 지리적 특성과 상호관계로 인해 받아들여지게 되었으며, 미국으로부터는 패스트푸드라는 혁명을 재빨리 수용하였다. 지금까지도 전 세계로부터 요리 관련 아이디어들을 끊임없이 받아들이고 변형해 가고 있다.

음식에 대한 관심이 증가하고 스타셰프가 미디어에 모습을 나타내게 되면서 잉글랜드 요리는 이러한 시대적 흐름에 따라 맛이 없다는 다른 나라 사람들의 인식을 깨기 시작한다. 이와 함께 유기농 식품에 대한 관심도 높아져서 농장에서 직접 공급하는 친환경 농산물을 소비자들이 선호하는 것이 현재 추세이다.

(2) 스코틀랜드 요리

스코틀랜드 요리는 영국 전역에서 나타나는 요리의 본질적인 요소를 갖고 있지만 독자적인 요리법이 있는데 이는 주변국과 주변 지방의 영향을 많이 받았기 때문이다. 이민이 이뤄지면서 스코틀랜드의 전통요리가 세계적으로 퍼져나가고 이를 대중이 받아들이게 되었다.

과일, 채소, 낙농품과 가금류가 많이 쓰이며 예로부터 조금 비싼 향신료를 사용하는 특징이 있었다. 대다수 요리들의 지방 함유량이 높으며, 주식으로 삼는 육류의 경우 영양 결핍이 양산되는 경우가 많아 비만율이 높게 나타나는 편이다. 최근에는 신선한 과일이나 채소에 대한 관심이 상당히 높아지고 있지만 저소득층의 비율이 높은 편이어서 여전히 식단이 좋지는 않다.

특히, 19세기를 거치면서 이탈리아와 파키스탄, 인도로부터의 이민이 급속도로 증가하면서 이민자의 문화가 흡수되고 스코틀랜드 요리 또한 변모하기 시작하였다. 신선한 음식과 양념을 골고루 사용하는 습관은 이탈리아 이민 계열로부터 시작되었다고 볼 수 있다. 이외에 폴란드로부터의 이민 계열이 늘면서 고급 레스토랑을 중심으로 동유럽의 진미가 들어오기 시작하였다.

(3) 웨일스 요리

영국의 다른 지방 요리에서 많은 영향을 받았으며, 또한 그만큼 영향을 많이 주기도 하였다. 웨일스 지방은 소떼 방목을 많이 하지만, 전통적으로 양고기 요리가 많다. 20개 이상의 웨일스 토착 맥주가 존재하며 이는 대부분 1970년대 이후에 출시된 것이다. 그러나 19세기부터 전해져 내려오는 오랜 토착맥주도 있다.

(4) 북아일랜드 요리

북아일랜드 요리는 아일랜드의 나머지 섬과 거의 비슷하며 울스터 프라이가 특히 유명하다.

---

3. 대표적인 식품과 음식

(1) 피시앤칩스(Fish & Chips)

대구나 명태와 같은 흰 살 생선의 필레를 밀가루, 달걀, 우유 등으로 만든 튀김옷에 넣어 묻힌 후 다량의 기름에 튀긴 피시와 손가락 굵기의 감자튀김으로 섬나라의 지형적인 조건으로 인해 생선 특히, 대구(Cod)가 많고 감자 또한 생산량이 풍부해 이 두 식재료를 이용해 빠르게 조리할 수 있는 음식으로 자리 잡은 것이다.

(2) 로스트비프와 요크셔 푸딩(Roast Beef & Yorkshire Pudding)

쇠고기의 큰 덩어리를 통째로 구운 것으로 가장 간단하고 꾸밈이 적은 요리. 소고기를 통째로 오븐에 구워 얇게 저민 고기 조각들을 오븐에서 구운 야채들과 함께 접시에 담아 즐긴다. 가족이 모두 모이는 일요일에 주로 먹기에 '선데이 로스트(Sunday Roast)'라고도 한다. 요크셔 푸딩은 밀가루, 달걀, 우유를 혼합하여 반죽하고 로스트 비프를 하고 난 뒤 흘러내린 육즙의 기름을 부어 구워 낸 푸딩이다.

(3) 푸딩과 타르트(Pudding & Tart)

후식이나 간식용으로 과일로 만든 타르트나 푸딩을 주로 먹는다. 후식에 사용되는 음식은 다과용으로도 이용된다.

① **Trifle** : 포도주나 브랜디로 촉촉하게 적신 케이크 위에 커스터드 크림, 라즈베리 잼이나 초콜릿, 거품 낸 크림 등을 켜켜로 얹어 만든 후식류 케이크이다.

② **코니쉬 페이스트리(cornish pastry)** : 콘월(Cornwall) 지방이 원조이며 고기, 양파, 감자, 경우에 따라 과일까지 속으로 채워넣어 따뜻하게 먹는다.

③ **해기스(Haggis)** : 스코틀랜드에서 기념일에 만들어 먹는 음식으로 양을 비

롯한 동물의 염통, 간, 허파, 양파, 오트밀, 양고기의 지방으로 양의 위를 채워서 오래 끓여 만들고 그 즙에 조리한 채소를 곁들여내는 소시지와 비슷한 음식이다. 지방이나 만드는 사람에 따라 맛이 다른데, 스코틀랜드의 기념일인 번스 나이트(Burns' Night)에 먹는 전통요리이다.

④ **셰퍼드 파이(Shepherd's Pie)** : 다진 양고기로 속을 채우고 감자로 토핑해 구운 파이로(양고기 대신 생선을 사용하는 경우엔 Fisherman's Pie) 정확히는 목동이란 뜻이다. 그냥 양고기 간 것을 양파나 야채와 섞어 밑에 깔고 그 위에 그레이비와 매시트 포테이토, 그리고 치즈를 얹어 놓은 것이다.

⑤ 영국 술문화의 상징인 'pub'과 스코틀랜드산 '스카치위스키'

• **아이리쉬 위스키** : 보리를 발효시켜 만든 증류수

• **스카치위스키** : 보리를 싹을 틔워 발효시킨 증류수. 더 스모키하고 독한 맛을 내는 스코틀랜드 지방에서 생산되는, 전 세계적으로 유명한 위스키로 현재 판매되는 대부분의 스카치위스키는 블렌디드 위스키이다.

• **브랜드** : 커티샥, 시바스리갈, 발렌타인, 조니워커 등이 있고, 진, 포트, 셰리주 등도 즐겨 마신다.

⑥ **Pub** : 간단한 식사와, 식사 전후로 다양하게 즐길 수 있는 snack과 주류를 제공하는 것으로 영국의 맥주는 발효방법과 알코올도수 등 다양한 방법으로 분류된다.

• **스타우트** : 흑색의 농후하고 열량이 많은 맥주

• **비터** : 영국의 대중 술집에서 흔히 마시는 흑색의 호프 냄새가 강한 맥주

• **마일드** : 색이 연하고 맛이 순한 맥주

• **에일** : 페일에일(색이 연하고 알코올도수가 높으며 탄산이 많음)

• **스트롱에일**(알코올도수가 높고 개성적인 맛을 냄)

(4) 영국의 명절음식

① 크리스마스

칠면조나 거위를 통째로 구워 브레드 소스나 크랜베리 소스와 함께 낸다. 그 외에 크리스마스 푸딩이 빠지지 않고 나오는데 쇠기름에 빵가루와 밀가루, 다진 말린 과일과 견과류를 넣고 몇 시간 끓여서 식탁에 낼 때 럼주나 코냑을 뿌리고 불을 붙여 낸다.(후식 : mince pie)

② 부활절

춘분 다음 첫 번째 만월 후의 일요일로 이때는 Hot cross buns(크리스마스의 음식 외에 계피향을 넣은 밀가루 반죽으로 십자가를 만들어 빵을 장식하여 구움), Shrewbury simmel(별자리를 상징하는 열두 개의 장식 공을 마지막으로 덮은 케이크) 등을 주로 먹는다.

③ 스코틀랜드의 기념일, Burns' Night(1월 25일)

양을 비롯한 동물의 염통, 간, 허파, 양파, 오트밀, 양고기의 지방으로 양의 위를 채워서 오래 끓여 만들고 그 즙에 조리한 채소를 곁들여내는 해기스(haggis)란 음식을 만들어 먹는다.

(5) Britain tea culture

세계적으로 영국은 차 문화가 유명하다. 차는 국민적 생활음료로 차의 문화를 간략히 살펴보면 다음과 같다.

＊ 브리티시티

＊ 애프터눈티

BRITISH TEA DRINKING COSTOMS

Early Tea(Bed tea)	아침에 잠자리에서 마시는 차로 영국에서는 남편이 부인에게 만들어준다. 이것이 애정의 정도를 나타낸다고도 한다.
Breakfast Tea	아침식사와 함께 마시는 홍차를 말한다. 실론이나 아삼 홍차를 주로 이용한다. 부담되지 않으면서도 깔끔한 홍차로 밀크 티로 만들 때 이상적이다. 이때 홍차와 함께하는 음식은 갓 구워낸 과일 케이크, 우유, 간단한 과일 등이며 이때의 차는 빠른 시간 내에 끓여내는 것이 상식이다.
Eleven Tea	오전 11시경에 마시는 차이다. 오전 중의 가사일 중간에 한숨을 돌리며 마시는 차로 영국의 티타임 중에서는 가장 가벼운 티타임이다. 과자도 가볍게 곁들일 수 있는 것을 준비해서 단시간 내에 즐기는 것이 특징이다. 떫은맛이 적은 차 중에서 실론티를 선호한다.
Mid Day Tea	점심식사 이후에 기분 전환 겸 가볍게 마시는 차이다. 즐거운 기분을 유도하는 목적을 가지고 있기에 약간의 향이 들어간 차나 과일 홍차, 또는 재스민과 같은 꽃차, 향이 섬세하고 풍부한 우바 정도의 홍차가 알맞은 차이다.
Afternoon Tea	영국인들이 가장 즐기는, 그리고 잘 알려진 차로 오후 4시에서 4시 30분 사이의 시간에 가장 우아하고 낭만적으로 즐기는 차이다. 집에 있는 주부들은 이 시간을 이용해 사람을 초대한다고 한다. 차는 가격과 맛, 향이 뛰어난 다르질링을 사용한다. 이때는 테이블 세팅과 과자의 선택에도 세심한 주의를 기울여야 한다.
High Tea	저녁부터 밤에 걸쳐 편안하고 자유롭게 즐기는 차로, 이 차를 마시면서 곧바로 저녁식사로 이어지는 티타임에 마시는 차이다. 애프터눈티보다는 좀 더 릴렉스한 분위기로 즐기는 차이다. 차와 과자는 어떤 요리에나 잘 어울리는 케니아 티 정도가 적합하다. 애프터눈티가 상류층의 필수적인 티타임이라면, 하이 티는 일반 직장인과 노동자들이 가장 즐기는 티타임이다.
After Dinner Tea	저녁식사를 마치고 여유로울 때 마시는 차이다. 초콜릿 등 단 과자와 같이 마시는 경우가 많다. 또 위스키나 브랜디를 타서 마시기도 한다.
Night Tea	잠자리에 들기 전에 마시는 차이다.

Types of tea

- Assam
  - Sergeant Major tea
  - Tea Time에서 유래된 차
  - 아삼 홍차가 주성분
  - 진한 홍색의 색깔과 부드러운 맛의 홍차

- Orange pekoe
  - 전통적인 실론차
  - 황금빛깔의 은은한 맛
  - 아이스티 만들 수 있는 대표적인 홍차

- Earl grey
  - 베르가못향의 독특하고 상큼한 홍차
  - 그레이 백작의 이름을 따서 명명됨
  - 특유의 감칠맛 나는 향
  - 우유와 설탕을 따로 첨가하지 않아도 무관

- English breakfast
  - 상큼하고 달콤한 향
  - 인도 아삼 지방에서 생산되는 찻잎으로 만듦
  - 아침에 기분전환용으로 좋음

- Darjeeling
  - 히말라야산맥 기슭에서 딴 찻잎의 홍차
  - 계절에 따라 향이 달라짐
  - 밝은 색과 부드러운 향
  - 백포도주 맛의 최고급 홍차

- Royal blend
  - 전통적인 영국타입의 블렌딩 홍차
  - 영국의 밀크티
  - 감칠맛과 기품 있는 향이 특징
  - 아삼, 다르질링, 실론티 홍차를 Blend

░ About tea

> ○ **기본수칙**
>
> 1. 신선한 물을 끓인다.
> 2. 찻주전자와 찻잔은 미리 덥혀 놓고 펄펄 끓는 물을 넣는다.
> 3. 알맞은 양의 찻잎을 넣는다.
> 4. 차 우리는 시간을 지킨다.

- 홍차는 섭씨 100도의 펄펄 끓는 물로 우려야 한다. 홍차는 녹차나 커피와는 달리 고온의 물이 필요하다. 홍차 향미의 주요 성분인 폴리페놀류는 물이 뜨거워야 잘 우러나오기 때문이다. 따라서 물이 식지 않도록 하는 것이 중요하다.

- 찻잎의 양은 찻잔 하나당 약 3g이다. 차 수저(tea spoon)에 가득 담으면 대략 이 정도가 된다. 여러 잔을 끓이는 경우 여기에 이른바 'tea pot 몫의 한 숟갈'을 더해줄 수도 있다.

- 차 우리는 시간은 다음과 같이 하는 것이 권장된다. 일반적으로 2분이면 충분하다. 너무 짧으면 제대로 우러나오지 않고 너무 길면 떫은맛이 강해진다.
  - 작은 잎 스트레이트 티 : 3분 정도
  - 큰잎 스트레이트 티 : 4~5분 정도
  - 밀크티 : 5분 정도
  - 레몬티 : 1.5~2.5분

░ 홍차의 성분

홍차의 생엽은 75~80%의 수분과 20~25%의 고형물로 구성되어 있다. 이 생엽을 95% 발효시키고 열처리하여 가공한 것이 바로 홍차이다. 엽록소의 파괴를 막고 찻잎의 수분을 제거하여 홍차의 표면을 불투막상태로 만들기 위해서 이 열처리 가공을 하는 것이다.

◢ Tasting tea

- Delay Alzheimer's Disease : 치매예방
- Restraint Cancer : 암 예방
- Good for skin health : 피부건강에 탁월한 효과
- Ease stress : 스트레스 완화 효과
- Get refreshed : 원기회복. 심신을 상쾌하게 하는 효과
- Feel relaxed : 긴장을 풀어주는 효과

4. 식사예절

① 식탁에 앉을 때

웨이터의 안내를 받으며, 식탁과의 거리는 주먹 두 개 정도(6~10cm)의 간격을 둔다. 의자에 앉아서 팔짱을 끼거나, 머리털을 만지작거리는 것, 손톱을 깨무는 것, 기지개를 켜는 것 등은 삼간다.

② 식사 중의 예의

식사는 즐겁고 유쾌하고 느긋하게 즐기는 마음으로 하며, 식사 도중에 손가락질을 해서는 안 된다. 특히 포크나 나이프를 들고 물건을 가리키거나, 손을 위로 올리는 것은 절대 금물이다.

③ 소지품의 처리

손가방이나 기타 소지품은 무릎 위에 놓아도 되지만, 신경이 쓰이므로 자신의

등 뒤에 두는 것이 좋다.

④ 손의 위치

식사가 시작되면 끝날 때까지 양손은 언제나 큰 접시를 사이에 두고, 식탁 위에 가볍게 얹어 놓는 것이 좋다.

⑤ 대화

자연스럽고 교양 있는 대화를 나눈다. 화제는 의견대립이 될 수 없는 가벼운 이야기가 적당한데 하나의 화제만을 고집하는 것은 좋지 않다.

⑥ 식탁에서의 매너

식탁에서는 큰소리를 내거나 크게 웃지 않는다. 실수로 재채기나 하품을 했을 때에는 "Excuse me.(미안합니다.)" 하고 사과한다. 식탁에서의 트림은 금기사항이다.

⑦ 냅킨의 사용

냅킨은 두 겹으로 접힌 상태에서 접힌 쪽이 자기 쪽으로 오게 무릎 위에 놓고 입술을 가볍게 닦거나, 핑거 볼(finger bowl)에 씻을 때 손가락을 가볍게 닦는 정도로 사용한다. 잠시 자리를 뜰 때는 냅킨을 의자에 놓고 나간다.

⑧ 식사 후

이쑤시개 사용과 분 화장은 식후에 화장실에서 마음 놓고 천천히 하는 것이 좋다.

제 **4** 장

이탈리아의 식문화

1. 환경적 개요

이탈리아는 프랑스 남부, 스페인, 포르투갈, 모로코 등과 더불어 남유럽 지중해 문화권에 속한다. 지중해성 기후는 겨울철에는 따뜻하며 비가 약간 내리고 여름은 매우 덥고 건조하다.

2. 음식문화의 일반적 특징

이탈리아 음식의 전통은 그리스 식민지였던 남부 이탈리아의 음식전통과 로마 이전에 이탈리아 북부의 토스카니 지역을 중심으로 살았던 에트루리아인들에 의해 형성되었다. 남부 이탈리아에서는 평소에 절인 생선이나 올리브피클, 콩류를 주로 먹었고 축제 때에는 수프, 꿀로 만든 소스, 설탕을 곁들인 아몬드와 호두 등을 먹었다고 한다. 또한 에트루리아인들도 곡물을 위주로 한 검소한 식생활을 했지만 축제 때에는 풍성한 식사를 즐겼으며 지배계급의 식탁은 매우 화려했던 것으로 전해진다. 이탈리아 요리는 공업이 발달한 밀라노를 중심으로 한 북부요리와 해산물이 풍부한 남부요리로 대별된다. 이탈리아는 지형적으로 장화처럼 되어 있고 우리나라처럼 반도이며 삼면이 바다로 되어 있다. 이런 점에서 우리나라 요리와 비슷한 점이 많다. 국토는 산이 많아 대부분 목축지로 이용되어 축육을 하고 있으며, 농지에는 보리, 밀, 옥수수 등의 곡물이 주로 생산되고 특히 남부지방에서 생산되는 경질의 밀은 좋은 Pasta의 원료가 되고 있다.

3. 대표적인 식품과 음식

오늘날 이태리의 음식은 세계에서 가장 인기 있고 유명한 음식들 중 하나다. 다양한 세계 각국의 요리가 상존하고 있으나 많은 사람들이 이태리음식을 조리하여 먹고 있으며 그 인기가 날로 더해가고 있다.

이태리 요리는 요리에 사용할 각 식재료의 특성에 대하여 잘 알고 적합하게 사용하여 요리하기 때문에 발전한 것이며 오늘날에도 이러한 전통은 여전하다. 다른 나라의 조리사들은 재료들을 서로 혼합하거나 변형시키는 데 중점을 두지만 이태리인들은 각 식재료의 개별적인 맛을 강화시키는 것이 바람직하다고 생각하여 재료의 특성과 성질을 이용한 요리를 한 것이 많다. 즉 날것과 익은 것, 덜 자란 식재료와 다 자란 식재료, 하나의 식재료 또는 혼합된 것, 그리고 끓임, 지짐, 굽는 것, 또는 튀김 중 어느 것이 나은지 세심하게 고려하고 구별하여 음식을 만든다. 이태리 요리를 이해하기 위해서는 각 지방의 특징적인 요리를 필수적으로 알아야 한다. 왜냐하면 각 지역은 역사적 · 지리적 차이에 따라 그 나름대로 독특한 각 지역의 요리를 갖고 있기 때문이다. 예를 들면 북부지방의 파스타는 일반적으로 별로 변함 없이 편평한 형태로 신선한 계란과 밀을 이용하여 만들어졌으며, 주로 버터를 이용한 요리가 많다. 반면에 남부지방은 비교적 향신료를 많이 사용하며, 올리브유를 이용한다.

(1) 북부요리(대표적인 육류)

알프스와 바다로 둘러싸여 있어 자연의 경관이 아름답고 주변환경에 의한 혜택이 풍부하며, 경제적으로도 부유하다. 버터, 치즈, 고기, 햄, 해산물 등이 풍부하고 소스로는 크림소스가 유명하며 미트소스는 볼로냐의 명물이기도 하다.

(2) 중부요리(로마요리+피렌체)

피렌체와 로마가 대표적인 도시로 이 지역의 음식은 진한 맛과 강한 소스를 사용하며 로마의 대표적인 파스타로는 카르보나라가 유명하다. 이 지역의 특징은 어느 지방을 가든지 골고루 맛볼 수 있으며 피렌체(토스카나)는 올리브, 포도를 재배하며, 이탈리아의 대표적인 와인을 생산하고 있다.

(3) 남부요리

남부지방은 포도주를 가장 많이 생산하고 나폴리라는 도시는 피자의 고향(신 피자)이라고도 하며 이탈리아 피자의 고향이라고 한다. 시칠리아섬은 사람들이 소박하며 올리브, 가지, 포도 및 어업 등으로 해산물이 풍부하고 이 지역을 파스 타의 고향이라고 한다.

(4) 북동부요리

베네치아가 대표적인 도시로서 향료가 유명하고 생선, 조개, 해산물 등으로 음 식을 주로 만들어 파스타를 주식으로 하는데 맛이 달고 시며, 플레타, 리소토 형 태로 즐기면서 먹는다.(대표적인 스파게티 : 봉골레 스파게티)

◦ 파스타에 관한 진실

1) 반죽에 따른 분류

- 건파스타(pasta secca)

이태리의 건파스타는 약 350종이 존재한다. 덥고 건조한 날씨에도 오랫동안 보관할 수 있어 주로 남부 이탈리아에서 많이 사용한다. 건파스타는 100% 세몰리나와 물만 사용하여 만든다. 재료는 같은 재료를 사용하여 만들어도 이탈리아의 건파스타는 특유의 압출과 건조방식으로 다른 나라의 건파스타보다 품질 면에서 훨씬 우수하다. 건파스타는 모양이 복잡할수록 소스를 잘 붙잡아둔다. 특히, 건파스타를 이용해서 파스타를 만들 때는 온도와 시간도 매우 중요하다.

- 생파스타(pasta fresca)

밀가루와 달걀에 물 혹은 올리브오일을 더해 만드는 생파스타는 토양이 비옥하고 달걀이 풍부한 이탈리아 북부지방에서 주로 사용된다. 건파스타가 주를 이루는 남부지방에서는 특별한 날에 라비올리나 카넬로니 같은 속을 다른 재료로 채운 생파스타를 만들어 먹는다. 일반적으로 그날 만든 생파스타 요리를 대접하는 것은 손님에 대한 정성과 그 집의 뛰어난 요리솜씨를 보여주는 것이라 여겨지지만 그렇다고 생파스타가 건파스타보다 본질적으로 더 우수한 것은 아니다. 단지 어떤 소스를 사용하느냐 혹은 어떤 용도로 쓰여지는지에 따라 달라질 뿐이다.

2) 모양에 따른 분류
① **롱파스타**
② **숏파스타**
③ **속을 채운 파스타**
④ **수프 파스타**

3) 파스타 소스와 육수

맛있는 파스타를 만들기 위해서는 무엇보다도 파스타의 종류와 모양에 따라 어울리는 소스를 고르는 것이 매우 중요하다.

먼저 건파스타와 생파스타를 살펴보자. 건파스타는 견고하고 거친 구조이기 때문에 소스가 면에 묻어 있다. 따라서 올리브오일을 베이스로 한 가벼운 토마토 소스, 야채소스, 해산물 소스와 잘 어울린다. 반면 생파스타는 소스를 흡수한다. 버터나 진한 우유, 크림을 베이스로 한 해산물, 육류, 야채 소스를 사용한다면 생파스타의 부드러운 질감과 함께 소스의 깊은 맛을 함께 즐길 수 있다.

반면 파스타의 모양에 따라 소스를 고른다면 다음과 같은 소스와 함께 사용해서 소스가 입안에 남아 있는 동안 면의 식감과 함께 파스타를 즐길 수 있다.

가늘고 긴 파스타의 경우 가벼운 소스를, 두껍거나 넓적한 파스타는 육류 등을 사용한 무거운 소스와 함께한다. 마지막으로 가운데 구멍이 있거나 복잡한 모양의 파스타 걸쭉한 소스를 사용하여 면의 속에 소스를 가두어 씹을 때 면과 함께 소스의 긴 여운을 함께 할 수 있도록 한다.

＊ 롱파스타

＊ 롱파스타

＊ 숏파스타

＊ 라비올리

4. 식사예절

　이탈리아 요리에서 정식 이탈리아 코스요리는 피자나 스파게티, 리소토 등이 전체 코스요리 중에서도 일부에 속하는 음식이다. 스파게티는 17세기 북부 이탈리아에서 기근이 한창일 때 감자, 토마토, 콩, 그리고 아시아에서 수입된 쌀을 이용해서 만든 죽 종류의 polenta에서 유래되었다고 한다. 이탈리아인들은 전통적으로 가족 간의 유대감이 매우 강하기 때문에 가족 간의 식사나 모임을 대단히 중요하게 생각한다. 만일 이탈리아 가정에 식사초대를 받아 방문을 한다면 꽃이나 초콜릿 등을 준비해 가는 것이 좋다.

　어느 나라의 식사자리에서와 마찬가지로 이탈리아의 상차림에서도 식사 도중에 트림을 하거나 음식을 남기거나 하는 것은 좋지 않다. 그리고 이탈리아의 카페에서 식사를 할 경우라면 느긋한 마음으로 음식을 기다려야 하고 식사가 끝난 후에는 팁을 두고 나오는 것이 예의이다. 이탈리아 요리에서는 주로 올리브오일과 발사믹 식초 등을 많이 사용하는데 이탈리아 정식은 5가지 코스 중 3가지 코스정도를 선택하는 것이 예의이다. 안티파스토(전채요리)는 식사 전 입맛을 돋우기 위해 먹는 음식으로 햄과 과일, 소고기를 날것으로 얇게 썰어 올리브오일, 식

초, 마요네즈에 재운 카르파초나 구운 빵에 토마토, 캐비어 등의 재료를 얹어 먹는 부르스케타를 주로 먹는데 보통 올리브오일을 이용해서 차갑게 만든 요리들이 많은 것이 특징이다. 프리모피아티는 첫 번째 접시라는 뜻으로 라자냐, 리소토, 푸실리 등 밀가루로 된 가벼운 주요리가 제공되는데 특히 스파게티는 왼손에는 스푼을 오른손에는 포크를 들고 스푼 안쪽에서 포크를 시계방향으로 돌려 면을 돌돌 말아서 먹는 것이 매너이다. 세쿤도피아티는 두 번째 접시라는 뜻으로 주요리 코스인데 올리브오일과 허브로 생선구이, 이탈리아식 스테이크인 비스테카나 송아지고기를 이용한 밀라노풍 커틀릿 등이 주로 제공된다. 프랑스 요리처럼 화려한 소스를 사용하지 않고 가볍고 쉬운 소스들을 사용하는 것이 특징이다.

마지막으로 돌체는 후식을 뜻한다. 이탈리아 북부 베네토 지방의 명과인 티라미슈, 판나코타, 머랭과 생크림을 이용한 카사타, 딱딱하고 달콤한 비스코비 등이 유명한 이탈리아의 후식이다. 이외에도 쓴맛과 떫은맛이 강한 이탈리아의 에스프레소는 세계 여러 나라에서 인정받고 있는 라바짜 커피가 말해주듯 이탈리아의 유명한 후식이자 이탈리아를 대표하는 커피이기도 하다.

제 **5** 장

스페인의 식문화

1. 환경적 개요

(1) 스페인의 지형적 특징

스페인은 지중해와 대서양의 두 바다에 접해 있으면서도, 북쪽에는 산악지대가 형성되어 있고, 남쪽에는 넓은 평야가 펼쳐져 있다. 또 기후적으로는 유럽 다른 나라에 비해 건조한 편이다. 정식명칭은 에스따도 에스파뇰(Estado Español)이며, 스페인은 영어명이다. 서쪽으로 포르투갈, 북쪽으로 프랑스에 접하고, 남쪽으로 지브롤터해협을 사이에 두고 모로코와 마주하며 동쪽으로 지중해, 북쪽으로 비스케이만(灣), 북서쪽으로 대서양에 면한다. 국토는 이베리아반도의 대부분을 차지하며, 발레아레스 제도(諸島), 카나리아 제도에 흩어져 있다. 모로코 북부에도 에스파냐령(領)인 세우타, 멜리야 및 모로코 해안으로부터 떨어져 있는 3개의 작은 섬인 차파리나스(Chafarinas), 페논 데 알우세마스(Penon de Alhucemas), 페논 데 벨레스 델 라 고메라(Penon de Velez de la Gomera)가 있다. 행정구역은 17개주(comunidad autonoma), 2개 해외 자치시(ciudad autonoma)인 세우타, 멜리야로 구성되어 있다.

(2) 스페인 음식문화의 형성배경

스페인 음식문화의 형성배경에는 스페인의 역사와 지리적인 요소가 많은 영향을 미쳤다고 할 수 있다. 유럽 남동쪽에 위치한 스페인은 유럽에서 세 번째로 큰 나라이며 지중해와 대서양이란 두 바다에 접해 있으면서도, 북쪽에는 산악지대가 형성되어 있고, 남쪽에는 넓은 평야가 펼쳐져 있다. 기후적으로는 유럽의 다른 나라에 비해 건조한 편이다.

그리고 스페인의 지리적 위치와 풍부한 광물자원은 모든 국가가 탐내는 요소여서 외부 침략의 원인을 제공했다. 빈번한 외부침략으로 인하여 스페인으로 하여금 다양한 음식문화를 형성하게 해준 계기가 되었다.

스페인의 역사는 페니키아인과 그리스인, 카르타고인들이 해안에 건설한 무역도시들로부터 시작된다. 후에 로마인들과 아랍인들이 스페인을 지배하면서 이들이 가져온 음식문화는 원래 스페인의 요리법과 혼합되어 좀처럼 없어지지 않고 오늘날 그 모습을 유지하고 있다.

2. 음식문화의 일반적 특징

스페인 사람들은 삼면이 바다이고 이전에 바다를 통해 세계를 제패한 적이 있는 나라인지라 생선류의 소비(유럽에서 생선을 가장 많이 소비하는 나라 중 하나)가 많다. 또한 소고기, 닭고기, 양고기 등도 즐겨 먹으며 입맛이 우리와 비슷해서 면보다는 밥을 주로 먹으며(유럽에서 쌀을 가장 많이 소비하는 국가), 마늘, 고추를 많이 쓰기 때문에 강하고 얼큰한 맛을 좋아하는 우리나라 사람들의 입맛과 잘 맞는다. 지중해성 기후로 오렌지, 포도, 멜론 등 각종 과일이 풍성하며 올리브 주산지로 올리브유를 요리에 많이 사용한다. 전형적인 스페인 요리는 신선한 야채, 고기, 알, 닭고기, 생선을 올리브기름으로 요리한 것이 많다. 점심 후 휴식이 길기 때문에 가족이 함께 식사를 하기도 하고, 요즘에는 많이 없어졌지만 시에스따 (siesta, 낮잠)를 즐기는 것도 가능하다. 이 시간에는 대부분의 회사, 가게, 박물관 등이 문을 닫기 때문에 쇼핑과 업무를 보기 어렵다. 스페인 레스토랑에서는 각 음식의 가격을 적은 메뉴판이 대개 식당 바깥의 보이는 곳에 있다. 음식 값은 비싸지 않으며 지불 시 주의할 점은 우리나라에서처럼 카운터에 나가서 지불하지 않고 다른 유럽의 나라들이 으레 그렇듯이 자리에 앉은 채로 계산서를 요청하고 종업원이 가져온 계산서를 보고 지불이 끝난 후 자리에서 일어나야 한다는 것이다.

3. 대표적인 식품과 음식

(1) 하루 다섯 끼를 먹는 나라

① 데사유노(desayuno)
아침식사에 해당하며 7시경 일반적으로 콘티넨탈 스타일, 즉 커피와 밀크, 빵과 잼 또는 추로스, 또는 비스킷으로 집이나 바에서 가볍게 한다. 데사유노라는 단어는 스페인어로 금식이 끝났다는 말로 스페인 사람들의 음식에 대한 열정을 엿볼 수 있는 단어이다.

② 알무에르소(Almuerzo)
10~12시경에는 알무에르소라고 하는 가벼운 식사를 하는 사람이 많다. 스페인 사람들은 12시는 아직 오전이라고 생각해 점심식사와의 사이에 가볍게 식사를 하는데 토르티야, 초리소를 넣은 보까디요(bocadillo), 과자, 빵 같은 것을 먹는다.

③ 점심
1일 식사 중 가장 중점을 두는 것은 점심식사로 오후 2~4시경에 먹는다. 전채요리(대개 수프나 샐러드), 본요리(생선이나 양고기, 소고기), 그리고 후식(과일,

아이스크림) 순서로 3번의 접시에 나누어 천천히(2~3시간에 걸쳐) 듬뿍 먹는다. 식사와 함께 주로 와인을 마시며 마지막으로 커피나 차를 마심으로써 식사를 마친다. 한여름에는 태양빛이 너무 강렬하기 때문에 점심을 먹은 후 일을 하거나 길을 다니기가 힘들어 대개 낮잠(siesta)이나 휴식을 즐긴다. 집에서 점심을 먹고 일터로 돌아오는 사람들로 오후에 잠시 러시아워가 되기도 한다.

④ 메리엔다(merienda)

저녁 6시경은 오후의 간식시간인 메리엔다로 바와 카페테리아가 주로 활기를 띤다. 홍차나 핫밀크와 함께 달콤한 빵과 크래커를 먹는다. 스페인에서는 위장의 상태를 정돈해 준다고 하여 만사니야차를 자주 마신다.

⑤ 저녁(cena)

9~11시 사이에 저녁식사를 하는데 점심만큼 많이 먹지는 않는다. 수프와 스페인식 토르티야 등을 먹고 생선, 알 요리 등으로 비교적 가볍게 한다.

(2) 세계적으로 유명한 스페인 주요 요리 및 음료

① 포도주(vino)

스페인 사람들이 가장 즐겨 마시는 술로 스페인은 프랑스, 이탈리와 더불어 세계에서 가장 많은 양의 포도주 생산국가로서 57개가 넘는 지역에서 많은 종류의 질 좋은 포도주를 생산하고 있다. 그중 리오하산 포도주, 외국에서는 Sherry주라고도 불리는 헤레스산 포도주는 세계적으로 가장 잘 알려져 있다. 까딸루냐의 페네데스 지역에서 생산되는 엘 까바 까딸란(El cava catalán)은 우수한 질과 거품이 이는 적당한 가격의 고급 포도주로 세계시장에서 가장 수요가 많은 프랑스의 샴페인과 경쟁하고 있다.

② 상그리아(Sangria)

포도주를 설탕, 레몬, 과실 등으로 맛을 낸 술로 우리나라 소주와 같이 어느 곳에서나 쉽게 마실 수 있는 서민들의 술이다. 색과 맛, 향이 강하고 남녀노소 누구나 마실 수 있는 향토주로 군림하고 있는 상그리아는 오랜 숙성을 요하지 않고 그윽한 향을 느낄 수 있는 것이 장점이다.

③ 타파스(Tapas)

타파스란 '작다' 혹은 '뚜껑'이라는 뜻을 가진 대표적인 스페인 요리로 술안주로 시작된 음식들을 통틀어 표현하는 것이다. 하나둘씩 먹다 보면 배가 부른 이 작은 요리는 스페인 사람들이 하루 다섯 끼를 먹는 근원이기도 하다. '타파스' 하면 빵 위에 얹어서 나오는 작은 요리를 생각하지만 이는 스페인에서는 브루스케타(Bruschetta)라고 부르며 이탈리아식으로 간주한다. 작은 접시에 내오는 메뉴를 따빠(tapa)라 부르고 작은 접시에 담아 이것저것 진열해 놓고 파는 식당은 있지만 타파스라는 요리 또는 조리방식이 따로 있는 것은 아니다.

* 타파스

* 타파스

* 타파스바

④ 엔살라다(Ensalada)

스페인 식탁에서 반드시 볼 수 있는 음식으로 스페인의 샐러드에는 드레싱이 없는 게 특징이다. 올리브오일과 식초에 곁들인다.

⑤ 가스파초(gaspacho)

차가운 토마토 수프. 토마토 퓌레와 피망, 양파, 오이 등을 갈아 넣어서 만든 수프로 안달루시아 지방에 발달해 있다. 시원하고 조리하지 않은 생야채라서 몸에 금방 흡수되어 원기를 회복시키는 점으로 인기를 얻고 있다. 스페인 음식 중 외국인에게 가장 잘 알려진 음식 중 하나로 1960~70년 스페인 관광의 붐을 타고 꼬스따 델 솔에서 외국 관광객들에게 가장 인기 있는 음식으로 알려지기 시작했다. 근래에는 스페인 여름음식을 대표하는 차가운 수프로서 그 명성을 이어가고 있다. 가스파초라는 단어의 어원은 뒤범벅, 혼돈, 혼합, 섞음이라는 뜻이 있다. 확실하게 정리되지 않은 기본적인 조리방법에서 시작하여 지역, 시대, 경제 그리고 특히 각 개인의 취향에 따라 조리방법이 달라지기도 한다.

⑥ 토르티야(Tortilla)

남녀노소 누구나 좋아하는 음식으로 오믈렛과 비슷하다. 계란에 감자, 양파 등 야채 썬 것을 섞어 프라이팬에 올리브유를 두르고 약한 불로 익힌 것. 우리나라의 부침개를 아주 두껍게 만든 형태이다.

⑦ 빠에야(paella)

고기와 해물을 넣은 스페인식 철판볶음밥. 원래 빠에야라는 말은 바닥이 넓고 깊이는 얕은 프라이팬을 가리킨다. 옛날 쌀이 많이 생산되는 발렌시아 지방의 들판에서 사람들이 일하다가 포도나 오렌지 나뭇가지를 꺾어서 불을 지피고 그 위에 빠에야를 건 다음 주변에서 쉽게 구할 수 있는 재료들을 넣고 조리한 데서 유래했다고 한다.

요즘은 닭고기와 양파, 마늘을 볶다가 쌀과 생선육수를 붓고 새우, 조개 등의 해산물을 얹어서 만들며 사프란을 넣어 고운 노란색이 난다. 빠에야를 조리하다 보면 바닥부분에 밥이 눌어붙거나 타서 우리나라의 누룽지처럼 되는데 이것을 스페인말로 소카라다라고 하며 스페인 사람들은 소카라다를 무척 좋아해서 '소카라다 없는 빠에야는 빠에야가 아니다'라는 말을 하곤 한다. 빠에야 팬에 올리브 기름을 두르고 양파와 마늘을 볶아 향을 낸 뒤 미리 볶아 놓은 파프리카, 줄콩 등의 야채와 돼지고기, 닭고기를 넣고 함께 볶는다. 여기에 쌀을 넣고 토마토와 오징어를 납작납작 썰어 올리고 노란색의 향이 강한 사프란으로 맛을 낸 생선국물을 부어 약한 불로 밥을 짓는다. 새우, 씨갈라(작은 바닷가재의 일종), 홍합, 모시조개로 모양을 내기도 한다. 가장 잘 알려진 것은 해물을 많이 넣은 발렌시아 지방의 빠에야 발렌시아나이다. 빠에야는 가벼운 드라이 와인이 어울린다.

지금도 매년 9월 두 번째 일요일에 발렌시아 지방에서는 남자들이 빠에야 요리경연을 벌인다.

⑧ 애저요리(Cochinillo)

세고비아(Segovia) 지역에서 특히 유명하며 새끼 돼지의 배를 갈라 나무를 땔 때는 오븐에서 천천히 구운 요리로, 나무 향이 스며들어 고기가 연하고 맛있다.

⑨ 추로스(churros)

계핏가루를 섞은 반죽을 짤주머니에 넣어 별모양의 깍지로 모양을 내 짠 후 기름에 튀겨 설탕을 묻힌 일종의 도넛 혹은 튀김류로 스페인의 바에서는 간단한 식사로 추로스를 초콜릿 무스나 코코아에 찍어먹는 모습을 쉽게 볼 수 있다. 요즘은 우리나라에서도 추로스 판매대를 쉽게 찾아 볼 수 있다.

⑩ 하몽(Jamón)

돼지 뒷다리를 소금에 절여 약 1년간 그늘에 말린 것으로 훈제를 하지 않는다는 점이 일반 햄과 다르다. 하몽 가게에 가면 천장에 돼지 다리들을 주렁주렁 매달아 놓은 것을 볼 수 있다. 크리스마스나 신년 선물로 가장 인기 있는 것도 바로 하몽이다.

스페인에서는 명절 때가 되면 건조시킨 돼지 뒷다리의 발목을 리본으로 예쁘게 묶어 진열해 놓은 모습을 볼 수 있다. 그 맛이 아주 독특하고 우리 입맛에도 잘 맞는다. 우엘바 지방에서 도토리로 사육한 돼지로 만든 하몬 데 하부고가 유명하다.

⑪ 초리소(chorizo)

소금과 다진 빨간 피망을 돼지의 내장에 채워 만든 소시지로 우리나라의 소시지와 비슷한데 색깔이 붉다.

⑫ 사프란(azafrán)

스페인 요리에 많이 쓰이는 향신료로 얼얼한 향도 내지만 노란색을 얻기 위해 주로 사용한다. 붓꽃과에 속하는 식물로 꽃봉오리에서 암술만 따내어 말린 것

으로 돈키호테의 무대인 라만차 지방이 주산지이다. 꽃 한 송이에서 세 가닥밖에 얻지 못하며, 1kg의 사프란을 얻기 위해서는 16만 가닥을 손으로 다듬어야 하기 때문에 세계에서 가장 비싼 향신료라고 알려져 있다.

◦ 스페인이 낳은 요리사

오늘날 스페인 요리는 수많은 요리사와 요리법을 거치며 발전하고 있다. 그 선두에는 스페인을 대표하는 페란 아드리아라는 요리사가 있다. 그는 2003년 여름 국제요리경연대회에 출전하여 뉴욕타임스의 천재 셰프라는 기사와 함께 세계적 주목을 받게 됐다.

스페인에 위치한 그의 레스토랑 엘블리는 미슐랭가이드 별 3개짜리 식당이었으며 한 해 예약 대기 인원만 300만 명이었다. 엘블리는 1년에 6개월만 운영하는 하였는데 6개월은 운영하고 6개월간은 완전히 새로운 메뉴 개발을 위해서만 운영을 하였다. 그렇게 셰프 아드리아가 엘블리에서 개발한 레시피는 1,800개나 되었고 그는 그 레시피를 온라인에 공개했다. 공개된 레시피는 다음해 전 세계의 요리 트렌드를 이끄는 역할을 하였으며 그것은 셰프 아드리아가 얼마나 요리계에 큰 영향을 주는지를 말해준다. 때문에 엘블리를 이끌어 온 페란 아드리아 셰프의 창의성은 화가 파블로 피카소에 비교되기도 한다. 그가 세계의 주목을 받은 이후 World's Best Restaurant 50에 항상 레스토랑의 이름을 올릴 정도로 세계적으로 가장 주목받았던 엘블리는, 아쉽게도 2011년을 마지막으로 문을 닫았다. 하지만 그는 이후 후계 양성을 위해 힘쓰고 있으며 아직까지도 그의 영향력은 상당하다.

* 엘불리디쉬

* 페란 아드리아

4. 식사예절

식당에서는 어느 나라에서나 마찬가지이듯, 식사를 할 때 지켜야 하는 매너가 있다. 스페인에도 카페테리아(Cafeteria)와 레스토랑(Restaurant)이 있는데, 굳이 차이점을 둔다면 가격과 분위기, 서비스이다. 카페테리아는 한국으로 말하자면 일반 식당과 같이 부담없이 사람들이 와서 주류나 식사 등을 해결하기 위한 장소이며, 레스토랑은 보통 정해진 시간에만 문을 여는 정통 식당으로 가격과 서비스의 수준이 좀 더 높은 곳을 의미한다.

(1) 안내를 받고 자리에 앉는다

입구에 서버가 자리로 안내해 줄 때까지 기다리는 것이 기본이다. 기다리면 서버가 식사하러 온 인원수를 묻고 대답이 돌아오면 안내해 주는 테이블로 가면 된다.

(2) 남녀 평등

자리에 앉을 때나 어디에 들어갈 때 여자분 먼저라는 표현을 많이 듣게 된다. 마찬가지로 스페인에서도 일반화되어 있다.

(3) 음료를 먼저 주문한다

서버가 메뉴를 제공하면 가장 먼저 음료를 주문하는 것이 상식이다. 먹을 것이든 타인에게든 음식이 서브된 것을 확인 후에 먹고 마시는 것이 격식을 갖춘 행동이며, 같이 식사할 경우에는 동서양을 막론하고 타인이 먼저 식사를 시작한 후에 먹기 시작한다.

(4) 음식을 먹을 때 갖추어야 할 에티켓

음식을 입에 넣고 말하거나 소리를 내면서 먹는 것은 피해야 한다. 스페인 사

람과 대화할 경우에는 손을 이용한 제스처를 사용할 경우 손에 쥐어진 식사도구
는 내려놓고 대화한다.

(5) 빵을 먹을 때는 손으로

항상 먹는 빵을 손으로 먹는다. 칼이나 포크 등의 도구를 사용하는 것은 삼가
며 스페인의 전통 햄(하몬) 등도 손으로 먹는다.

(6) 와인테이스트는 여자에게

와인을 병째로 주문하기 전에 테이스팅을 요구받는 경우가 있는데, 이때는 흔
히 남자에게 따라주지만 여성에게 양보하는 것이 미덕이다.

(7) 팁은 정하기 나름이다

식사 값을 지불할 경우에는 자리에 앉은 채로 서버에게 묻고 난 뒤 그 자리에
서 계산한다. 팁문화가 발달되어 있지 않아 동전 몇 개로 해결이 가능하며 식당
의 등급에 따라 다를 수 있다.

제 **6** 장

멕시코의 식문화

1. 환경적 개요

정식명칭은 멕시코합중국(Estados unidos mexicanos)이다. 중부 아메리카 최대의 연방공화국으로, 국명은 아스테크족의 군신 멕시틀리에서 연유한다. 사막과 선인장의 풍경, 솜브레로라는 모자로 상징되는 태양과 고원의 나라이다.

북쪽으로는 미국, 남쪽으로 과테말라 · 벨리즈와 접하고, 서쪽은 태평양, 동쪽은 멕시코만에 면한다. 북서 태평양 연안에는 본토와 병행해서 1,200km 길이로 돌출한 캘리포니아반도가 있고, 남동 대서양 연안에는 북쪽을 향해 유카탄반도가 멕시코만과 카리브해를 나눈다. 에스파냐 침략 이전에 유카탄반도의 마야, 멕시코시 부근의 톨테크, 아스테크족의 소위 인디언 문명이 발생한 곳이기도 하다.

멕시코는 지체 및 지형의 구조로 보아 북아메리카의 일부이다. 한편 민족적으로는 라틴 아메리카이며 남북 아메리카의 육교부를 차지하므로 중앙아메리카의 일부라고도 할 수 있다. 또한 대소 앤틸리스제도는 구조상 중앙아메리카의 습곡축과 같은 계열에 속하므로, 중앙아메리카와 서인도제도를 총칭하는 중부아메리카에서 주요부를 차지한다.

기후는 국토의 대부분이 고원성이고 북회귀선이 남북을 가로지르기 때문에,

열대기후권이 전 국토의 25%, 건조기후권이 50%, 온대기후권이 25%를 차지한다. 즉 멕시코의 중심부는 열대고원의 상춘지역이며, 특히 1,500m 내외가 최적온지대를 이룬다. 강우량은 일반적으로 적은 편인데, 북서부는 435mm, 북동부는 685mm, 중부는 879mm, 남부는 1,301mm 정도의 분포를 나타낸다. 그러나 설선을 지닌 화산의 융설수가 풍부하며 옥토를 만들고 , 멕시코 분지에서는 수향의 경관을 나타내는 지역도 볼 수 있다.

(1) 문화

① 아메리카 원주민의 식생활

아메리카 원주민문화는 옥수수문화라고 말할 수 있다. 그 정도로 옥수수는 그들이 즐겨 먹는 식량이다. 옥수수는 주식으로 쓰일 뿐만 아니라 차게 해서 마시는 오르차따와 추운 지방에서 큰 양동이에 가득 끓여 마시는 아똘레라는 음료수의 재료로도 쓰인다. 고구마, 콩, 감자, 호박, 땅콩 등도 아메리카 원주민들의 식생활에 큰 역할을 하고 있다. 원주민들의 음료수에는 사람을 취하게 만드는 술과, 시원하고 영양이 되는 음료수 등이 많이 있으며 현재도 멕시코 원주민들은 이러한 음료수나 술을 집에서 직접 만들어 마신다. 또한 야마와 같은 동물의 고기를 익히거나 날것으로 먹기도 했다. 아직도 세상과 접촉이 그리 많지 않은 산골마을에서는 옛날의 식생활을 유지하고 있는 원주민들이 많다.

② 원주민 음식과 유럽 음식의 접목

오늘날 멕시코 음식문화는 아메리카 원주민 음식문화와 스페인 음식문화의 혼합으로 탄생되었다고 할 수 있다. 스페인의 중남미 정복은 메스티조(중남미 원주민과 유럽인의 혼혈인종)라는 새로운 인종을 만들어냄과 동시에 음식문화에서도 혼합된 형태를 만들어냈다. 요리에서 육류의 사용이 다채로워졌고, 밀의 경작으로 인해 빵이 옥수수와 함께 주식으로 사용되기 시작했다. 그리고 포도주와 식용유의 사용으로 식탁은 더욱 풍성해졌다. 이렇게 스페인 정복기간 동안 새로운 요리법이 무수히 개발되었는데, 여기에는 수녀들의 역할이 지대했다고 전해지고 있다. 즉 매일매일 사제와 수녀들을 위해서 음식을 준비하는 수도원 주방은 상당한 요리솜씨를 자랑하고 있었다.

이렇게 일찍부터 신대륙의 원주민들은 자생하는 식물과 야생동물을 주식으로 삼았고, 서구인들은 목장과 농장을 만들어 육류와 빵의 식단을 준비하는 일에 몰두하였다. 그리하여 멕시코는 원주민의 음식생활에 서구인의 새로운 문화가 접합되어 발전시켜 나가게 되었다.

(2) 종교

멕시코인 10명 중의 9명은 자기가 가톨릭 신자라고 생각하지만 멕시코 가톨릭은 원시 종교적 요소를 많이 지니고 있다. 특히 빈민들 사이에서 가장 큰 존경을 받는 인물은 이 나라의 보호 성인인 구아달루뻬의 성모 마리아다. 3대 '언터처블'(다른 두 가지는 군대와 대통령이다) 가운데 하나로 불리는 검은 피부의 성모 마리아는 전설에 의하면 1531년 이교도 여신인 또난찐에 헌정된 적이 있었던 곳에 나타났다고 한다. 성모 마리아의 사원은 멕시코 어디에서나, 아주 외진 곳에서까지 찾아볼 수 있다. 이 나라는 가톨릭 교회와는 불편한 관계다. 처음에는 교회가 스페인 식민정권을, 그리고 나중에는 맥시밀리언 황제를 후원했기 때문이었다. 1990년대 살리나스 개혁 때까지 사제들은 사제복을 입고 공공장소에 나설 수 없었으며 멕시코는 바티칸과 어떤 외교적 관계도 맺지 않았다. 역설적으로 멕시코 독립의 두 영웅 이달고와 모렐로스는 모두 사제였다. 가톨릭에 반대해서 멕시코에서는 복음주의 신교도의 영향이 급속하게 확장되고 있다. 대부분의 가톨릭 신자와 달리 복음주의자들은 그들 종교에 대해 열의가 넘치고 종교행사에도 빠지지 않는 편이다.

2. 음식문화의 일반적 특징

(1) 식습관

멕시코 사람들은 대체로 점심을 가장 잘 차려 먹는다. 때문에 점심식사는 그
냥 라 코미다(La Comida), 즉 '식사'라고 불리기도 한다. 대부분의 식당이 정해
진 가격의 코미다 코리다 메뉴를 내놓는다. 우리나라로 치면 '오늘의 추천 메뉴'
같은 이 메뉴에는 수프, 밥이나 국수, 콩요리, 쇠고기, 돼지고기, 가금류, 물고
기 등으로 요리한 주요리를 포함하고 있어서 가격 대비 만족도가 아주 훌륭하다.
주요리는 대개 소스에 푹 잠겨 등장한다. 옥수수 토르티야와 핫소스인 살사 피
칸테가 곁들여지는데, 필요하면 토르티야와 살사를 더 달라고 요구할 수 있다.

작은 식당에서는 팁을 주지 않아도 된다. 하지만 그런 곳에서도 서비스만 좋다
면 팁을 안 줄 이유가 없다. 팁은 전체 금액의 15퍼센트 정도가 적당하다.

다른 남미 국가들과는 달리, 많은 멕시코인들이 스테이크, 달걀과 콩요리, 커
피 등을 곁들인 아침식사를 즐긴다. 저녁식사가 가장 단출하다. 저녁에 많이 먹
으면 소화에 해롭다고까지 생각하는 사람들도 있다. 그래서 저녁식사는 빵과 커
피, 점심에 먹다 남긴 음식으로 때우기도 한다. 이런 가벼운 저녁식사를 메리엔
다(Merienda)라고 부른다.

(2) 지역별 특징

멕시코는 천연자원이 풍부하고 국토의 면
적이 넓어 다양한 음식재료를 가지고 있다.

① 북부지역

육식, 양고기, 소고기를 직접 불에 구워서
먹고 우유를 많이 섭취하는 편이다. 또한 북
부지역에서는 밀가루 토르티야를 많이 사용

하고 육식을 많이 하는 편이다.

② 중부지역

양념된 채소를 삶아서 먹고 닭고기, 돼지고기와 옥수수를 많이 먹는 편이다.

③ 중앙동부지역

푸에블라시를 중심으로 하여 '몰레'의 원산지라고 할 수 있다. 몰레는 삶은 닭고기와 20여 가지의 재료를 '메따떼'라는 맷돌 같은 돌로 만든 기구에 갈아서 닭고기 육수로 만든 소스를 곁들인 요리이다. 재료 중에는 여러 종류의 고추와 아몬드, 잣, 땅콩, 초콜릿까지 포함된다. 아주 특별한 잔치나 모임에서 찾아볼 수 있는 요리다.

④ 동부 해안가

해물요리가 풍부하다. 베라크루스의 요리들은 새우, 조개, 굴, 생선 요리가 유명하다. 생굴 칵테일 '부엘베 알 라 비다(생명을 되돌려주는 칵테일)'의 맛은 죽어가던 사람도 맛보면 정신 차릴 만하다. 카리브해안에서 잊을 수 없는 요리는 '쎄비 체'로 이것은 여러 가지 해물을 레몬즙에 절여서 양파, 토마토, 고추, 고수를 곁들인 요리이다.

⑤ 마야문명을 꽃피운 유카탄반도

'아시오떼'라는 양념이 유명하다. '꼬치니따 삐빌'을 만드는 데 주로 사용되는데, '꼬치니따 삐빌'은 삶은 돼지고기를 식초와 오렌지 주스, 아시오떼를 섞은 소스에 재워두었다가 약간의 마늘, 오레가노와 소금을 넣고 조린다. 아시오떼는 닭고기, 돼지고기를 오븐에 구울 때에도 이러한 방법으로 사용된다.

멕시코는 멕시코 마야, 아스테크, 톨테크 문명 등 아메리칸 인디오의 찬란한 토착문명을 지니고 있으며, 에스파냐 식민통치를 통해 서구문명이 유입되어 혼합문명이 형성되어 있다. 현재는 미국의 영향으로 점차 미국화되고 있으며, 국민의식 저변에 미국에 대한 경계심이 깔려 있기는 하나, 미국과 유사한 사회로 변모되고 있다. 국민성은 친절하고 낙천적이나, 배타적이기도 하다. 동양인에 대한 감정은 멕시코 원주민의 조상이 동양인이라는 이유에서 좋은 편이다.

3. 대표적인 식품과 음식

멕시코의 요리는 토르티야스(tortillas), 튀긴 콩, 칠리 등 세 가지 주요 성분을 중심으로 만들어진다. 토르티야는 옥수수나 밀가루 반죽을 납작하게 만들어 프라이팬에 요리한 얇고 둥근 빈대떡 같은 것이다. 콩은 끓이거나 튀기거나 아니면 수프, 토르티야 그 외 여러 가지에 넣어 다시 튀겨 먹는다. 길거리 노점상 어디에서든 먹을 수 있는 신선한 과일 주스들도 즐비하지만 멕시코는 또 술로도 유명하다. 메스깔과 테킬라는 그중 특히 유명한 술이다. 플케는 약한 알코올음료로 용설란의 즙에서 직접 짜낸 음료이다. 태양과 선인장의 나라 멕시코. 멕시코 요리는 90년대 초 국내에 미국계 패밀리 레스토랑이 들어오면서 국내에 알려지게 되었는데, 매콤하고 깊은 맛이 우리나라 사람들 입맛에 잘 맞는다. 멕시코 요리의 3대 재료는 옥수수와 콩, 고추이다. 옥수수는 고대 마야인들이 자신들이 옥수수에서 생겨났다고 믿었을 정도로 기본적이고 역사가 오래된 작물이다. 그냥 구워서 먹기도 하지만, 물에 불린 후 으깨서 얇고 넙적하게 편 다음 구워서 토르티야를 만든다. 멕시코 고추는 그 종류만도 60여 가지로, 용도도 고춧가루를 내는 것에서 고추피클을 만드는 것 등 맛과 향도 다양하다. 세계 3대 매운 요리라고 하면 우리나라, 태국과 멕시코를 꼽는다고 할 수 있다.

* 멕시코 칠리

* 멕시코 드라이칠리

(1) 소스의 특징

풍부한 천연자원의 넓은 면적의 나라에는 음식의 재료도 다양하다.

멕시코인은 여러 가지 소스를 음식에 이용하는데 매콤한 맛과 토마토로 만든 자연소스로 음식의 풍미를 한층 풍성하게 한다. 멕시코인들이 음식의 향미를 돋우기 위해 사용하는 소스에는 살사소스, 구아카몰소스, 사워크림소스, 몰레소스가 있다.

① 살사소스(salsa sauce ; salsa mexicana)

살사소스는 살사 멕시카나라고도 한다. 이 소스는 양파, 생토마토, 고추, 실란트로 등을 잘게 다져 소금, 올리브유와 섞은 붉은색의 매운 소스이다. 토마토의 붉은색이 아름다워 장식용으로도 많이 사용한다.

② 구아카몰소스(guacamole sauce ; avocado sauce)

구아카몰소스는 아보카도를 갈아서 토마토, 양파, 풋고추 등과 혼합한 초록색 소스로서 아보카도 소스라고도 한다. 아보카도는 멕시코에서 인삼과 같이 생각되고 있다.

③ 사워크림소스(sour cream sauce)

사워크림소스는 사워크림으로 만드는 새콤한 맛의 흰 크림소스이다.

④ 몰레소스(mole sauce)

몰레소스는 멕시코의 푸에블라 지방의 수도원에서 만들어진 소스이다. 수도 원은 대주교가 갑자기 방문하게 되자 어린 수녀가 그곳에 있던 칠리, 땅콩, 초 콜릿, 호두, 마늘, 카카오, 토마토 등을 갈아 푹 끓여 맵고 쌉쌀한 소스를 만들 었다고 한다. 이 음식이 너무 맛있어서 대주교는 이 소스가 무엇이냐고 물었는 데 수녀는 여러 재료를 갈아서 만들었기 때문에 '갈다'라는 의미의 '몰레'라고 대 답했다고 한다.

(2) 멕시코 전통음식

① 토르티야

토르티야는 옥수수를 물에 불려 으깨서 밀전병처럼 원형으로 얇게 펴서 구운 것이다. 먹을거리가 흔하지 않던 때에 배고픔을 견디기 위해 여물지도 않은 옥수 수를 이용해 음식을 만들었던 것이다. 옥수수로 만든 이 '토르티야'야말로 멕시 코 식탁에서 없어서는 안 될 주식이라고 할 수 있다.

② 타꼬

일종의 샌드위치이다. 밀가루나 옥수수가루로 만든 동그랗고 얇은 토르티야에 다져서 요리한 쇠고기, 돼지고기, 닭고기, 소시지, 토마토, 양배추, 양파, 치즈 등 을 올려놓은 뒤 이를 반으로 접어서 구아카몰, 살사소스 등과 함께 먹는다. 토르 티야는 바삭바삭하게 할 수도 있고, 부드럽게 할 수도 있다. 길거리 어디에서나 흔히 볼 수 있고 먹을 수 있는, 멕시코에서 가장 사랑받는 음식이다.

③ 케사디야(케사딜라)

밀가루로 만든 토르티야 사이에 치즈·고기·해산물·야채 등을 넣고 오븐에 굽는 멕시코 전통요리이다. 속에 들어가는 재료는 쇠고기·닭고기 등의 육류와 새우·오징어 등 해산물을 주로 한다.

감자, 콩, 양파, 피망, 호박 등 다양한 야채를 넣어 담백한 맛을 내기도 하고,

소시지 등을 얇게 썰어 넣기도 한다. 대체로 고기나 해산물을 양념하여 구운 것을 주로 하고, 양파·피망 등의 야채를 잘게 썰어서 섞는다.

만드는 방법은 토르티야 위에 잘게 썰어 익힌 재료를 올린 후 치즈를 뿌린다. 반으로 접거나 토르티야 한 장을 더 얹어 오븐에서 노릇하고 바삭바삭하게 굽는다. 한입 크기로 잘라 접시에 담아, 살사소스나 사워크림과 함께 낸다.

④ 몰레

몰레를 싫어하면 반역자란 소리를 들을 정도로 몰레는 멕시코인들의 사랑을 받는 음식이다. 지방마다 만드는 방법과 재료가 약간씩 다르지만 일반적으로 고추, 초콜릿, 참깨, 아몬드, 건포도, 후추, 계피, 마늘, 양파, 토마토, 바나나 등의 수많은 재료를 갈아 익혀 만든 몰레를 칠면조나 닭고기에 소스처럼 얹어 먹는다. 맛있는 몰레를 만들려면 오랫동안의 숙련된 음식솜씨가 필요하다. 우리나라의 고추장이나 된장에 비교될 수 있는 몰레요리의 유래는 17세기까지 거슬러 올라간다.

⑤ 몬동고

몬동고는 얼큰한 멕시코식 내장탕이다. 소 뱃살, 양, 곱창을 말갛게 씻어 온갖 양념으로 버무려 국을 끓인 멕시코 전통음식이다.

내장의 기름을 제거하고 밀가루와 소금을 뿌려 바락바락 주물러 씻은 다음 흐르는 물에 여러 번 헹군다. 양도 같은 방법으로 씻고 끓는 물에 데친 다음 숟가락으로 껍질을 벗겨낸다. 찌그러진 양은 그릇에 손질한 뱃살과 양, 곱창을 담고 파, 마늘, 생강, 토마토, 달고 신맛 나는 오렌지와 오레가노를 넣고 푹 끓여낸다.

고소한 기름기가 둘러 있는 몬동고에다 매운 아바나 소스를 넣고, 기호에 따라 레몬즙을 뿌려 먹으면 더욱 맛있다.

⑥ 포졸레

포졸레는 멕시코의 전통음식으로, 축제나 잔칫날에 즐겨 먹는다. 탕요리를 좋아하는 우리나라 사람들 입맛에 아주 잘 맞는 음식이다. 포졸레는 영양이 풍부하고, 고기, 옥수수와 다른 채소를 곁들여 먹는다. 요리법은 멕시코 내에서도 지방마다 여러 가지 방식이 있는데, 그중 육개장처럼 빨갛게 만들어 막는 Jalisco식과 하얀 국물 맛이 좋은 Gurrero식이 유명한 편이다. 일반 식당에서는 보통 메뉴로도 많이 볼 수 있다.

⑦ 따말레

따꼬나 빠스또르만큼 전국적인 요리로 고대부터 내려오는 전통음식이다. 지방마다 조금씩 요리방법이 다른데 옥수수 가루에다 고기나 고추, 설탕 등을 넣어 옥수수나 바나나 잎에 싸서 찐 다음 따끈따끈할 때 먹는다. 보통 멕시코 사람들이 타향살이로 엄마의 손맛을 그리워할 때 가장 먼저 먹고 싶은 것이 따말레라고 한다.

출근길에 아침을 거른 직장인들이 정장을 한 채 회사 근처에 서서 김이 모락모락 나는 아똘레(atole) 한 잔과 따끈한 따말레 여러 개로 배를 채우는 모습들이 도심지 아침 출근시간의 풍경이다. 그리고 골목 어귀마다 따말레와 아똘레가 담긴 커다란 양철통을 수레에 싣고 나와 판다. 가끔 옛날 우리네 찰떡 장수가 그랬듯이 골목골목을 누비면서 '따말레~ 따말레~' 하고 낮은 목소리로 길게 여운을 남기며 따말레를 팔기도 한다.

(3) 축제음식

표 7   **대표 기념일**

날짜	기념일	비고
1월 1일	신년(New Year's Day)	
2월 5일	국기의 날	
2월 말 카니발	사순절이 시작되는 성회일이 있는 주나 그전 주에 열린다.	
3월 21일	베니토 후아레스 탄생일	
3월 말~4월 초 세마나 산타	부활절이 있는 주로 멕시코에서 가장 긴 휴가기간이다.	
5월 1일	노동절	

날짜	기념일	비고
9월 15~16일 독립기념일	1812년 스페인으로부터 독립한 날이다.	
10월 12일	민족의 날	
11월 1-2일	죽은 자의 날	
11월 20일	혁명 기념일	
12월 12일	과달루뻬 성모의 날	
12월 25일	크리스마스	

멕시코인들은 축제를 위해 산다고 할 정도로 많은 축제를 여는데 1년에 총 680여 개의 축제가 열린다고 한다. 종교, 풍년 등을 주제로 한 축제가 많은데 이때는 독특한 음식을 만들어 먹는다.

① 겔라게차(Guelaguetza) : 부뉴엘로

이 축제는 멕시코에서 손꼽히는 큰 축제의 하나다. 겔라게차는 사뽀떼까어로 '공물, 공감, 애정, 협력'이라는 뜻이다. 축제의 기원은 아스떼까 제국이 와하까를 점령하던 시기에 옥수수 여신인 센떼오뜰(Centeolt)에 공물을 바치는 의식에서 비롯했다. 당시에는 땅의 비옥함을 위하여 여러 가지 공물과 함께 인신 공양도 했다.

겔라게차의 음식은 부뉴엘로(Bunuelo)이다. 멕시코 전통 음식인 부뉴엘로는 달짝지근한 맛이 나는 쟁반만 하게 큰 토르티야 튀긴 것을 꿀과 계피를 섞어 만든 달콤한 국물에 살짝 적셔 토기접시에 담아낸 것이다. 사람들은 달콤한 부뉴엘로를 모두 맛있게 먹고 난 다음 그 그릇을 들고 나와 길 바닥에 내팽개쳐 깨어버린다. 그들은 그릇을 깨버림으로써 일 년 동안의 나쁜 일들은 이처럼 모두 깨져 버리고 앞으로 좋은 일들만 다가오기를 기도한다.

② 동방박사의 날

동방박사의 날은 1월 6일로 '로스카빵(rosca de reyes)'을 만들어 먹는데, 빵에 조그만 인형을 넣어 이것을 발견하는 사람에게 일 년 내내 행운이 있다고 한다.

③ 국기의 날

국기의 날은 2월 5일이며, 이때는 옥수수, 아보카도, 빨간 피망을 주재료로 만든 삼색샐러드를 먹는다. 샐러드의 세 가지 색은 멕시코의 국기를 상징한다.

④ 부활절

4월에 있는 부활절 주간에는 해물요리와 생선요리를 먹는다. 대표적인 음식에는 에스카베체라고 하는 소스에 익힌 새우요리인 '에스카베체식 새우요리'가 있다.

⑤ 독립기념일

독립기념일은 9월 16일로 멕시코 전역에서 스페인으로부터의 독립을 기념하는 축제가 열린다. '폰체(ponche)'와 '포솔레(pozole)'를 만들어 먹는데, 포솔레는 옥수수 알갱이, 돼지고기 등뼈, 고기를 넣고 푹 끓이다가 고춧가루를 풀고 소금으로 간을 한 일종의 감자탕이다. 스페인의 지배하에 있을 때 심한 노동을 한 원주민들의 식사로 옥수수를 물에 푼 것이 바로 포졸레였다고 하여 멕시코의 역사만큼이나 슬픈 음식으로 여긴다. 또한 독립기념일이 있는 9월이면 한 달 내내 멕시코 국기 색상의 상징으로 초록, 하양, 빨간색의 칠레 엔 노가다(chile en nogada)를 어느 식당에서나 먹을 수 있다. 칠레 엔 노가다 요리는 애국심 요리라고도 할 수 있다.

⑥ 인종의 날

인종의 날은 10월 12일로 콜럼버스데이라고도 한다. 이날에는 베이컨, 밀가루, 각종 채소를 넣은 채소 죽을 먹는다.

⑦ 죽은 자의 날

11월 2일은 여러 성자의 날로서 우리나라의 추석에 해당한다. 이날에는 모든 제과점에서 해골모양의 사탕과자를 판매한다. 이날은 집 앞까지 꽃길을 만들거나 집앞에 촛불을 세워두는데, 이것은 멕시코인들은 죽은 자의 영혼이 이날 돌아온다고 믿기 때문에 제단을 쉽게 찾을 수 있도록 도와주기 위한 것이다. 이날은 성묘를 가서 그곳에서 노래를 부르고 술을 마시며 하룻밤을 보낸다. 이는 멕시코 인들이 죽음을 삶의 한 부분으로 생각하며 하나의 놀이로 생각하는 낙천적인 기질을 보여주는 예라고 할 수 있다.

⑧ 크리스마스

12월 25일 크리스마스에는 '피나타'와 '부뉴엘로'를 즐겨 먹는다. 피나타는 캔디를 동물그림이 새겨진 종이에 싼 것으로 어린이들은 눈을 가리고 피나타가 달려 있는 큰 막대기 캔디가 여기저기 흩어질 때까지 빙글빙글 돌린다. 부뉴엘로는 아니스향이 나는 얇게 튀긴 과자로 시럽에 담가 제공한다. 다 먹고 나면 시럽이 들어 있는 그릇을 거리에 던지면서 행운을 빈다.

(4) 주류

① 전통술
멕시코의 전통술에는 테킬라와 풀케가 있다.

* 테킬라(tequila)

스페인어로 '칭찬' '감탄'이란 뜻을 갖고 있는 테킬라는 멕시코 중부의 작은 소읍, 테킬라 마을에서 생산되는 토속주다. 데킬라는 스페인이 멕시코에 알코올 증류법을 소개함으로써 탄생한 멕시코의 대표적인 전통술이다. 흥겨운 파티에 반드시 등장하는 술인 테킬라는 멕시코의 대표적 술이자 세계적으로 유명한 수출품이다.

* 테킬라 만들기

테킬라를 만드는 과정은 우리나라의 안동소주 제조법과 비슷하다. 사막에서 자란 마게이라는 푸른색의 용설란이 9년 정도 자라면 잎을 모두 자르고 파인애플 모양의 둥근 포기에서 고구마엿 같은 즙을 짜낸다. 이 즙과 설탕을 잘 섞어 발효시킨 다음 증류시키면 맑은 술을 얻을 수 있는데 보통 2~3번 정도 증류시켜 테킬라를 만든다.

* 테킬라의 종류

ⓐ 블랑코(blanco) : 전통 테킬라가 숙성하지 않은 것으로 무색이며 현재는 주로 칵테일 베이스로 사용한다.

ⓑ 레포사도(reposado) : 3~11개월 정도 숙성시킨 것이다.

ⓒ 아녜호(anejo) : 오크통에서 1~2년 정도 숙성시켜 갈색을 띠고 있다.

ⓓ 레알레스(reales) : 오크통에서 2~4년 정도 숙성시킨 것으로 맛이 부드럽고 향기롭다.

* 테킬라 마시기

테킬라는 레몬 또는 라임, 소금과 함께 마시는데 이것들이 알코올을 중화시킨다고 한다.

ⓐ 쿠엘보슈터는 가장 잘 알려진 음주법으로 손등에 레몬즙이나 라임즙을 바르고 소금을 뿌린 뒤, 테킬라를 한 모금 마시고 이를 핥아먹는 방법이다.

ⓑ '슬래머'란 음주법도 있는데, 이는 잔에 술을 반쯤 담은 다음 소다수나 사이다로 나머지를 채워 냅킨으로 잔을 덮은 뒤 테이블에 내리쳐 거품이 생길 때 원샷으로 마시는 방법이다

테킬라는 칵테일을 해서 마시기도 하는데 마가리타와 선라이즈가 대표적이다. 이중 마가리타는 테킬라와 마가리타 믹스 등을 섞어서 만들며 가장자리에 소금을 묻힌 유리잔에 담아낸다. 선라이즈는 오렌지주스, 그레나딘 시럽을 섞는다.

* 안주

ⓐ 구사노 데 마게이(gusanos de maguey) – 용설란 밑동에 사는 애벌레를 튀긴 것

ⓑ 치차론(chicharon) – 돼지 껍질 튀긴 것

ⓒ 나초

② 풀케(pulque)

민속주 풀케는 마게이라는 선인장에 구멍을 내어 받아낸 단맛이 나는 액체를 하루 정도 자연 발효시킨 것으로 우리의 막걸리와 비슷하다. 테킬라와는 달리 알코올 도수가 낮다. 하지만 수면제 성분이 많아 뚝배기로 두서너 잔 마시면 취함과 동시에 졸음이 몰려온다고 한다.

③ 맥주

맥주는 멕시코에서 매우 대중적인 술이다. 종류가 수천 종이라 한다. 멕시코어로 맥주는 세르베사라고 한다.

* 보헤미아(bohemia)

멕시코에서 가장 인기가 높은 것은 보헤미아이다. 이 맥주는 뮌헨 맥주 콘테스트에서 1등을 할 정도로 맛과 향이 최고라고 한다.

* 코로나(corona)

코로나는 얇은 레몬 또는 라임 조각을 넣어 마시는데 이때 레몬향이 어우러져 한층 부드러운 맛을 낸다고 한다.

* 테카테(tecate)

테카테는 캔 맥주인데 캔 가장자리에 라임이나 레몬을 짜 넣고 소금을 뿌려 마신다.

4. 식사예절

① 정장차림을 요구하는 레스토랑인지를 알아본다.
② 공식적인 경우에는 음식이 나오기를 기다렸다 같이 먹는다.
③ 대부분 식사 후에는 10~15%의 팁을 식탁 위에 놓는다.
④ 음식을 입에 넣고 말하지 않으며, 소리 내어 먹지 않는다.

제 **7** 장

미국의 식문화

1. 환경적 개요

면적은 북아메리카대륙의 중앙부를 차지하는 48개 주와 알래스카, 하와이의 2개 주, 총 50개 주로 이루어진 연방제 공화국. 세계에서 4번째로 넓다. 인구는 270,560,000명(1998년)으로 세계에서 세 번째로 많고, 라틴아메리카 계열의 히스패닉, 흑인, 아시아계 이주민, 인디언, 알래스카의 에스키모, 하와이의 원주민 등으로 인종이 다양하며 지형적으로 서쪽에는 환태평양조산대에 속하는 높고 험준한 로키산맥이 위치한다. 미시시피강 유역으로 거대한 중앙 대평원이 있고, 대평원의 동쪽에는 고기습곡산지인 애팔래치아산맥이 위치하고 있다.

기후는 툰드라와 타이가 기후가 나타나는 알래스카와 상하(常夏)의 나라로 알려진 하와이를 제외한 미국 본토는 대부분이 온대 또는 냉대. 서부는 주로 온난한 기후인 해양성기후가, 중앙대평원에는 건조한 스텝기후, 동부는 지중해성 기후로 겨울에 강수량이 많으며, 남쪽의 플로리다반도에는 열대기후 · 사막기후가 나타나는 곳도 있으며 로키산맥 등의 고지대에는 고산기후가 나타나기도 하는 등 다양한 기후가 분포하고 있고, 미국은 역사도 오래되지 않고 여러 이민족들이 섞여 특별한 음식문화가 없을 것 같지만, 그들 나름대로 인디언, 유럽 등의 음식문화를 그대로 계승하거나 나름대로 변형시켜 특유의 음식문화를 이루고 있다.

초기에는 토착민인 인디언의 영향으로 멕시코와 마찬가지로 옥수수를 많이 사용했다. 그냥 먹는 것 외에도 옥수수 가루로 쑨 죽, 빵 등을 만들었고 이외에 콩, 호박이 중요한 재료였으며, 노예로 데려온 아프리카인들은 여러 가지 곡물의 씨앗을 가져와 식탁을 더욱 풍성하게 하는 데 일조했으며, 잡은 고기를 바비큐로 조리하는 방법, 연기에 그을려 훈제하는 방법을 전승하여 발전해 왔다.

2. 음식문화의 일반적 특징

(1) 미국 음식의 특징

육류 위주의 식사로 1인 분량이 매우 많은 편에 속한다. 음식 맛은 매우 달고 기름진 후식을 선호하는 경향이며, 이로 인해 비만이나 성인병으로 고생하는 사람들이 많이 발생하고 있다. 그러나 점차 건강을 생각하는 식생활 패턴변화를 추구하고 있고, 간편성과 실용성을 강조하는 문화적 특성상 통조림, 즉석식품 같은 가공식품 등을 많이 사용한다.

① 미국의 일상식사

아침과 점심은 가볍게 먹고 저녁에 비중을 두는 식사를 한다.

- Breakfast : 아침은 대체로 간단하다. 토스트, 과일 또는 과일주스, 음료로 간단히 식사하는데, 시리얼이나 오트밀, 달걀 등을 함께 먹기도 한다. 주말에는 여유 있게 팬 케이크나 와플, 오믈렛, 계란 프라이 등을 해먹기도 한다.

- Lunch : 주로 햄버거, 핫도그, 샌드위치 등이 일반적이지만 정찬(lunchen)을 하는 경우에는 수프, 고기요리, 생선요리, 샐러드, 후식, 차 등으로 갖춰 먹는다.

- Dinner : 미국의 저녁식사는 디저트가 중요하다. 주로 더운 음식(hot meal)을 먹으며 육류와 채소로 만든 수프류와 생선요리, 고기요리, 샐러드, 빵, 음료를 먹는다. 파스타도 많이 해먹으며 그 종류도 매우 다양하다. 후식으로는 케이크나 쿠키와 커피 등을 먹고 와인을 마시기도 한다.

② 더치문화

미국은 철저한 더치의 나라. '오늘 식사는 내가 전부 지불하겠다'라고 얘기하지 않는 이상 그냥 같이 가자고 했을 때는 절대 그 사람이 내는 것은 아니다. 미국인들은 당연히 자신이 먹은 것은 자신이 내야 한다고 생각하기 때문이다.

③ 음주문화

미국인의 술 마시는 곳은 상당히 제한되어 있다. 정해진 곳에서 마셔야 하고, 대부분의 야외에서는 마시지 못한다. 집에서 마시는 경우가 많고 집에서 마시더라도 미성년자는 경찰의 검문에 걸린 경우 징벌의 대상이다. 미국인의 1인당 총 음주량은 순알코올 기준으로 연간 9.3리터를 기록하는 적지 않은 수준이다. 선호하는 술은 맥주(53%), 증류주(31%), 와인(16%) 순. 다민족국가로 이 민족 간에 각기 자신들의 음주문화를 갖고 있기 때문에 음주 규정에 어려움이 있다.

④ 음식점에서의 일반적인 순서

- 음료와 appitizer : appitizer는 식전에 입맛을 돋우기 위해 꼭 먹는다. 대부분의 음식점은 음료에 한해 리필을 해준다.

- main dish : 스테이크를 먹게 되는 때에는 흔히 미디엄(Medium)으로 먹는데 미국의 미디엄(Medium)은 거의 생고기상태로 우리나라의 입맛에는 웰던(Well-done)으로 시키는 것이 좋다.

- dessert : 디저트는 보통 조각 케이크나 아이스크림. 달고 맛있어서 디저트만 즐기는 사람도 있다고 한다.

- 계산 : check를 달라고 해서 팁과 함께 테이블에 놓는다. 만약 은행카드

나 크레디트 카드로 계산하고 싶다면 가져온 check에 팁을 쓰고 주면 계산해 준다. 팁은 보통 10~15%로 50달러가 넘을 때는 15%를 반드시 준다.

⑤ 티파티(tea party)

오전 10시경과 오후 3시부터 5시 사이에 가족끼리 또는 가까운 사람들과 함께 거실이나 식당, 정원 등에서 갖는 모임이다. 따뜻한 커피나 홍차를 준비하고 쿠키, 케이크, 비스킷, 머핀 등을 곁들인다.

⑥ Thanks Giving Day(추수감사절)

11월 4번째 목요일로 정해져 있는 추수감사절은 우리나라의 추석과 같이 미국에서는 큰 명절로 다음과 같은 유래가 전해져 온다. 청교도들이 미국의 매사추세츠에 도착한 해인 1620년, 혹독한 겨울 추위로 인해 청교도들의 절반이 죽었고, 남은 청교도들은 이웃의 인디언들에게 도움을 청했다. 인디언들이 옥수수와 곡식 경작하는 방법을 가르쳐주었고, 다음해인 1621년 가을의 풍성한 수확에 축제를 열어 감사를 표시한 것이 오늘날의 추수감사절로 이어져 오고 있다고 한다.

미국에서는 추수감사절 저녁에 칠면조, 크랜베리소스, 감자, 호박파이를 준비하여 가족과 함께 먹는다. 미국의 음식이라 하면 콜라와 햄버거, 핫도그 등의 패스트푸드를 떠올리게 되고, 고유의 음식문화가 없다고 생각하는 사람이 많다.

1492년 스페인의 콜럼버스가 신대륙을 발견하고 이후 최초의 이주민이 정착하여 살게 되는 역사도 그리 길지 않고, 처음 이주해 온 스페인 사람을 비롯하여, 영국, 프랑스 등 유럽과 아시아 등 전 세계 다민족이 모여서 살고 있기 때문이다. 그러나 독일의 햄버거 스테이크를 들여와 토마토케첩을 뿌려 빵 사이에 끼워 먹는 햄버거를 만들거나 유럽이 생토마토로 토마토소스를 만들어 사용하는 데 반해 토마토케첩을 대량 생산하여 사용하는 등 짧은 역사와 다양한 인종이 공존하는 미국은 뚜렷한 음식문화의 특징은 없지만, 그러면서도 현대음식이라고 하면 곧 미국음식이라고 할 정도로 전 세계의 음식문화를 받아들여 새로운 음식문화를 만들어나가는 것이 미국음식이라고 할 수 있다.

3. 대표적인 식품과 음식

(1) Cereal

미국인의 아침식탁을 장식하는 시리얼은 원래 의사 켈로그가 소화 잘되는 환자용 음식으로 고안한 것으로 처음에는 몇 분 정도 가열해서 먹는 핫 시리얼이었다. 후에 있는 그대로 먹을 수 있는 콜드 시리얼이 출현하면서 미국인의 아침식사 풍경이 크게 변했다.

옥수수, 쌀 밀을 원료로 하는 시리얼은 많지만 이 중에서도 플레이크 상태로 만든 콘플레이크가 가장 인기가 많다. 한 그릇의 시리얼에 우유 반 컵을 곁들이는 식사는 열량이 180kcal 정도 되고 단백질, 비타민, 칼슘, 마그네슘 등 각종 인공영양분이 첨가돼 있다.

미국인구의 25%가 시리얼로 아침을 먹는다. 또한, 취향에 따라 과일을 곁들여서 먹기도 한다. 다양한 종류의 시리얼이 생산되고 있지만, 기본적인 식사방법이나 맛은 똑같다.

(2) tex-mex

Texas와 Mexico의 합성어로 멕시코와 인접한 텍사스 지역에서 멕시코의 영향을 받아 만들어진 요리를 말한다.

옥수수로 만든 토르티야에 여러 가지 재료를 얹어 만든 타코 등 멕시코 요리와 다른 점이 없어 보이지만, 원래 요리보다 고추를 덜 사용해서 상당히 매운맛을 많이 약화시킨 반면 재료 본래의 맛을 많이 살려 원래의 맛을 많이 바꾸었다. 그리고 토르티야에 볶음밥을 넣고 말아서 만드는 부리또는 멕시코의 재료로 미국에서 자체 개발해 낸 요리이다.

＊ 타코벨 부리토

(3) Hamburger

미국인이 쇠고기를 잘게 썰어 저민 타르타르 스테이크에 익숙해진 것은 독일인들이 많이 이민해 온 19세기 이후이다. 그런데 함부르크항을 경유해 미국에 도착한 타르타르 스테이크는, 이름도 햄버거 스테이크로 바뀌고 요리 자체도 불에 구운 것이 됐다.

1904년 미국 세인트루이스 세계박람회 때 독일계 이주민들이 손에 들고 먹을 수 있게 빵 사이에 끼워 판매한 것이 지금의 햄버거다. 핫도그의 발상도 여기라고 전해진다. 기록에는 손에 들고 먹으므로 핑거 푸드라 했으며 장갑과 함께 팔았다고 한다.

＊ 햄버거

(4) Cajun

미국에 이주한 프랑스인들이 발전시킨 요리. 케이준이라는 이름은 아카디아

라는 말이 토착 인디언들에 의해 와전되면서 생
긴 단어이다. 케이준 요리는 그들의 고향인 프랑
스와 새로운 지방에서의 요리법이 합쳐진 형태
가 주가 되고 인디언과 스페인의 영향도 더해져
서 형성되었다. 이들은 갑자기 쫓겨왔기 때문에
처음에는 상당히 궁핍한 생활을 했다. 그래서 구
하기 어려운 버터대신 돼지의 지방을 쓰고, 고기
는 날짐승이나 물고기를 잡아서 보충했는데, 이
것들을 한 냄비에 몰아넣고 조리를 했다. 좀 거
칠고 양으로 승부하며, 거친 재료의 맛을 보완하
기 위해 양념을 많이 쓰는 요리가 된다. 이 양념
믹스인 케이준 스파이스의 매콤한 맛 때문에 우
리나라 사람들 입맛에도 잘 맞아서 최근 패밀리
레스토랑의 인기메뉴가 되었다. 대표적인 케이

＊잠발라야

＊검보

준 요리로는 여러 가지 야채와 닭고기, 햄 등을 넣고 만든 볶음밥 인잠발라야와
역시 여러 가지 재료를 넣고 만드는 되직한 스튜 검보가 있다.

(5) Pizza

제2차 세계대전 후 유럽에 파병 나갔던 군인들이 들어오면서 피자가 들어왔다.
원래 이탈리아의 피자는 도우가 상당히 얇고 토핑은 한두 가지 정도로 조금만
올려서 담백하게 만드는데, 미국식은 두툼한 도우에 토핑을 다양하게 많이 올린
다. 특히 시카고에서 처음 만들기 시작한 딥디시 피자가 유명한데, 이것은 도우
보다 토핑이 더 두껍다.
현재 우리나라 사람들이 즐겨 먹는 피자는 원조인 이탈리아식이라기보다 미국
과 더 가깝다고 할 수 있다.

(6) 기타

중국인들 특히 광동인들이 많이 들어와서 딤섬 등의 요리를 전파했으며, 우리나라의 짜장면처럼 정작 본토에는 없는 중국요리인 로메인이나 찹수이 등을 만들어냈다.

＊ 미국식 중식

최근에는 기름진 음식을 배제하고 건강을 중시하게 되면서 담백하고 채소를 많이 사용하는 아시아의 요리가 큰 호응을 얻고 있는데, 인기를 끌고 있는 것은 일본의 초밥으로 상류문화의 한 상징이 되었으며, 또한 동서양의 요리재료와 요리방법을 융합해서

＊ 캘리포니아롤

만드는 퓨전이 유행하기도 했다. 이것 역시 몇 년 전부터 우리나라에도 유행하는 방식으로 서양요리 재료에 동양의 소스를 사용하는 식이다.

4. 식사예절

① 한꺼번에 식탁 위에 음식들을 가져와서 먹지 않는다.

② 한 그릇에 여러 개의 수저가 한꺼번에 들어가게 하지 않도록 한다.

③ 사람당 그릇 한두 개를 준비, 뷔페와 같은 형식으로 먹는다.

④ 먹을 때 소리를 내지 않는다.

⑤ 식사 중에 천천히 얘기를 나눈다.

제 **8** 장

러시아의 식문화

1. 환경적 개요

(1) 러시아 개요

자연지리	
국토면적	1,708만km²(한반도의 78배, 미국의 1.8배)
인구	1억 4,690만 명(2018년 기준)
기후	광범위한 기후대(겨울이 길고 여름이 짧은 대륙성 기후), 1월 평균 기온 -16~-9℃, 7월 평균기온 13~23℃
시 간 대	모스크바는 GMT + 3, 블라디보스토크는 GMT + 10
인 접 국	아제르바이잔, 벨로루시, 그루지야, 카자흐스탄, 중국, 북한, 라트비아, 몽골, 노르웨이, 폴란드, 미국, 우크라이나, 핀란드, 에스토니아 등
행정	
공식국명	러시아연방(Russian Federation)
수도	모스크바(1,250만 명)
행정조직	7개의 연방관구로 묶인 총 89개 연방구성체(21개 共和國, 6개 地方, 49개 州, 1개 自治州, 10개 自治區, 2개 특별시)
주요도시	상트페테르부르크, 니쥐니노브고로드, 노보시비르스크, 사마라, 옴스크, 예카테린부르크, 카잔, 첼랴빈스크, 로스토프나도누 등

정치	
정부형태	대통령 중심제(연방공화제, 4년 임기)
대 통 령	블라디미르 푸틴(2018년 5월 취임)
내각	총리 1명, 부총리 10명, 각료 22명
의회	양원제(상원 - 170석, 4~5년 하원 - 450석, 5년 임기)
주요 정당	통합 러시아당(집권당, 제1당), 공산당, 자유민주당, 공정러시아당 등
사회 · 문화	
민족	러시아인(80%), 타타르인(4%), 우크라이나인(2%), 기타 140여 개 소수민족(고려인은 약 16만 명)
언어	러시아어
종교	러시아정교(이외 이슬람, 가톨릭, 기독교, 유대교 등)
회계연도	1월 1일~12월 31일
도 량 형	미터법
국 경 일	신년(1월 1일~5일), 성탄절(1월 7일), 조국 수호 기념일(2월 23일), 국제 여성의 날(3월 8일), 봄과 노동의 날(5월 1일), 전승기념일(5월 9일), 러시아의 날(6월 12일), 민족 단결의 날(11월 4일)

(2) 문화 관습

① 종교생활

러시아정교를 신봉. 하루 세 번 참석 8, 12, 18시. 여성은 설교 강단 중심부로의 접근을 불허함. 결혼할 경우 신자는 교회에 공식 등록하며 출산 후 어린아이를 성수로 침례시키고 이혼은 허락되지 않는다.

② 가정생활

가부장적인 권위주의가 지배하고 있어 아버지의 승낙 없이는 주요 결정을 할 수 없다. 남존여비사상이 강하다. 최근에는 남녀평등사상이 보편화되고 있다.

③ 경로사상

가정에서나 사회에서나 경로사상이 강하다. 연장자에 대한 우대심리가 강하지만 최근에는 젊은 정치가나 사업가의 등장으로 전통이 흔들리고 있다.

④ 결혼과 이혼

조혼경향(법적 나이 18세)이 있으나 다소 늦어지는 추세이다. 결혼 전 약혼을 하며, 최근엔 동거가 많이 늘고 있다. 이혼은 아이가 없을 경우 구청에 신청하면 쉽게 합의이혼 가능. 아이가 있는 경우, 신청 후 3개월 조정기간을 주어 화해를 시도, 그 후 아이의 양육, 재산 분배 고려 이혼함. 이혼율 세계 최고. 이유는 남성의 결혼 후 불성실과 방종에 따른 성적 불만 및 경제적인 이유로 여자 측에서 제기

⑤ 인사

처음 만난 사람은 악수를 하면서 자신의 이름을 밝힌다. 가까운 사람, 비슷한 또래는 일상적인 인사말과 함께 포용하면서 볼에 3회 키스를 한다.

⑥ 빈부의 차

자본주의화되는 과정에서 빈부의 차가 심각해지고 있다. 소연방에서는 관료가 주축이었지만 현재는 마피아와 그 외 소수의 계층이 부를 독점

⑦ 줄서기 문화

생활에서 필수적인 것이다. 무얼 사던 기다려야 하기 때문이다.

⑧ 3가의 낙

- 먹는 낙(오랜 시간에 걸쳐 음식을 충분히 먹는다.)
- 연극과 서커스 구경(긴 겨울을 보내는 방법)
- 자연을 즐기는 낙(따뜻해지면 공원이나 야외로 나가 마음껏 자연을 즐긴다.)

⑨ 금기사항

- 국내의 모습과 사정에 대해서는 직접적인 질문을 하지 않는다.
- 술을 건배할 때에는 원칙적으로 원샷을 한다.(술을 남기면 불신이 남는다고 생각함)

- 선물은 모든 사람에게 주어라.(여러 사람을 만나는 경우 한 사람만 주면 받지 않는다)
- 약속시간을 지켜라.

(3) 국민성

① 사교성, 관용성

조용하고 평화적이며 사교성이 좋고, 관용성과 참을성이 많고 인정이 많으며 명랑한 기질을 가지고 있다. 예의 바르고 참을성이 대단하며 체면을 중시하는 경향이 강하고 대가족제도를 선호. 술을 좋아하고, 파티는 정장으로 참석하며 어울려 춤을 춘다.

② 외국인에 대한 경계성과 친밀함

처음 만났을 때는 경계하는 태도를 보인다. 하지만 어떤 장벽을 넘어서면 친근감을 주고, 직선적이며 허식을 모른다.

③ 다양한 국민성

법이란 국가나 귀족인 지주들이 자기들의 농민을 착취하기 위해 만들어 놓은 구실에 불과하다고 생각하며, 법이나 규칙, 막연한 도덕심 같은 추상적인 개념보다는 친족이나 친지에 대한 의리 등을 더 중요시한다. 위험을 무릅쓰는 것을 싫어하기 때문에 사회, 경제적인 면의 변화에는 부정적이다.

2. 음식문화의 일반적 특징

기독교 수용 이전 러시아 역사 속에 기록된 음식들을 살펴보면, 대부분의 음식들이 일상적인 삶과 농경생활과 관련이 있으며, 그 속에는 태양숭배사상과 연결되어 한 해의 풍성한 수확을 염원하는 러시아인들의 바람이 담겨 있다고 볼 수 있다. 민간신앙이 문서화된 경전이나 기록된 문헌을 가지고 있지 않기 때문에, 우리가 알 수 없는 사항들이 존재한다고도 볼 수 있지만 러시아인이 가지고 있던 민간신앙에는 특별히 음식에 대한 금기조항이 있다기보다는 그들이 거주하는 자연환경으로부터 자연스럽게 만들어진 음식과 농경 축제 때 사용되는 음식의 모습만을 볼 수 있다. 러시아인의 선조인 동슬라브족이 생활했던 자연환경은 동유럽 대평원의 숲지대였다. 따라서 숲의 나무를 베어내어 태워서 경작하고, 사냥 및 어로와 함께 숲이 제공하는 생산물을 채집하는 것이 동슬라브인이 행했던 최초의 경제활동 형태였다. 그런데 바로 오늘날까지 러시아인의 식생활에서 가장 소중한 빵과 소금이 경작과 채집이라는 두 가지 형태의 경제활동을 통해 생산되고, 또 '빵과 소금'이라는 러시아어의 말뜻이 손님에 대한 지극한 환대를 의미하고 있음은 러시아에서 대단히 상징적이라고 할 수 있다.

러시아 음식문화를 시기적으로 구분하여 설명할 수 있는데, 음식문화와 관련하여 가장 중요한 사실은 블라디미르 공후의 기독교 수용으로 음식문화에 커다란 변화가 온 점과 표트르 대제의 서구화정책으로 인해 서유럽 음식이 대거 러시아로 유입하게 된 점을 들 수 있다. 음식문화와 관련해서 기독교가 러시아 음식문화에 끼친 영향은 크게 세 가지로 구분할 수 있다.

첫째, 1년에 약 200일 정도가 음식금지기간으로 설정되어 러시아인들이 그 기간에 고기를 먹을 수 없었다는 점이고, 둘째, 육식금지기간에 육류 대체음식으로 생선이 러시아인의 식탁에 중요한 음식으로 자리 잡았다는 사실이다. 셋째, 기독교적 삶의 규범이 삶의 모든 생활을 지배하여 음식을 조리하는 방법이나 저장하는 방법, 또는 손님을 맞이하는 방법 등이 제시되었다는 점이다. 일반적으로 육식금지기간을 설정한 이유에 대해서는 몇 가지 이유를 들 수 있는데, 첫째, 인간의 기본적인 즐거움을 자제한다는 참회의 이유이다. 눌째, 농물을 희생시켜 그 고기를 먹는 행위는 과거 기독교 이전 민간신앙의식의 핵심적인 부분이었기 때문에 기독교 입장에서 볼 때, 육식금지는 이교의식을 포기하는 것이 된다. 셋째, 또한 고기를 섭취하는 것이 성욕을 강화시켜 주는 것이라 믿고 있었기 때문

제8장 러시아인의 식문화

에, 완벽한 기독교인이 되기 위해서는 고기를 금해야 한다는 것이다. 마지막 넷째, 고기 섭취 대신 채식 위주의 식사방법이 평화주의를 제창하던 고대 그리스철학에서 유래되었다는 사실이다.

두 번째로 중요한 특징은 육식금지기간에 육류를 대신해서 생선이 러시아인의 식탁에 등장했다는 사실이다. 러시아 교회에 의해 육식금지기간이 설정된 이후 러시아인들은 고기를 대체하는 다양한 요리를 개발하려 노력하였고, 그 결과 식물성 음식이 더욱 풍성하게 되었다. 더욱이 생선이 고기의 대체음식으로 등장한 배경에는 러시아인의 생활권이 확대되었다는 사실과도 관련이 있다. 북서쪽으로 발트해를 통해 대서양으로 접근이 가능하고, 16세기 후반에 볼가강 하류가 러시아 영토로 편입되어 카스피해로 접근할 수 있게 되면서 생선은 러시아인에게 사랑받는 음식이 되었다. 특히 카스피해 연안에서 잡히는 철갑상어 알은 러시아인의 주된 음식으로 자리 잡게 되었다. 보통 검은 이끄라(чёрная икра), 혹은 캐비어라고 불리는 철갑상어알과 붉은 이끄라(красная икра), 혹은 연어 알이 주된 음식이다. 러시아인의 식탁에 자주 오르는 청어의 경우에도 생활권 확대와 관련 있다. 실제로 12세기 후반 이후로 유럽에서는 소금에 절인 청어가 대규모로 상업화되었다. 염장청어가 다른 어떤 고기보다도 더 오래 보존할 수 있다는 확신 때문에 청어가 대중들에게 쉽게 다가갈 수 있었고, 러시아의 경우에서도 청어 산지인 발트해 영역으로 러시아인이 접근한 이후 청어가 식탁에 자주 등장하곤 하였다.

앞선 두 가지 이외에 기독교가 러시아 음식문화에 영향을 끼쳤다는 점은 16세기 이반 4세 시기의 실베스테르가 집필한 『도모스트로이』에서 기독교인으로서 육식금지기간에 지켜야 할 준수사항에 대해 언급하고 있는 사실을 통해 알 수 있다.

러시아 음식문화의 전 시기를 통틀어 주목할 만한 사실은 러시아 역사 초기부터 러시아인들이 간직해 온 음식문화의 전통이다. 러시아인 초창기 역사의 무대가 된 곳은 광활한 동유럽평원이다. 이곳에서 러시아인들은 농경목축생활과 어로 · 수렵생활을 근간으로 생산활동을 해왔으며, 그 결과 '경작과 채집'이라는 경제활동이 음식문화의 중심축을 형성하였다. 그래서 '경작과 채집'으로부터 파생된 '빵과 소금'은 러시아 음식문화의 핵심적인 단어로 설명되고 있으며, 이 뜻은 '손님을 극진히 대접한다'는 의미로 널리 사용되고 있다. 그래서 손님이 찾아올 경우, 빵과 소금을 가지고 맞이하고 손님들은 빵을 손으로 뜯어 소금을 묻혀 먹음으로써 그 대접에 경의를 표하고 있다. 또한 신혼부부들이 처음으로 신랑 집에 인사할 경우에도, 신랑의 부모들은 빵과 소금을 가지고 그들을 맞이하기도 한다. 정도의 차이는 있지만, 러시아식당에 들어가면, 식탁 위에 빵과 소금이 놓여 있기도 한데, 이것 역시 손님을 극진히 모시겠다는 러시아인들의 마음을 나타낸 것이다.

러시아인의 음식은 종교와 같은 문화적 요인과 밀접하게 관련되어 있다. 러시아인들은 자신들의 음식과 자연, 그리고 우주를 연결시켜 음식과 자연이 조화될 수 있게 하였으며, 그래서 그들의 음식을 통해 자연스럽게 러시아인들의 세계관과 자연관을 알 수 있다. 민간신앙과 달리 기독교가 러시아에 유입되면서 음식에 대한 절제와 금식조항이 생겨나 육식금지기간이나 금식기간이 설정되었으나, 이러한 현상은 교리에 충실한 부분도 있지만, 현실적인 경제적 어려움을 종교의 힘을 빌려 해결하고자 한 지혜라고 볼 수 있다. 아울러 주로 수확 이전에 금식기간이 설정되어 있다는 점은 바로 그러한 삶의 지혜를 엿볼 수 있는 중요한 본보기일 수 있다.

워낙에 넓은 나라인 탓에 러시아의 대표적인 음식을 바로 손꼽기란 쉽지 않다. 각 지방마다 특색 있는 음식들이 발달하여 있을 뿐 아니라 오랜 시간 동안 러시아의 음식은 귀족음식과 평민음식으로 확연히 나뉘어 있었기 때문이다. 그럼에도 러시아 요리가 지니고 있는 일반적인 특징들이 있는데 이는 가공식품을 이용하기보다는 천연재료를 이용, 정성스레 준비한 음식들이 많다는 것과 대부분의 요리에 신맛과 단맛이 강한, 우유로 만든 전통적 소스인 스메타나가 첨가된다는 것이다. 러시아인들의 주식은 빵과 고기이며, 추운 자연환경 덕에 지방질이 많은 육류의 소비가 훨씬 많기 때문에 돼지고기가 쇠고기보다 월등히 비싸기도 하다.

러시아 요리는 지역마다 차이가 있지만 일반적인 식단은 전채, 수프, 따뜻한 요리, 후식, 음료수 등으로 나눌 수 있다. 전채로는 각종 차가운 육류, 철갑상어 알인 캐비어, 청어절임에 야채샐러드가 곁들여지며, 포도주나 보드카와 같은 알코올음료도 함께 나온다. 수프로는 양배추를 넣어서 끓인 쉬와 쉬에 토마토를 넣어 붉게 물을 들인 보르쉬, 그리고 잘게 썬 고기와 야채를 듬뿍 넣은 솔랸카, 생선을 우려낸 우하 등이 있다. 따뜻한 요리로는 쇠고기를 크림소스로 끓인 비프 스트로가노프, 양고기를 구워서 만든 샤실리크 등이 있다. 후식으로는 아이스크림이나 각종 파이, 케이크와 잼을 곁들인 홍차 등이 나온다. 육류의 소비가 많고 돼지고기가 쇠고기보다 월등히 비싸다. 또한 물이 별로 안 좋기 때문에 그 대용으로 차를 마시는 문화가 널리 형성되어 있다. 또한 추운 나라여서 음식을 한 상에 가득 차려놓으면 금방 식기 때문에 러시아에선 음식이 주로 한 가지씩 나오는데 19세기에 프랑스 요리사가 러시아에서 배워다가 프랑스에 전했다고 한다.

3. 대표적인 식품과 음식

(1) 빵과 고기가 주식

① 흑빵

- 호밀은 한랭하고 척박한 땅에서도 잘 자랐기 때문이다.
- 빵은 러시아인들의 주식
- 호밀은 러시아의 한랭하고 척박한 땅에서도 잘 자랐고 이를 원료로 한 검은 빵은 영양이 많음
- 러시아의 검은 빵은 다른 유럽 등지의 검은 빵보다 더 찰지고 신맛이 나

는 것이 특징

- 전통적으로 러시아에서는 전통복장을 입은 아가씨들이 빵과 소금을 들고 손님을 맞음(현재는 귀한 손님을 맞이할 때나 결혼식 등의 중요한 행사에서 볼 수 있다)
- 손님은 호밀 빵 한 조각과 빵 위에 올려놓은 조그만 그릇에 있는 소금을 약간 먹어주는 것으로 답례
- 모든 것에 기초가 되는 것은 항상 빵
- "빵 – 모든 것의 으뜸", "빵과 물 – 농민의 식사", "빵이 없으면 별 볼 일 없는 식사"라는 격언이나 속담이 있다.

② 피로그

고기를 넣고 튀긴 빵의 한 종류

(2) 추운 기후에 음식의 양념이 강하고 육류음식이 크게 발달

① 샤실릭

- 샴프론(기다란 쇠꼬챙이)에 절인 고기와 야채를 꽂아서 숯불에 구워 먹는 음식
- 양고기로 만들었지만 돼지고기나 닭고기 심지어는 연어나 수닥(러시아 어류)을 꽂아 먹기도 한다.
- 러시아인들이 여가시간에 야외로 나가서 먹는 대표적인 음식이다.

② 쌀란까

- 대표적 가정요리의 하나로 고기, 감자, 양배추, 생선, 향신료를 넣어 요리하며 우리나라의 육개장과 비슷하여 얼큰한 맛이 난다.

③ 펠메니

- 시베리아식 물만두, 만두피가 두껍고, 속은 고기로 채워져 있다. 추운 자연 환경 때문에 주로 지방질이 많은 고기를 선호하며 이러한 이유로 돼지고기

가 쇠고기에 비해 훨씬 비싸다.

(3) 물이 안 좋기 때문에 대용으로 차와 러시아커피

① 차

- 차(茶)는 250여 년 전에 아시아로부터 도입되어 러시아에 처음으로 등장
- 특이한 관습(각설탕이나 사탕 하나를 먼저 입안에 넣고 설탕이 들어 있지 않는 차를 마심)은 바로 설탕 값이 매우 높았던 이전 시대에 생겨난 전통관습이다.

② 러시아커피

- 강한 블랙에 각설탕과 함께 큰 잔에 타서 마시는 것을 매우 즐긴다.
- 크림은 개방 이후 조금씩 알려지고 있는 단계이기 때문에 대중적인 장소에서는 찾기가 힘들다.
- 90년대 초반까지만 해도 설탕은 귀한 품목이어서 설탕 없이 완전 블랙으로 커피를 마셨다.

(4) 과일을 냉동 저장하여 겨울에 먹는다

과거 러시아인들은 겨울에는 과일을 거의 먹을 수 없었으므로 항상 저장하여 먹는다.

* 캄포트 — 러시아 과일 주스. 주로 자두, 살구류의 과일로 만듦

(5) 저장채소나 염장채소를 쓰는 요리가 많다

전국적으로 생채소가 적기 때문에 양배추 · 토마토 · 감자 · 양파 · 당근 · 사탕무 · 오이 등의 저장채소나 염장채소를 쓰는 요리가 많다.

① 솔랸카

- 토마토 소스와 고기로 끓인 수프

- 고기로 국물을 내거나 생선으로 국물을 낸다.
- 대부분 작은 도자기 모양의 그릇에 줌
- 먹는 동안 계속 뜨거움을 유지할 수 있다.
- 한국인들이 가장 즐겨 찾는 러시아 음식이다.

② 보르쉬

- 고기 국물에 감자와 당근, 양파를 넣고 스뵤클라(비트)로 붉게 색깔을 낸 수프
- 취향에 따라 좋아하는 고기로 국물을 낸다.
- 겨울에는 따뜻하게, 여름에는 차갑게

(6) 어류와 캐비어

어류는 청어 · 연어 · 대구가 유명하고 철갑상어의 알젓은 세계적으로 알려져 있다.

① 우하

- 신선한 생선, 양파, 파슬리, 양배추를 넣어 삶은 음식
- 쌀, 야채, 콩을 곁들여 먹는다.

② 캐비어

- 검은색과 붉은색
- 삶은 계란이나 빵을 바른 버터 위에 얹어서 먹는다.
- 값싼 가짜 캐비어는 비누 맛이 난다.

(7) 유제품이 풍부.

유제품이 풍부하여 스메타나(사워크림), 트바로크(코티지 치즈), 케피르(사워밀크), 버터 등을 사용한 요리도 러시아 음식의 특색이다.

① 케피르

러시아식 요구르트로 신맛이 상당히 강하다.

② 메타나

우유로 만든 소스. 마요네즈와 비슷하나 신맛과 단맛이 강하다.

③ 블란늬

- 러시아 핫케이크
- 반죽에 러시아 특유의 유제품인 케피르를 첨가해서 쫄깃쫄깃한 맛
- 둥글고 얇은 핫케이크에 연어알, 잼, 치즈, 스메타나, 햄, 고기 등을 넣어서 먹는다.

(8) 추운 지방에 알맞은 술-보드카(vodka). 맥주와 비슷한 크바스

① 보드카

러시아의 대표적인 술 보드카는 원래 물(в о д а)을 뜻하는 말이다. "술은 러시아인의 기쁨이기 때문에, 술 없이 러시아인들은 살 수가 없다"고 할 정도로 러시아인과 술의 관계는 밀접하다. 그러나 고대부터 러시아인들이 보드카를 생산하여 판매한 것은 아니었고, 고대 러시아에서는 벌꿀을 이용하여 만든 꿀술이 주류를 이루었다. 러시아인들에게 보드카가 알려지기 시작한 시기는 16세기부터이며, 판매는 국가가 독점하고 있었다. 현재와 같이 40% 이상의 술로서 자리 잡게 된 것은 19세기 후반의 일이다.

보드카를 빼고 러시아를 말할 수는 없다. 러시아 남자들과 진정으로 친구가 되고자 원한다면 그들이 주는 보드카 잔을 거부해서는 안 된다고 한다. 러시아인들은 한국인과 같이 술을 먹고 2차, 3차까지 가는 것은 아니지만, 술을 먹고 쓰러질 때까지 마신다. 그래서 심한 경우에는 술을 먹고 쓰러진 사람 머리 위에 술을 부어주는 풍습도 있다. 술을 강권하는 분위기도 우리나라의 음주문화와 비슷하다. "당신이 나를 친구로 생각한다면 한 잔 더 들자." 하는 식으로 권한다.

러시아인에게 보드카란 수많은 술 중의 하나가 아니라 러시아의 역사와 기후, 그리고 민중의 애환이 서린 러시아 그 자체이다. 앙드레 지드는 러시아의 소설에

서 술 마시는 장면을 빼버리면, "관절 빠진 손과 손목과 손가락 같다"고 비유하였다. 러시아의 춥고 어두운 날씨와 기후, 공산주의의 음산하고 우울한 체제는 보드카라는 독한 술과 분위기가 잘 어울린다.

러시아인들의 보드카 중독은 통계적으로도 분명히 나타난다. 러시아 남자들은 연평균 0.5 *l* 짜리 보드카 170병을 마시고 있으며 이에 따라 러시아 남자들의 평균수명은 지난 87년 64.9세에서 93년에는 59세로 떨어졌으며, 인구 10만 명당 알코올에 의한 사망자는 86년 9.3명에서 90년 10.8명으로, 이어 94년에는 37.8명으로 무려 3.5배로 늘어났다고 한다. 따라서 보드카 때문에 근로 생산성이 떨어지고 가정이 파탄에 빠지게 되었다는 고르바초프의 주장도 틀린 것은 아니다.

보드카를 예찬함에도 불구하고, 또한 소비량도 늘고 있음에도 불구하고 오늘날 모스크바에서도 보드카는 점점 더 천덕꾸러기가 되고 있다. 최근 로쉬코프 모스크바 시장은 학교와 병원 주변에서 보드카의 판매를 금지하였다. 또한 관세가 붙지 않거나 엉성한 국경으로 인하여 몰래 넘어 들어온 외국의 각종 술들이 보드카의 아성을 위협하고 있다. 러시아 본토 맥주는 이미 파산선고를 받았고, 러시아 주변 국가들이 싼 값에 마구 생산하는 보드카로 인하여 러시아제 보드카는 근본적으로 존립의 기반을 위협받고 있다. 우크라이나와 벨로루시에서 유입된 싸구려 보드카는 러시아 국민들의 연간 보드카 전체 소비량인 25억 리터의 절반을 차지하고 있다. 그러나 러시아 보드카의 현재의 위기는 러시아가 스스로 자처하였다. 러시아 보드카 생산업체의 가장 큰 문제는 품질관리에 있다. 관료적이고 무책임한 국영기업의 형태로는 그 맛과 품질을 유지하기 힘들기 때문이다. 그리고 불안정한 사회 분위기 또한 품질관리에 큰 어려움을 주고 있다.

- 무색무취이지만 40도로 강한 술
- 러시아인들은 굵은 생파나 양파와 함께 혹은 소금에 절인 기름덩어리와 보드카를 마신다.

- 보드카를 약이나 마취제로 사용
- 감기에 걸릴 시 : 후추와 함께 보드카를 마신다.
- 배가 아플 때 : 보드카에 소금을 타서 마신다.

② 크바스

- 특유의 갈색 청량음료
- 호밀이나 보리의 맥아를 원료로 해서 효모 또는 발효시킨 호밀 빵을 넣어 만든다.
- 여름철에는 크바스 전용 탱크차가 다니면서 길거리에서 판매하기도 한다.

4. 식사예절

만약에 러시아인의 초대를 받고 초대한 사람의 집, 혹은 아파트를 방문하게 되다면 일반적이고 정석적인 선물은 꽃과 초콜릿, 디저트용 음식이다. 꽃을 선물하려고 한다면 꽃송이가 홀수인지 짝수인지만 구분해야 한다. 선물용 꽃은 꽃송이를 홀수로 해서 선물해야 한다. 짝수의 꽃은 죽은 이에게 헌화하는 장례식에만 사용되기 때문이다. 더불어 선물용 꽃으로 노란색 꽃과 흰색 꽃 역시 금기시된다. 역시나 장례식에서나 볼 수 있는 꽃색깔이다. 선물할 때 주관적으로 판단해서 고급선물(향수와 같은)이라고 판단해서 선물을 준비해 가는 것은 피해야 한다. 그다지 반기지 않기 때문이다. 단지 집안의 장식이 될 만한 소품(우리나라의 전통 색을 띠는 기념품 정도)이나 방문하는 집에 어울리는 인테리어 장식품은 환영받을 수 있다.

Reference

공격적인 포크문화 수동적인 젓가락문화, 김자경, 자작나무, 1999

동남아음식여행, 이가아 외, 김영사, 2005

문화와 식생활, 김혜영 외, 도서출판 효일, 2004

새롭게 쓴 세계의 음식문화, 구성자·김희선, 교문사, 2005

세계속의 음식문화, 구난숙 외, 교문사, 2004

세계음식문화기행, 이희수, 일빛, 1999

세계의 식생활문화, 구천서, 광문각, 1995

세계의 음식문화, 동아시아 식생활학회연구회, 광문각, 2005

세계의 음식이야기, 원융희, 백산출판사, 2003

슬로푸드 슬로라이프, 김종덕, 한문화 멀티미디어, 2003

식문화의 뿌리를 찾아서, 유애령, 교보문고, 1997

식생활과 문화, 문수재·손경희, 신광출판사, 2004

식생활과 문화, 이성우, 수학사, 1997

식생활문화, 김광호, 광문각, 2000

식생활문화의 역사, 윤서석, 신광출판사, 2001

식품가공학, 김은실, 문지사, 2000

식품과 음식문화, 김기숙 외, 교문사, 2003

신미혜, 양념공식요리법, 세종서적, 1999

열양세시기, 김매순, 1819(순조19년)

우리말철학사전 1 : 과학·인간·존재, 우리사상연구소 편, 지식산업사, 2001

월남의 식생활문화, 구천서, 한국식생활문화학회지, 1996

유득공, 경도잡지, 1700년대 말

음식문화의 수수께끼, 마빈 해리스, 한길사, 1992

음식으로 본 동양문화, 김태정 외, 대한교과서, 1997

음식으로 본 서양문화, 임영상 외, 대한교과서, 1997

음식을 바꾼 문화 세계를 바꾼 음식, 김아리, 아이세움, 2002

일본으로 건너간 한국음식, 정대성, 솔, 2000

정통일본요리, 김원일, 형설출판사, 1997

조리용어사전, 한국조리학회 편, 도서출판 효일, 2001

조선왕조궁중연회식 의궤음식의 실제, 김상보, 수학사, 2004

조선왕조 궁중음식, 김상보, 수학사, 2004

조선왕조 궁중음식, 한복려·정길자, 궁중음식연구원, 2003

조선왕조 궁중음식, 황혜성, 1998

종횡무진 동양사, 남경태, 그린비, 2001

지구촌 음식과 식생활문화, 박금순 외, 도서출판 효일, 2007

지구촌 음식문화기행, 원융희, 신광출판사, 2001

집에서 만드는 궁중음식, 한복려, 청림출판, 2004

한국식생활사, 강인희, 삼영사, 1998

한국식생활의 역사, 이성우, 수학사, 1994

한국식품문화사, 윤서석, 신광출판사, 1997

한국식품문화사, 이성우, 교문사, 1997

한국음식대관, 제1권, 한국음식의 개관, 한국문화재 보호재단, 1997

한국음식대관, 제6권, 황혜성·한복진, 한국문화재보호재단, 1997

한국의 떡과 과줄, 강인희, 대한교과서, 2001

한국의 맛, 강인희, 대한교과서, 1993

한국의 시절식, 윤숙자, 지구문화사, 2000

한국의 음식문화, 이효지, 신광출판사, 1998

한국의 음식문화, 이효지, 신광출판사, 2007

한국의 음식생활문화사, 김상보, 광문각, 1999

한국저장발효음식, 윤숙자, 신광출판사, 1997

Chinese cookbook, Edden, Gill, Octopus, 1978

Cookwise, Shirley O. Corriher, William Morrow, New York, 1997

Cuisine and Culture : history of food and people, Linda Civitello, Wiley Press, 2004

Essential middle eastern cooking, Soheila Kimberley, Lorenz books, 2001

Little Italy, David Ruggerio, Artisan, 1997

Pleasures of the Vietnamese table, Mai Pham, Harper Collins Publishers, 2001

Thai food and Cooking, Judy Bastyra, Lorenz books, 2004

Thailand, 해외여행가이드, 서울문화사, 2005

The Essential Asian Cook Book, Marylouise Brammer etc., Thunder Bay Press, 2001

The Indian kitchen, Monisha Bharadwaj, Cale Cathe Limited.

The Middle Eastern Kitchen, Ghillie Basan, Kyle Cathie Ltd., 2001

The Vietnamese Collection, Jackum Braon, Hamlyn, 2002

The Cooking of Italy, Waverley Root and the editors of Time-Life Books.

The Practical Encyclopedia of Asian Cooking, Sallie Morris & Deh-Ta Hsiung, Lorenz
    Books, 1999

Vietnam, 해외여행가이드, 서울문화사, 2005

Vietnamese, Ghillie Basan, Agua marine, 2004

저자소개

김종욱

대림대학교 호텔외식서비스과 교수

최은희

수원과학대학교 글로벌한식조리과 교수

김문정

대림대학교 호텔조리제과학부 겸임교수

저자와의
합의하에
인지첩부
생략

다문화 시대의 식생활문화 이해

2019년 8월 25일 초판 1쇄 인쇄
2019년 8월 30일 초판 1쇄 발행

지은이 김종욱 · 최은희 · 김문정
펴낸이 진욱상
펴낸곳 (주)백산출판사
교 정 편집부
본문디자인 신화정
표지디자인 오정은

등 록 2017년 5월 29일 제406-2017-000058호
주 소 경기도 파주시 회동길 370(백산빌딩 3층)
전 화 02-914-1621(代)
팩 스 031-955-9911
이메일 edit@ibaeksan.kr
홈페이지 www.ibaeksan.kr

ISBN 979-11-90323-25-3 13590
값 27,000원

* 파본은 구입하신 서점에서 교환해 드립니다.
* 저작권법에 의해 보호를 받는 저작물이므로 무단전재와 복제를 금합니다.
  이를 위반시 5년 이하의 징역 또는 5천만원 이하의 벌금에 처하거나 이를 병과할 수 있습니다.